D1930488

Stefan M. Wirth

Gebäudetechnische Systemlösungen für Niedrigenergiehäuser

Ernst & Sohn
A Wiley Company

Stefan M. Wirth

Gebäudetechnische Systemlösungen für Niedrigenergiehäuser

Ernst & Sohn
A Wiley Company

Dr.-Ing. Stefan M. Wirth
ö.b.u.v. Sachverständiger
WIRTH - Ingenieure Technische Gebäudeausrüstung
Bahnhofstraße 6
D-76137 Karlsruhe

Umschlagbild: Fertighaus-Mustersiedlung Mannheim
(Foto: Fa. Schwörerhaus)

Dieses Buch enthält 126 Abbildungen und 28 Tabellen

Die Deutsche Bibliothek – CIP-Einheitsaufnahme
Ein Titeldatensatz für diese Publikation ist bei
Der Deutschen Bibliothek erhältlich

ISBN 3-433-02844-3

© 2002 Ernst & Sohn
Verlag für Architektur und technische Wissenschaften GmbH, Berlin

Alle Rechte, insbesondere die der Übersetzung in andere Sprachen, vorbehalten. Kein Teil dieses Buches darf ohne schriftliche Genehmigung des Verlages in irgendeiner Form – durch Fotokopie, Mikrofilm oder irgendein anderes Verfahren – reproduziert oder in eine von Maschinen, insbesondere von Datenverarbeitungsmaschinen, verwendbare Sprache übertragen oder übersetzt werden.

All rights reserved (including those of translation into other languages). No part of this book may be reproduced in any form – by photoprint, microfilm, or any other means – nor transmitted or translated into a machine language without written permission from the publisher.

Die Wiedergabe von Warenbezeichnungen, Handelsnamen oder sonstigen Kennzeichen in diesem Buch berechtigt nicht zu der Annahme, daß diese von jedermann frei benutzt werden dürfen. Vielmehr kann es sich auch dann um eingetragene Warenzeichen oder sonstige gesetzlich geschützte Kennzeichen handeln, wenn sie als solche nicht eigens markiert sind.

Umschlaggestaltung: blotto design, Berlin
Druck: Strauss Offsetdruck GmbH, Mörlenbach
Bindung: Großbuchbinderei J. Schäffer GmbH & Co. KG, Grünstadt
Printed in Germany

Für Heinrich Trümper

Vorwort

Die Anregung zu dieser Arbeit stammt von meinem Doktorvater, Herrn Prof. Heinrich Trümper. Gemeinsam haben wir nach meiner Promotion mehrere Forschungsprojekte bearbeitet. Themen dieser Forschungsarbeiten waren Systeme zur Belüftung und Beheizung von Wohngebäuden mit niedrigem Heizwärmebedarf. Zu Teilergebnissen dieser Arbeiten wurde eine Reihe gemeinsamer Veröffentlichungen verfasst.

Kurz vor seinem Tod ermutigte mich Herr Prof. Trümper, meine Ideen aus der gemeinsamen Arbeit zu einem Buch zusammenzufassen. Hierzu habe ich zum einen auf die bereits veröffentlichten Ergebnisse zurückgreifen können. Zum anderen stand mir noch eine Reihe nicht ausgewerteter Messungen zur Verfügung. Diese Messungen betreffen ein Versuchshaus, in dem wir verschiedene Systeme zur Belüftung und Beheizung von Niedrigenergiehäusern eingeplant hatten und das wir während der ersten drei Jahre der Nutzung messtechnisch begleiteten.

Einen wesentlichen Bestandteil dieser Arbeit stellen die Auswertungen der Messungen an Wohnungslüftungsanlagen in *h,x*-Diagrammen dar. *h,x*-Diagramme eignen sich zur besonders anschaulichen Darstellung der Funktion von Raumlufttechnischen Anlagen. Aus diesem Grund werden *h,x*-Diagramme in der Klima- und Lüftungstechnik auch häufig verwendet. Einem Ingenieur der Technischen Gebäudeausrüstung ist deshalb der Umgang mit dem *h,x*-Diagramm geläufig. Diese Arbeit richtet sich jedoch auch an Architekten und Bauingenieure, die weniger Praxis im Umgang mit *h,x*-Diagrammen haben. Um dieser Zielgruppe den Zugang zu dem *h,x*-Diagramm zu erleichtern, wird im Anhang dessen Aufbau erläutert. Allen Lesern, die die Handhabung eines *h,x*-Diagrammes nicht gewohnt sind, empfiehlt sich daher vor dem Abschnitt 5, in dem auf die Funktion von Wohnungslüftungsanlagen in Gebäuden mit niedrigem Heizwärmebedarf eingegangen wird, ein Studium des Anhangs.

An dieser Stelle möchte ich Herrn Prof. Trümper danken, der mich in den Jahren nach meiner Promotion förderte. Nach seinem Tod unterstützte mich sein Nachfolger auf dem Lehrstuhl für Technische Gebäudeausrüstung in Dortmund, Herr Prof. Ernst-Rudolf Schramek. Ihm gilt gleichfalls mein Dank. Bei Herrn Prof. Walter Hauck möchte ich mich für die vielen kritischen Anregungen zur Problematik des sommerlichen Wärmeschutzes bedanken. Herrn Dipl.-Ing. Klaus Hain danke ich für die Unterstützung bei der Durchführung der Messungen und die zahlreichen Diskussionen über Heizungsanlagen in Gebäuden mit geringem Heizwärmebedarf. Der Fa. Schwörer-Haus, und dort insbesondere Herrn Dipl.-Ing. Helmut Petzold, bin ich für die mehrjährige gute Zusammenarbeit Dank schuldig.

Abschließend möchte ich mich bei Frau Ilona Müller für das Anfertigen der zahlreichen Freihandzeichnungen bedanken.

Karlsruhe, im März 2002 Stefan M. Wirth

Inhaltsverzeichnis

Verzeichnis der Formelzeichen

Alphanumerische Formelzeichen

A	[m^2]	Oberfläche
c	[J/(kgK)]	spezifische Wärmekapazität
e	[1]	Aufwandzahl
f	[1]	Faktor zur Kennzeichnung der raumseitigen Störung der Oberflächentemperatur im Bereich einer Wärmebrücke
F	[1]	Faktor für eine lokal eingeschränkte Raumtemperatur
GH_{ϑ}	[Kh/a]	Übertemperaturgradstunden
h	[J/kg]	Enthalpie
L	[m]	charakteristische Länge
n	[h^{-1}]	Luftwechsel
p	[Pa]	Druck
q	[$m^3/(hm^2)$]	auf die Grundfläche bezogene Luftdurchlässigkeit
Q	[W]	Wärme
$\dot{q}$	[W/m^2]	Wärmestromdichte
$\dot{Q}$	[W]	Wärmestrom
S	[$W/(m^2K^4)$]	Stephan-Boltzmann-Konstante [$5{,}67 \cdot 10^{-8}$ $W/(m^2K^4)$]
t	[s]	Zeit
U	[m]	Umfang
U	[$W/(m^2K)$]	Wärmedurchgangskoeffizient
V	[m^3]	Inhalt
$\dot{V}$	[m^3/s]	Volumenstrom
x	[g/kg]	absolute Feuchtigkeit
x	[m]	Koordinate der eindimensionalen Wärmeleitung

Griechische Formelzeichen

α	[$W/(m^2K)$]	Wärmeübergangskoeffizient
χ	[W/K]	Verlustkoeffizient einer punktförmigen Wärmebrücke
$\Delta\vartheta$	[K]	Strahlungstemperaturasymmetrie
ΔPE	[1]	Primärenergieeinsparung
ΔU_{WB}	[$W/(m^2K)$]	Erhöhung des Wärmedurchgangskoeffizienten im Bereich einer Wärmebrücke
ε	[1]	Arbeitsziffer, Leistungszahl, Emissionsgrad
φ	[1]	Einstrahlzahl
ϑ	[°C]	Temperatur

ρ	[kg/m^3]	Dichte
Ψ	[W/(mK)]	Verlustkoeffizient einer linienförmigen Wärmebrücke
$1/\Lambda$	[(m^{2}K)/W]	Wärmedurchgangswiderstand

Indices

50	Luftwechsel bei 50 Pa
1+x	Feuchte Luft
a	Anfang
AB	Abluft
AU	Außenluft
D	Dampf
e	Ende
elektr.	elektrischer Strom
E	Eis
fossil	fossiler Brennstoff
F	Fenster
FO	Fortluft
FR	Fenster- und Türrahmen
h	Enthalpie
H	beheiztes Bauteil
i	innere Wärmegewinne
i,j,k	Indices einer Summe
K	Konvektion, Kondensationswärme
kw	kurzwellige Wärmestrahlung, Sonneneinstrahlung
L	Luft
lw	langwellige Wärmestrahlung
max	Maximalwert
N	Normbedingungen
oi	raumseitige Oberfläche
r	Rücklauf
R	Raum
RL	Raumluft
RLT	Raumlufttechnische Anlage
S	Sättigungszustand, Schmelzwärme
t	Temperatur
T	Transmission
v	Vorlauf
V	Wärmeabgabe von Ventilatoren und Kompressoren
W	Wasser
ZU	Zuluft

1 Einleitung

1.1 Bauliche Ausgangssituation

1.1.1 Verringerung des Heizwärmebedarfs

Bereits die Novellierung der Wärmeschutzverordnung vom 16.08.1994 [2.3] führte zu einer wesentlichen Verringerung des Gebäudeheizwärmebedarfs. Das wohl signifikanteste Zeichen für den erhöhten Wärmeschutz war die Ablösung der bis dahin üblichen Isolierverglasung durch die Wärmeschutzverglasung. Mittlerweile gehören Fenster mit Wärmeschutzverglasungen zum Stand der Technik. Mit der Zusammenfassung der Wärmeschutzverordnung und der Heizungsanlagenverordnung zur Energieeinsparverordnung (EnEV) wird der Gebäudeheizwärmebedarf weiter um mehr als 25 % verringert. Inzwischen stellen auch Ultra- und Passivhäuser, in denen der Heizwärmebedarf nochmals reduziert wird, keine Seltenheit mehr dar [30, 35, 36, 39, 59, 80, 93, 94].

1.1.2 Bedeutung des Lüftungswärmebedarfs

Die Erhöhung des Wärmedämmniveaus bewirkt eine weitere Reduzierung des Transmissionswärmebedarfs. Der Lüftungswärmebedarf eines Gebäudes liegt dann bei Neubauten in derselben Größenordnung wie der Transmissionswärmebedarf. Um auch den Lüftungswärmebedarf über Undichtheiten in der Gebäudehülle entsprechend zu verringern, werden gleichzeitig mit der Verbesserung des Wärmedämmniveaus die Anforderungen an die Dichtheit der Gebäudehülle erhöht. Eine ausschließliche Lüftung über die Fugen in der Gebäudehülle ist nicht mehr möglich [113]. Um einerseits eine ausreichende Lufterneuerung sicherzustellen und um andererseits den Lüftungswärmebedarf nach oben zu begrenzen, müssen Bewohner von Gebäuden mit niedrigem Heizwärmebedarf ihr Lüftungsverhalten der Gebäudekonstruktion, d. h. der dichten Ausführung der Gebäudehülle, anpassen. Die Raumluft ist mehrmals täglich durch Stoßlüftung zu erneuern. Daneben werden zur Erhöhung der Lüftungseffektivität und zur Vermeidung von Bauschäden in Wohnungen vermehrt **R**aum**l**uft**t**echnische Anlagen (RLT-Anlagen) eingesetzt [53, 60, 111]. In Passivhäusern gehören Lüftungsanlagen mit Wärmerückgewinnung sogar zur Grundausstattung [113].

1.2 Geänderte Anforderungen an Gebäudetechnische Systeme

1.2.1 Gebäudetechnische Systeme

Aufgrund des verbesserten baulichen Wärmeschutzes und infolge der erhöhten Anforderungen an die Gebäudedichtheit ändern sich die Einsatzbedingungen und Anforderungen an die Technische Gebäudeausrüstung. Die Gewerke Heizungstechnik und Raumlufttechnik (Wohnungslüftung) dürfen nicht mehr isoliert betrachtet werden. Vielmehr müssen die Heizungs- und die Raumlufttechnik zu gebäudetechnischen Systemen zusammengefasst werden, die optimal auf das Wärmedämmniveau und die Dichtheit der Gebäudehülle abzustimmen sind. Hiervon ist der gesamte Prozess, beginnend bei der Wärmeerzeugung (im Falle der Gebäudebeheizung) bzw. der Außenluftansaugung (im Falle der Gebäudebelüftung) bis zur Nutzenübergabe, d. h. bis zur Raumbeheizung bzw. zur Raumbelüftung, zu berücksichtigen.

Der Wärmeerzeuger der Gebäudeheizung übernimmt im Falle einer Öl- oder Gasheizung aus Kostengründen meist auch die Trinkwassererwärmung. Bei der elektrischen Gebäudeheizung erfolgt die Trinkwassererwärmung fast immer auch elektrisch, um zusätzliche Kosten für die Bevorratung eines anderen Brennstoffes (Öltank, Leistungspreis der Gasversorgung) zu vermeiden. Insoweit ist bei Konzepten für gebäudetechnische Systemlösungen für Niedrigenergiehäuser auch die Trinkwassererwärmung zu berücksichtigen.

1.2.2 Kriterien für die Konstruktion gebäudetechnischer Systeme

Für zukünftige Bauvorhaben wird verlangt, die Verluste bei der Wärmeerzeugung auf Grundlage der DIN 4701, Teil 10 zu ermitteln [11.5]. In Abhängigkeit vom Wärmedämmniveau eines Gebäudes sowie des zur Gebäudeheizung und Trinkwassererwärmung verwendeten Brennstoffes bzw. Wärmeträgers begrenzt die Energieeinsparverordnung (EnEV) die zulässigen Verluste bei der Wärmeerzeugung.

Zur ökonomischen und ökologischen Effizienz gebäudetechnischer Systeme liegen theoretische Untersuchungen von Hauser, Hausladen et al. [59, 80] und Feist [40] vor. Ökonomische und ökologische Kriterien stellen jedoch nicht die einzigen Anforderungen an Systeme der Technischen Gebäudeausrüstung dar. Daneben müssen gebäudetechnische Systemlösungen auch folgenden Ansprüchen genügen:

- Die technischen Einrichtungen zur Raumbeheizung müssen in Abhängigkeit vom Wärmedämmniveau eine ausreichende thermische Behaglichkeit sicherstellen:

  - Raumhohe Verglasungen sind je nach der Wärmedurchgangszahl zur Vermeidung von Zugerscheinungen thermisch abzuschirmen.
  - Die Oberflächentemperaturen beheizter Raumumschließungsflächen sind so zu begrenzen, dass keine unzulässigen Strahlungstemperaturasymmetrien entstehen. Dies betrifft vor allem die in Gebäuden mit niedrigem Heizwärmebedarf weit verbreitete Deckenstrahlungsheizung [32, 42, 44, 45, 47–49, 78, 107, 112].
  - Vorhandene Raumlufttechnische Anlagen (Wohnungslüftung) dürfen keine thermisch bedingten Zugerscheinungen auslösen. Hierzu gehören auch Entlüftungsanlagen mit natürlicher Zuluftnachströmung über Außenwand-Luftdurchlässe.

- Während des Heizbetriebs muss gleichzeitig entsprechend der an ein Gebäude gestellten Komfortansprüche erwärmtes Trinkwasser zur Verfügung stehen.

- Während der Trinkwassererwärmung dürfen sich die im Wasser enthaltenen Keime nicht vermehren. Insbesondere ist die Wassertemperatur so hoch zu wählen, dass Legionellen absterben [91].

- Mit den gebäudetechnischen Systemlösungen darf nicht nur theoretisch eine Energieeinsparung verbunden sein. Bei der Planung der gebäudetechnischen Systemlösungen ist auch das Nutzerverhalten zu berücksichtigen. Dies gilt insbesondere für die raumlufttechnischen Komponenten gebäudetechnischer Systeme, da bei falscher Anlagenauslegung durch zusätzliches Fensterlüften die Primärenergieeinsparung der Wärmerückgewinnung kompensiert werden kann [35, 93].

- Trotz der bei Gebäuden mit niedrigem Heizwärmebedarf vorhandenen guten Luftdichtheit muss eine ausreichende Belüftung möglich sein, um die aus bauphysikalischen und hygienischen Gründen erforderlichen Luftwechsel sicherzustellen.

- In Gebäuden, in denen nutzungsbedingt mit Heizpausen zu rechnen ist, hierzu gehören Hotels, Appartement- und Wochenendhäuser, müssen entsprechende Aufheizreserven bei der Dimensionierung der Wärmeerzeuger und Raumheizeinrichtungen vorgesehen werden.

Aufgrund der vorstehenden zusätzlichen Anforderungen an gebäudetechnische Systemlösungen müssen seit langem bekannte und bewährte Systeme, wie z. B. die Warmwasser-Zentralheizung, an die geänderten Randbedingungen angepasst werden. Aber auch bei der Neuentwicklung gebäudetechnischer Systemlösungen, hierzu gehört z. B. die Beheizung und Kühlung von Bauteilen (Bauteilaktivierung), sind die vorstehenden Anforderungen zu berücksichtigen.

1.3 Bisherige Untersuchungen

1.3.1 Heizung

In [24, 28, 37, 77, 79, 118, 121] wird die Größe der Wärmeerzeuger und der Raumheizeinrichtungen untersucht. Zur Gebäudeerwärmung nach Heizpausen und für eine ausreichende Versorgungssicherheit mit erwärmtem Trinkwasser werden Reserven bei der Dimensionierung der Wärmeerzeuger und Raumheizeinrichtungen gefordert. Diesen Untersuchungen stehen Veröffentlichungen gegenüber, die für Wärmeerzeuger mit hohen Investitionskosten, wie z. B. Wärmepumpen, einen Verzicht auf zusätzliche Reserven verlangen [117]. Für die Dimensionierung von Wärmeerzeugern und Raumheizeinrichtungen werden in den Abschnitten 4.4.2.1 und 4.4.2.2 Hinweise gegeben. Hierbei wird insbesondere auf den Einfluss des Heizbetriebs (durchgehend oder mit Heizpausen) eingegangen.

Offen ist derzeit noch die Frage nach den Auslegungstemperaturen bei Raumheizeinrichtungen von Warmwasserzentralheizungen. Von Bach wird die Forderung nach möglichst geringen Rücklauftemperaturen vertreten [24]. Esdorn dagegen sieht keinen Grund, die bisherigen Rücklauftemperaturen weiter abzusenken [37]. Die notwendigen Reserven bei der Heizkörperdimensionierung für Gebäudeaufheizung nach Heizpausen können durch eine Anhebung der Vorlauftemperatur bereitgestellt werden. Insoweit kann auf die von Bach geforderten Aufheizreserven verzichtet werden. Auf diese Problematik wird in den Abschnitten 4.4.2.1 und 4.4.2.2 nochmals eingegangen.

Die bisher in Wohnungen eingesetzten Raumheizeinrichtungen wurden unter den geänderten bauphysikalischen Randbedingungen, d. h. einer verbesserten Wärmedämmung und einer erhöhten Gebäudedichtheit, auf ihre Eignung hinsichtlich der thermischen Behaglichkeit untersucht [24, 41, 56, 95]. Für die Anordnung der Raumheizeinrichtungen gibt es unter den neuen bauphysikalischen Randbedingungen keine zusätzlichen konstruktiven Einschränkungen. Vielmehr ist wegen der verbesserten Wärmedämmung sogar die Anordnung von Heizkörpern vor Innenwänden möglich, so lange keine Außenwand-Luftdurchlässe für eine stetige Gebäudebelüftung vorhanden sind. Im unmittelbaren Bereich um die Außenwand-Luftdurchlässe sind wegen der nachströmenden Außenluft Zugerscheinungen trotz der erhöhten Wärmedämmung zu erwarten.

1.3.2 Lüftung von Wohnungen

Die Diskussion um die Lüftung von Gebäuden mit niedrigem Heizwärmebedarf wird kontrovers geführt. Die Befürworter der mechanischen Wohnungslüftung führen vor allem eine Verbesserung der Raumluftqualität bei gleichzeitiger Reduzierung des Heizwärmebedarfs infolge der Wärmerückgewinnung ins Feld [53, 60, 61, 103, 111, 113]. Diesen Argumenten stehen eine Reihe von Veröffentlichungen gegenüber, denen zufolge der Heizwärmebedarf in mechanisch gelüfteten Wohngebäuden trotz der Wärmerückgewinnung ansteigt [35, 36, 93, 94]. Hierfür ist das Nutzerverhalten ursächlich. Auch in mechanisch belüfteten Gebäuden werden während der Heizperiode die Fenster geöffnet. Bei gemäßigten Außentemperaturen sind sogar für mechanisch belüftete Gebäude annähernd gleiche Fensteröffnungszeiten und damit auch natürliche Luftwechsel wie in Gebäuden ohne Lüftungsanlagen gemessen worden. Da durch den natürlichen Luftwechsel der Gesamtluftwechsel eines mechanisch belüfteten Gebäudes ansteigt, muss in derartigen Gebäuden von einem gegenüber natürlich belüfteten Gebäuden erhöhten Luftwechsel ausgegangen werden. Aufgrund dieses erhöhten Luftwechsels wird zwar die Raumluftqualität verbessert, gleichzeitig vergrößert sich jedoch der Heizwärmebedarf. Berechnungen des Lüftungswärmebedarfs [35] und Vergleichsmessungen [93] hätten daher für natürlich gelüftete Gebäude den niedrigsten Heizwärmebedarf bzw. den geringsten Primärenergieverbrauch bestätigt. Auf die unterschiedlichen Argumente pro und contra mechanischer Wohnungslüftung wird im Detail noch im Abschnitt 5.3.1 eingegangen.

1.3.3 Sommerlicher Wärmeschutz

Im Zusammenhang mit der Erhöhung des Wärmedämmniveaus und der verbesserten Luftdichtheit von Gebäuden mit niedrigem Heizwärmebedarf wird oft argumentiert, dass die beabsichtigten Fremdwärmegewinne während der Heizperiode zu einer ungewollten und als unbehaglich empfundenen Aufheizung im Sommer führen. Diese ungewollte Erwärmung wird in Fachkreisen häufig als „Thermoskanneneffekt" hochwärmegedämmter Gebäude bezeichnet.

In [58] wird nachgewiesen, dass bei einem entsprechenden Nutzerverhalten und bei einer massiven Gebäudeausführung mit der verbesserten Wärmedämmung keine Verschlechterung der thermischen Raumluftqualität einhergeht. Allerdings werden vergleichsweise große Luftwechsel für die Nachtlüftung bis zu 10 h^{-1} unterstellt, die in Wohngebäuden ohne zusätzliche mechanische Unterstützung nicht immer erreichbar sind. Die Bedeutung einer erhöhten Nachtlüftung zur Kompensation der erhöhten Fremdwärmegewinne wird in [89] bestätigt. In [33, 34] wird der Einfluss ungünstigerer Randbedingungen wie eine eingeschränkte Nachtlüftung und eine unzureichende Verschattung untersucht. Hieraus wird der Schluss gezogen, dass bei einem nicht optimalen Nutzerverhalten in Niedrigenergiehäusern die Anzahl der Stunden im Sommer ansteigen kann, in denen sich kein als behaglich empfundenes thermisches Raumklima mehr einstellt.

Folgt man den vorstehenden Veröffentlichungen, so stellt die verbesserte Wärmedämmung moderner Gebäude keinen Grund für eine zusätzliche Gebäudekühlung dar. Auch dem mit einer Erhöhung des Fensterflächenanteils einhergehenden Wärmeeintrag über die Sonneneinstrahlung kann durch eine effiziente Verschattung während strahlungsreicher Tage im Sommer entgegengewirkt werden. Diesen Erkenntnissen steht jedoch eine innerhalb der letzten zehn Jahre um 167 % gestiegene Verkaufszahl bei den Raumkühlgeräten gegenüber [124]. Hierbei handelt es sich um Geräte zur dezentralen Kühlung von Büroräumen, kleineren Ladengeschäften und Einfamilienhäusern.

Wenn die verbesserte Gebäudedämmung keine negativen Auswirkungen auf die thermische Behaglichkeit im Sommer aufweist, dann können die ansteigenden Verkaufszahlen bei den Raumkühlgeräten nur noch auf folgende Ursachen zurückgeführt werden:

- Auf außenliegende Sonnenschutzeinrichtungen wird aus gestalterischen oder baurechtlichen Gründen verzichtet [120].
- Die inneren Wärmelasten haben zugenommen. Dies gilt insbesondere für Büros und Verkaufsräume. Aber auch in Wohnungen hat sich die Anzahl und der Ausstattungsumfang elektrischer und elektronischer Geräte vergrößert. Die komplexere Ausstattung mit elektrischen und elektronischen Geräten senkt während der Heizperiode den Deckungsgrad der Gebäudeheizung am Heizwärmebedarf. Im Sommer stellen diese Einrichtungen zusätzliche und hinsichtlich des thermischen Raumklimas problematische Wärmequellen dar.
- Die Komfortansprüche an die thermische Raumluftqualität im Sommer sind gestiegen.
- Die Anlagen zur dezentralen Raumkühlung werden auch dort eingesetzt, wo früher zentrale Teilklima- und Klimaanlagen ausgeführt worden wären.

Um der gestiegenen Verbreitung dezentraler Raumkühlgeräte Rechnung zu tragen, wurden in [23, 32, 48, 49, 105, 109, 110] folgende ressourcenschonende Alternativen zur Gebäudekühlung vorgestellt:

- Erdwärmeaustauscher in der Kombination mit einer Wohnungslüftungsanlage
- Bauteilaktivierung mit dem Erdreich als Kältepuffer oder einer Wärmepumpe mit Umkehrschaltung

1.4 Problemstellung

Nachdem die ökonomischen und ökologischen Zusammenhänge insbesondere bei der Wärmeerzeugung hinreichend geklärt sind, gilt es, die einzelnen Anlagenkomponenten so zu optimieren und aufeinander abzustimmen, dass sich der prognostizierte Heizwärme- bzw. Primärenergiebedarf auch tatsächlich einstellt. In diesem Zusammenhang sind derzeit noch die folgenden Fragen offen:

1.4.1 Heizung

- Welche Leistungsreserven sind bei der Auslegung von Wärmeerzeugern und Raumheizeinrichtungen zu berücksichtigen?
- Welchen Einfluss hat die Betriebsweise (durchgehend oder intermittierend) auf die erforderliche Leistung der Wärmeerzeuger und den Heizwärmebedarf?
- Welche Raumheizeinrichtungen eignen sich besonders für den Einsatz in Gebäuden mit niedrigem Heizwärmebedarf?
- Welchen Einsatzbedingungen unterliegt die gerade in Gebäuden mit niedrigem Heizwärmebedarf weit verbreitete Deckenstrahlungsheizung?
- Auf welche Systemtemperaturen müssen das Rohrnetz und die Raumheizeinrichtungen ausgelegt werden?
- Welche Regelungsstrategien eignen sich für Gebäude mit niedrigem Heizwärmebedarf?

1.4.2 Lüftung

- Kann der dominierende Einfluss der natürlichen Lüftung auf den Lüftungswärmebedarf durch eine Senkung des Luftwechsels der Wohnungslüftungsanlage reduziert werden?
- Welche anlagentechnischen Voraussetzungen sind für eine weitere Senkung des Luftwechsels erforderlich, wenn gleichzeitig eine optimale Raumbelüftung erzielt werden soll?
- Wie groß ist das mögliche Einsparpotential bei einer Lüftungsanlage mit reduziertem Luftwechsel?

1.4.3 Kühlung

- Wie effektiv erweisen sich Maßnahmen zum sommerlichen Wärmeschutz und zur ressourcenschonenden Raumkühlung (EWT, Bauteilaktivierung) im Vergleich mit Umluftkühlgeräten?

- Können Maßnahmen zum sommerlichen Wärmeschutz und zur ressourcenschonenden Raumkühlung Umluftkühlgeräte ersetzen?

1.5 Zur Arbeit mit dem Buch

Im Kapitel 2 dieser Arbeit wird näher auf die Eigenschaften von Gebäuden mit niedrigem Heizwärmebedarf eingegangen.

Die zur Beantwortung der unter Abschnitt 1.4 genannten Fragen verwendeten Untersuchungsmethoden werden in Kapitel 3 vorgestellt:

- In einem Versuchshaus in Niedrigenergiebauweise werden einige Komponenten gebäudetechnischer Systeme messtechnisch untersucht [105–108, 112].
- Daneben wird ein eigens für die Untersuchung von Gebäuden mit niedrigem Heizwärmebedarf entwickeltes Programm zur thermischen Gebäudesimulation eingesetzt [52, 104, 110, 119].

Die Auswertung der Berechnungen und Messungen erfolgt getrennt für Heizungs- und Raumlufttechnische Anlagen in den Kapiteln 4 und 5. Bei der Bewertung der Untersuchungsergebnisse zu den Heizungsanlagen muss berücksichtigt werden, dass in Anbetracht der Vielzahl der zur Gebäudebeheizung zur Verfügung stehenden Systemlösungen nicht alle möglichen Heizsysteme messtechnisch untersucht werden konnten. Aus den Messergebnissen werden daher allgemein gültige Anforderungen an Heizungssysteme getrennt in

- Erzeugung
- Verteilung
- Nutzenübergabe
- Regelung

abgeleitet. Auf Grundlage dieser allgemein gehaltenen Anforderungen erfolgt dann eine Beurteilung der wichtigsten, nicht in dem messtechnisch begleiteten Niedrigenergiehaus untersuchten Heizsysteme.

Für die Untersuchungen zur Gebäudebelüftung wurden in das messtechnisch begleitete Versuchshaus auch zwei der am weitesten verbreiteten mechanischen Lüftungssysteme integriert:

- Mechanische Entlüftung mit natürlicher Zuluftnachströmung
- Mechanische Be- und Entlüftung mit Vorwärmung der Zuluft über einen **E**rd**w**ärmeaus**t**auscher (EWT) und Wärmerückgewinnung über einen Plattenwärmeaustauscher

In Kapitel 6 werden auf Grundlage der Untersuchungsergebnisse aus den Kapiteln 4 und 5 geeignete gebäudetechnische Systemlösungen für Niedrigenergie-, Ultra- und Passivhäuser vorgestellt. Außerdem werden die beim Umbau und die bei der Sanierung von Altbauten als sinnvoll erachteten Maßnahmen genannt.

▶ Zusammenfassung für Querleser

Durch die veränderten gesetzlichen Rahmenbedingungen wird der Heizwärmebedarf weiter verringert. Hierbei gewinnt der Lüftungswärmebedarf an Bedeutung, da aus bauphysikalischen und hygienischen Gründen ein Mindestluftwechsel (Grundlüftung) erforderlich ist.

Der verringerte Heizwärmebedarf beeinflusst auch die Konstruktion der Systeme zur Gebäudebeheizung und -belüftung. Hiervon ist die gesamte Prozesskette von der Wärmerzeugung über die Speicherung und Wärmeverteilung bis hin zur Nutzenübergabe betroffen.

Die mit den unterschiedlichen Wärmeerzeugern (Heizkessel, Wärmepumpe, Lüftungsgeräte) theoretisch möglichen Heizenergieeinsparpotentiale sind bekannt. Dagegen sind noch Fragen im Zusammenhang mit der Dimensionierung von Heizungsanlagen, deren Betriebsweise, der Konstruktion von heizenergiesparenden Lüftungsanlagen mit Wärmerückgewinnung und der ressourcenschonenden Raumkühlung noch weitgehend offen. Diese Fragestellungen sollen mit der vorliegenden Arbeit beantwortet werden.

Die Energieeinsparverordnung und ihre Umsetzung in der Planungspraxis

Bauphysik-Kalender 2002
Hrsg.: Erich Cziesielski
2002. Ca. 700 Seiten mit ca. 600 Abbildungen
Subskriptionspreis bis 31.05.02
€ 109,–* /sFr 189,–
Gb., € 129,–* / sFr 216,–
ISBN 3-433-02839-7

Das Highlight dieser zweiten Ausgabe des neuen Standardwerkes ist die Umsetzung der Energieeinsparverordnung (EnEV) auf allen Ebenen der Planungspraxis:

- Wärmedämmstoffe
- innovative Konstruktionen für winterlichen und sommerlichen Wärmeschutz
- rechnerische Nachweise
- zahlreiche Beispiele
- Schallschutz im Hochbau
- Brandschutz im Industriebau

Mit CD ROM: P18230 V2.0
Baulicher Brandschutz
im Industriebau

Hans-Dieter Hegner, Ingrid Vogler
Energieeinsparverordnung EnEV – für die Praxis kommentiert
Wärmeschutz und Energiebilanzen für Neubau und Bestand
Rechenverfahren, Beispiele und Auslegungen für die Praxis
2002. Ca. 350 Seiten, 50 Abbildungen und Tabellen
Gb., € 69,–* / sFr 116,–
ISBN 3-433-01730-1

Das Original unter den Kommentaren, vom Mitverfasser der EnEV.

- Kommentar und Einführung in die Ermittlung von Kenngrößen
- Durchgerechnete Beispiele
- Wortlaut von EnEV und EnEG
- Stoffwertesammlung
- Begrifflexikon
- Verzeichnis der Zeichen und Symbole
- Normen- und Literaturverzeichnis

Ernst & Sohn
Verlag für Architektur und technische Wissenschaften GmbH

Für Bestellungen und Kundenservice:
Verlag Wiley-VCH
Boschstraße 12
69469 Weinheim
Telefon: (06201) 606-152
Telefax: (06201) 606-184
Email: service@wiley-vch.de

Ernst & Sohn
A Wiley Company
www.ernst-und-sohn.de

00722016_my Änderungen vorbehalten.

* Der €-Preis gilt ausschließlich für Deutschland

2 Untersuchungsmethoden

2.1 Versuchshaus

Die in dieser Arbeit vorgestellten Systeme der Technischen Gebäudeausrüstung für Gebäude mit niedrigem Heizenergiebedarf wurden in eine Doppelhaushälfte in Süddeutschland eingebaut und erprobt (Bilder 2.1 bis 2.3). Das Doppelhaus wurde als Holzständerkonstruktion in Fertigbauweise 1996 in der schwäbischen Alb errichtet. Das Versuchshaus war zeitweise unbewohnt, so dass auch Untersuchungen ohne Beeinflussung durch die Nutzer durchgeführt werden konnten.

2.1.1 Wärmedämmniveau und Luftdichtheit

Die Wärmedämmung der Außenbauteile entspricht dem Standard eines Niedrigenergiehauses. Der Aufbau der Außen- und Innenbauteile ist in Bild 2.4 dargestellt. Die Wärmedurchgangszahlen sowie die Projektdaten nach der Wärmeschutzverordnung vom 16.08.1994 und nach der EN 832 [18] sind in den Tabellen 2.1 bis 2.3 dargestellt. Um den Heizwärmebedarf zusätzlich zu senken, wurde ein 0,8 m^2 großer Bereich der Südfassade mit einer transparenten Wärmedämmung ausgestattet. Die Wärmespeicherfähigkeit des Erdgeschosses wurde durch eine massive Innenwand aus Beton erhöht. Hierdurch wurde sowohl die Energieeinsparung während der Heizperiode als auch der sommerliche Wärmeschutz positiv beeinflusst [107].

Das Gebäude wurde vor dem Bezug der Bewohner auf Luftdichtheit mit dem Blower-Door-Verfahren geprüft. Hierbei wurde ein n_{50}-Wert von 2,0 h^{-1} nach der Beseitigung der vorhandenen Mängel in der Luftdichtheitsschicht gemessen. Damit entspricht das Versuchshaus nicht den Anforderungen, die mittlerweile an Gebäude mit Wohnungslüftungsanlagen gestellt werden. Nach DIN 4108, Teil 6, dürfen erst dann die Wärmegewinne aus der Lüftungsanlage berücksichtigt werden, wenn der n_{50}-Wert unter 1,5 h^{-1} liegt. Die DIN 4108, Teil 7, beschränkt den n_{50}-Wert bei Gebäuden mit Lüftungsanlagen sogar auf 1,0 h^{-1}. Diese Werte werden mit dem Versuchshaus nicht erreicht. Bei der Bewertung der Ergebnisse des Blower-Door-Verfahrens muss jedoch berücksichtigt werden, dass die in dem Versuchshaus erreichte Luftdichtheit bezogen auf das Jahr der Errichtung sehr gut war (vgl. [30] dort Kapitel D 5 und [59]). Erst in jüngerer Zeit wurden überhaupt durch Vorgaben, wie sie z. B. in DIN 4108, Teil 7 [10.4] enthalten sind, die Grundlagen für kleinere n_{50}-Werte geschaffen. n_{50}-Werte kleiner 1,0 h^{-1} erfordern heute immer noch eine detaillierte Planung der Luftdichtheitsschicht und eine sorgfältige Objektüberwachung.

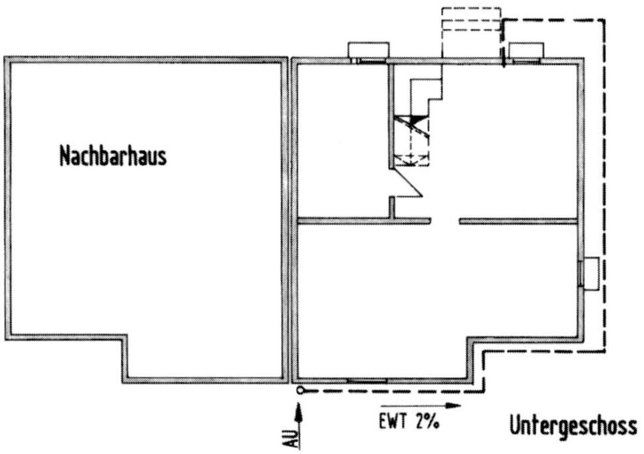

Bild 2.1: Grundriss des Kellergeschosses mit eingezeichnetem Erdwärmeaustauscher (EWT)

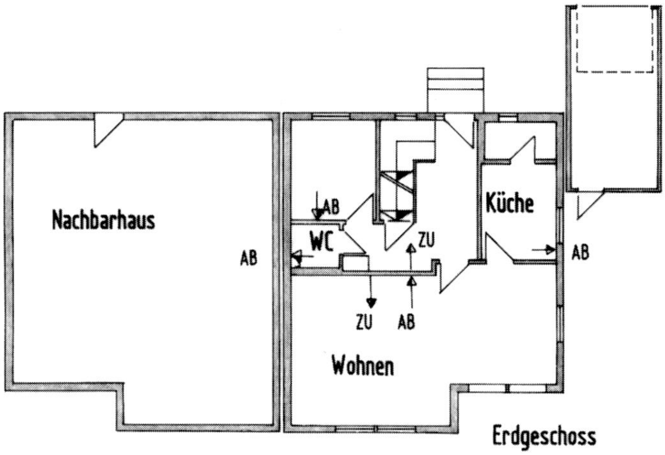

Bild 2.2: Grundriss des Erdgeschosses

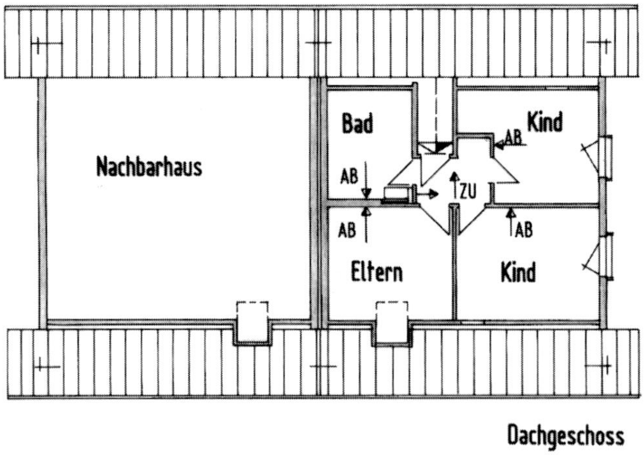

Bild 2.3: Grundriss des Dachgeschosses

Leichtbauweise	
Fußboden	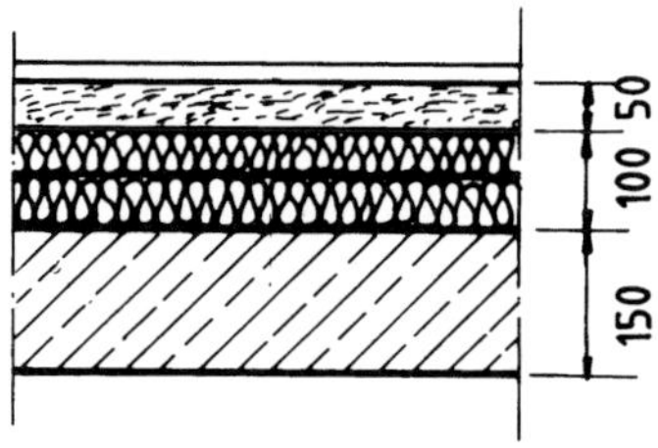
Innenwand	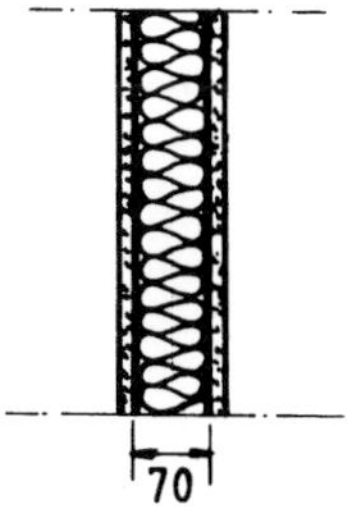
Außenwand	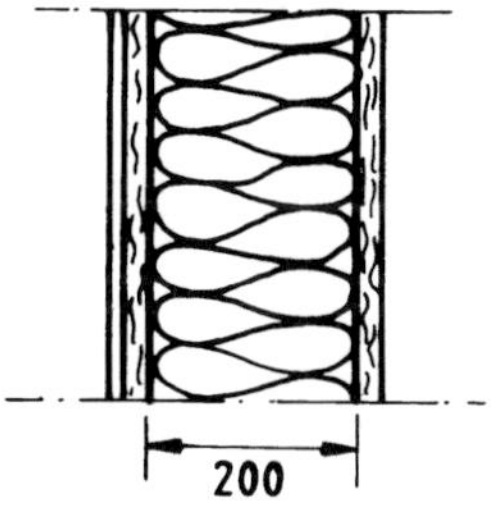
Decke	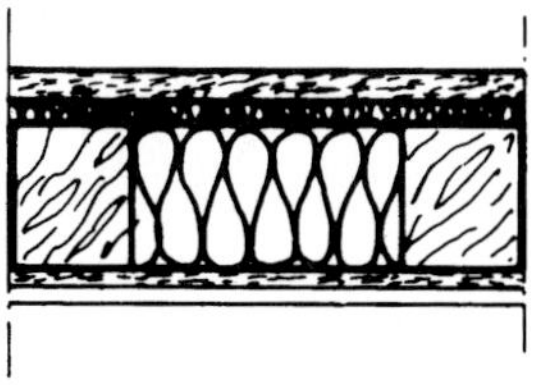

Bild 2.4: Aufbau der Raumumschließungsflächen

Tabelle 2.1: Wärmedurchgangszahl der Außenbauteile

Bauteil	Wärmedurchgangszahl
Kellerdecke	0,28 W/(m^2K)
Geschossdecke	0,23 W/(m^2K)
Dach	0,32 W/(m^2K)
Außenwand	0,23 W/(m^2K)
Außentür	2,00 W/(m^2K)
Fenster	1,10–1,50 W/(m^2K)

Tabelle 2.2: Projektdaten nach der Wärmeschutzverordnung vom 16.08.1994 [2.3]

Projektvorhaben	Neubau mit normalen Innentemperaturen
Lichte Geschosshöhe	2,5 m
Geschosszahl	2
Temperaturänderungsgrad η_t der Wärmerückgewinnung	85 %
Beheiztes Bauwerksvolumen	437 m^3
Wärmeübertragende Umfassungsfläche	333 m^2
A/V-Verhältnis	0,76 m^{-1}
Transmissionswärmebedarf	8.137 kWh/a
Lüftungswärmebedarf (ohne Wärmerückgewinnung)	7.990 kWh
Lüftungswärmebedarf (mit Wärmerückgewinnung)	4.888 kWh/a
Interne Wärmegewinne	3.497 kWh/a
Solare Wärmegewinne	2.751 kWh
Berechneter Heizwärmebedarf (ohne Wärmerückgewinnung)	59 kWh/(m^2a) 19 kWh/(m^3a)
Berechneter Heizwärmebedarf (mit Wärmerückgewinnung)	39 kWh/(m^2a) 13 kWh/(m^3a)
Maximal zulässiger Heizwärmebedarf	84 kWh/(m^2a) 27 kWh/(m^3a)

Tabelle 2.3: Zusätzliche Projektdaten nach der EN 832 [18]

Transmissionswärmeverluste	11.700 kWh/a
Lüftungswärmeverluste	11.106 kWh/a
Verhältnis Lüftung/Transmission	95 %
Interne Wärmegewinne	5.513 kWh/a
Solare Wärmegewinne	7.928 kWh/a
Nachtabsenkung	Zeitgeregelt (22.00 Uhr – 06.00 Uhr)
Wochenendabsenkung	Keine
Norm-Heizlast	5,75 kW
Spez. Heizlast	41 W/m^2

2.1.2 Transparente Wärmedämmung

In die Südfassade des Erdgeschosses sind zwei Elemente aus zementgebundenen Holzspanplatten mit einer davor angeordneten transparenten Wärmedämmung integriert. Die Gesamtfläche der transparenten Wärmedämmung beträgt 0,8 m^2. Die transparente Wärmedämmung war durch das herauskragende Dach im Sommer beschattet und auf diese Weise vor der intensiven Sonneneinstrahlung geschützt.

Der Einsatz der transparenten Wärmedämmung ist mit folgenden Vorteilen verbunden:

- Die innere Wandoberflächentemperatur steigt hinter der transparenten Wärmedämmung bei Sonneneinstrahlung über die Raumtemperatur hinaus an. Insoweit reduziert die transparente Wärmedämmung nicht nur lokal die Transmissionswärmeverluste, sondern trägt aktiv zur Raumbeheizung bei [104].
- In Wandnähe wird das thermische Raumklima positiv beeinflusst. Von den Bewohnern des Versuchshauses wurde wegen des örtlich verbesserten thermischen Raumklimas in unmittelbarer Nähe der transparenten Wärmedämmung sogar eine Sitzgruppe angeordnet.

2.1.3 Heizungsanlage

Die haustechnische Ausstattung besteht aus einem ölbefeuerten Niedertemperaturkessel mit einer Heizleistung von 17 kW zur Gebäudebeheizung und Trinkwassererwärmung (Bild 2.5). Die Aufstellung eines Brennwertkessels war wegen des

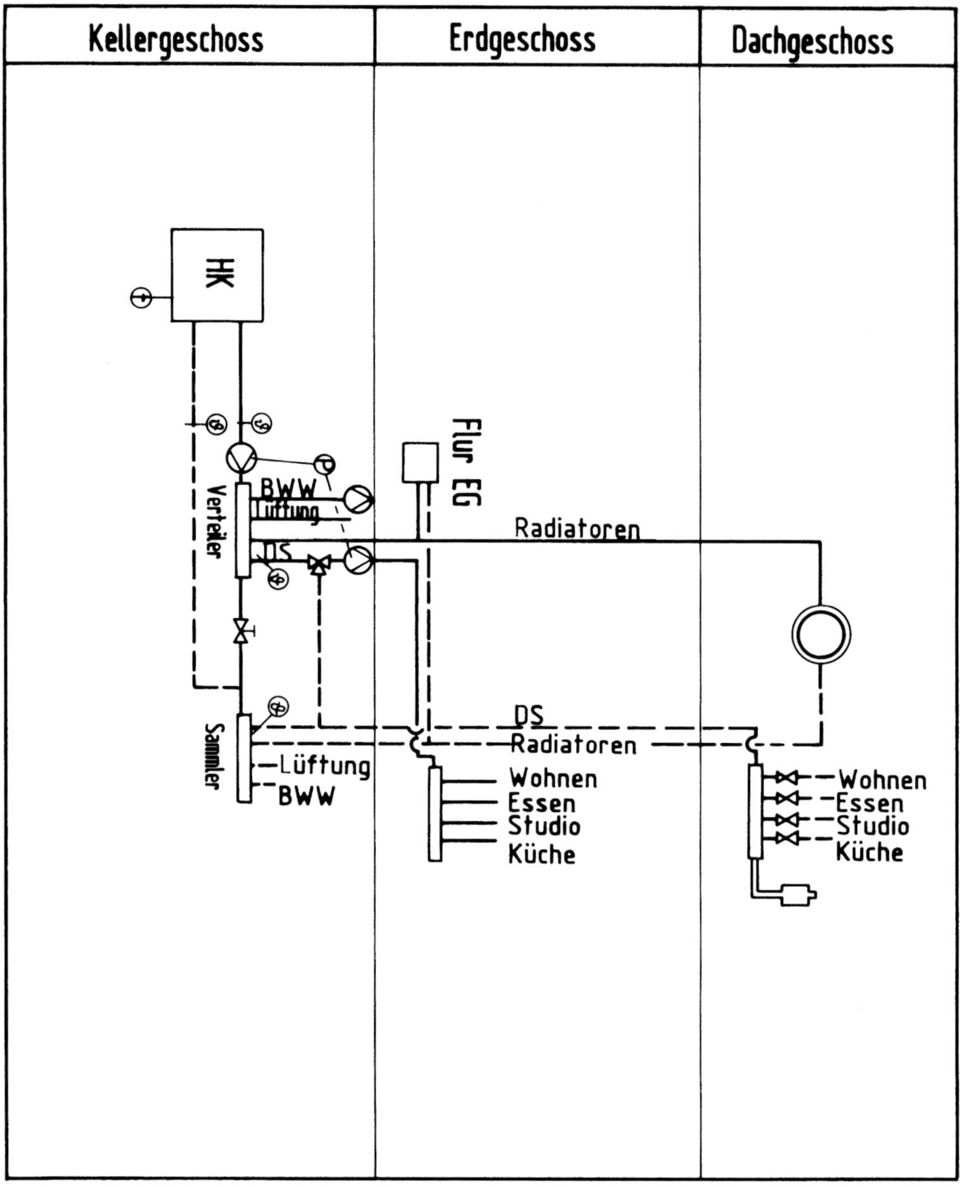

Bild 2.5: Heizungsschema

fehlenden Gasanschlusses nicht möglich. Die Trinkwassererwärmung erfolgt in einem untergestellten Speicher mit einem Inhalt von 150 l.

Das Kellergeschoss wird nicht beheizt. Die Aufenthaltsräume des Erdgeschosses sind mit Deckenstrahlungsheizungen ausgerüstet. In dem Flur ist zur Abschirmung eines Kaltlufteinfalls über die Außentür ein zusätzlicher Heizkörper installiert. Der Belegungsgrad der Deckenstrahlungsheizung beträgt in allen Räumen 50 %, wodurch die Regelgeschwindigkeit der Deckenstrahlungsheizung erhöht werden soll. Die Aufenthaltsräume und das Bad im Dachgeschoss sind mit Kompaktheizkörpern ausgestattet.

Zum Zeitpunkt der Planung und Errichtung des Versuchshauses war es nicht üblich, Wohngebäude mit einer Deckenstrahlungsheizung auszurüsten. Diese früher weit verbreitete Art der Strahlungsheizung war seit Anfang der siebziger Jahre von der Fußbodenheizung in Büro- und Wohngebäuden verdrängt worden. Zur Deckung der Raumheizlast waren ohne zusätzliche Raumheizeinrichtungen, wie z. B. Radiatoren, hohe Deckenoberflächentemperaturen erforderlich, die bei niedrigen lichten Raumhöhen nicht mehr als behaglich empfunden wurden. Hier erwies sich die Fußbodenheizung als kostengünstigere Alternative, die meistens wegen der höheren spezifischen Wärmeleistung ohne zusätzliche Raumheizeinrichtungen auskam. Die Deckenstrahlungsheizung erfuhr jedoch seit Mitte der neunziger Jahre mit der Verbreitung der Kühldecke in teilklimatisierten Bürogebäuden eine Renaissance, indem die Kühldecke während der Heizperiode als Raumheizeinrichtung verwendet wurde [42, 44, 45, 47, 78]. Hierdurch wurden zusätzliche Investitionen für Raumheizeinrichtungen eingespart. Die Wiedereinführung der Deckenstrahlungsheizung beschränkte sich zuerst auf Bürogebäude, die wegen der höheren inneren Wärmelasten und der häufig vorhandenen Belüftungsanlage eine niedrigere Heizlast als Wohngebäude aufweisen. Aus den niedrigeren Heizlasten resultieren auch geringere Oberflächentemperaturen, wodurch die thermische Behaglichkeit verbessert wird. Zum Zeitpunkt der Niederschrift dieser Arbeit stellt die Deckenstrahlungsheizung in Gebäuden mit niedrigem Heizwärmebedarf eine neben den Radiatoren sowie der Fußboden- und der Wandheizung gleichberechtigte Form der Raumheizeinrichtung in Niedrig-, Ultra- und Passivhäusern dar [48]. Insoweit wurde mit der Entscheidung zur Ausrüstung des Versuchshauses mit einer Deckenstrahlungsheizung der nachfolgenden, technischen Entwicklung vorgegriffen.

2.1.4 Lüftung

In dem Versuchshaus waren die folgenden beiden Systeme zur mechanischen Wohnungslüftung installiert (Bild 2.6):

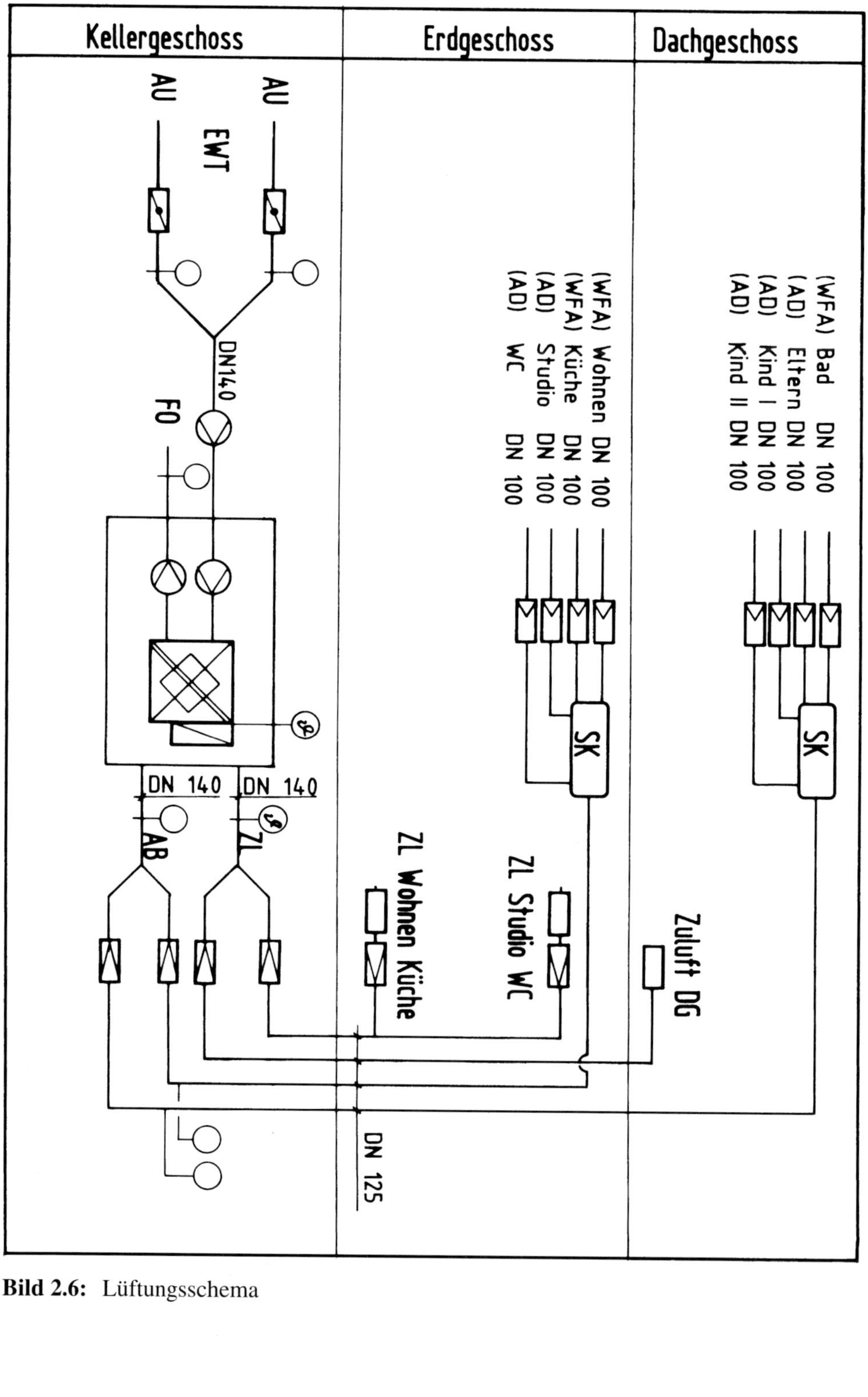

Bild 2.6: Lüftungsschema

- **Mechanische Be- und Entlüftung**
  Im Kellergeschoss ist ein Wohnungslüftungsgerät mit rekuperativer Wärmerückgewinnung mittels eines Wärmeaustauschers aufgestellt. Dem Wärmeaustauscher des Wohnungslüftungsgerätes ist ein Erdwärmeaustauscher vorgeschaltet. Hierbei handelt es sich um eine im Erdreich angeordnete Lüftungsleitung, die die Außenluftansaugung mit dem Wohnungslüftungsgerät verbindet. Im Sommer wird die Außenluft im Erdwärmeaustauscher angekühlt und angetrocknet, wohingegen im Winter eine Vorerwärmung der Außenluft stattfindet. Zur Vermeidung von Zugerscheinungen ist das Zentralgerät zusätzlich mit einem an die Heizungsanlage angeschlossenen Nacherwärmer ausgerüstet. Die Zuluft wird mit Durchlässen in Bodennähe eingeblasen. Damit entspricht das Prinzip der Luftführung einer Quelllüftung. In dem Erdgeschoss sind die Zuluftdurchlässe im Flur und im Wohnzimmer angeordnet. Der Zuluftdurchlass für das Dachgeschoss befindet sich im Flur.

- **Mechanische Entlüftung mit natürlicher Zuluftnachströmung**
  Durch die Außerbetriebnahme des Zuluftventilators kann die Wohnungslüftungsanlage auf eine ausschließliche, mechanische Entlüftung umgestellt werden. Die Belüftung bzw. Außenluftnachströmung erfolgt in dieser Betriebsweise entweder als Fensterlüftung oder bei geschlossenen Fenstern über Außenwand-Luftdurchlässe. Hierfür werden Zuluftfenster eingesetzt. Bei den Zuluftfenstern handelt es sich um Verbundfenster mit einer Wärmeschutzverglasung zum Freien und einer raumseitigen Einfachverglasung. Die Außenluft wird über Bohrungen in dem oberen Teil des Rahmens angesaugt und durchströmt den Luftspalt zwischen der Einfach- und der Wärmeschutzverglasung. Hierdurch wird die Außenluft vorgewärmt. Über weitere Bohrungen im unteren Teil des Rahmens kann die vorgewärmte Außenluft in den Raum einströmen. Auf die Funktion des Zuluftfensters wird im Detail noch in Abschnitt 5.2.2 eingegangen.

Bei beiden Betriebsweisen der Wohnungslüftungsanlage, als mechanische Be- und Entlüftungsanlage oder als ausschließliche, mechanische Entlüftungsanlage, wird die aus bauphysikalischen Gründen notwendige Lufterneuerung durch eine Grundlüftung mit einem Luftwechsel von 0,4 h^{-1} bezogen auf das Gebäudevolumen sichergestellt. In Räumen mit besonders hohen Stofflasten, hierzu gehören das WC, das Bad, die Küche und das Wohnzimmer, sind Abluftdurchlässe mit stetig verstellbarem Abluftvolumenstrom, so genannte Wandfortluftautomaten, installiert. Der niedrige Abluftvolumenstrom soll die bauphysikalisch notwendige Grundlüftung sicherstellen. Bei zusätzlichen Stofflasten gibt eine Klappe im Abluftdurchlass einen größeren Querschnitt zur Absaugung des aus hygienischen Gründen notwendigen größeren Luftwechsels als Bedarfslüftung frei.

Als Maß der Luftverschlechterung in der Küche, dem WC und dem Bad wird die relative Feuchte, die mit einem Hygrostaten erfasst wird, herangezogen. Im Wohnzimmer ist ein Mischgassensor installiert. In der Küche kann der Abluftvolumenstrom zusätzlich manuell durch Ansteuerung einer größeren Ventilatorstufe erhöht werden.

▶ Zusammenfassung für Querleser

Die Effizienz gebäudetechnischer Systeme für Niedrigenergiehäuser wird in einem Versuchshaus untersucht. Die Raumbeheizung erfolgt über eine Deckenstrahlungsheizung im Erdgeschoss und Radiatoren im Dachgeschoss. Für die mechanische Raumlüftung stehen zwei unterschiedliche Systeme zur Verfügung:

- Mechanische Be- und Entlüftung
- Mechanische Entlüftung mit natürlicher Zuluftnachströmung

2.2 Thermische Simulationsberechnungen

2.2.1 Bilanzgleichungen

Neben den Messungen in dem Versuchshaus werden auch Berechnungen mit einem EDV-Programm zur thermischen Gebäudesimulation durchgeführt. Dieses EDV-Programm berechnet für einen Raum den zeitlichen Verlauf der Raumlufttemperatur, der Oberflächentemperaturen der Raumumschließungsflächen, der Heizlast und der Kühllast. Ausgangsbasis sind folgende Bilanzgleichungen:

Wärmebilanz des Raumluftvolumens

$$\begin{aligned} V \cdot \rho \cdot c \cdot \frac{d\vartheta_{\mathrm{RL}}}{dt} = \sum_{j=1}^{n} A_{\mathrm{j}} \cdot \alpha_{\mathrm{K}} \cdot (\vartheta_{\mathrm{oi,j}} - \vartheta_{\mathrm{RL}}) + \dot{Q}_{\mathrm{i}} + \frac{n_{\mathrm{AU}}}{3.600} V \cdot \rho \cdot c \\ \cdot (\vartheta_{\mathrm{AU}} - \vartheta_{\mathrm{RL}}) + \frac{n_{\mathrm{RLT}}}{3.600} V \cdot \rho \cdot c \cdot (\vartheta_{\mathrm{ZU}} - \vartheta_{\mathrm{RL}}) \end{aligned} \tag{2.1}$$

Eindimensionale Wärmebilanzen der Fenster

Verglasungen

Die Bilanzgleichungen der Fensterscheiben werden im Folgenden nur beispielhaft für Zweifachverglasungen dargestellt. Prinzipiell ist jedoch auch die Bilanzierung für Dreifachverglasungen möglich.

Innere Fensterscheibe:

$$V \cdot \rho \cdot c \cdot \frac{d\vartheta_{\mathrm{F,I}}}{dt} = A \cdot \alpha_K \cdot (\vartheta_{\mathrm{RL}} - \vartheta_{\mathrm{F,I}}) + \dot{Q}_{\mathrm{kw}} + \dot{Q}_{\mathrm{lw}} + A \cdot \Lambda \cdot (\vartheta_{\mathrm{F,A}} - \vartheta_{\mathrm{F,I}}) \tag{2.2}$$

Äußere Fensterscheibe:

$$V \cdot \rho \cdot c \cdot \frac{d\vartheta_{\mathrm{F,A}}}{dt} = A \cdot \alpha_{\mathrm{K+lw}} \cdot (\vartheta_{\mathrm{AU}} - \vartheta_{\mathrm{F,A}}) + \dot{Q}_{\mathrm{kw}} + A \cdot \Lambda \cdot (\vartheta_{\mathrm{F,I}} - \vartheta_{\mathrm{F,A}}) \tag{2.3}$$

Rahmen

Innere Rahmenoberfläche:

$$A \cdot \alpha_{\mathrm{K}} \cdot (\vartheta_{\mathrm{RL}} - \vartheta_{\mathrm{FR,I}}) + \dot{Q}_{\mathrm{kw}} + \dot{Q}_{\mathrm{lw}} + A \cdot \Lambda \cdot (\vartheta_{\mathrm{FR,A}} - \vartheta_{\mathrm{FR,I}}) = 0 \tag{2.4}$$

Äußere Rahmenoberfläche:

$$A \cdot \alpha_{\mathrm{K+lw}} \cdot (\vartheta_{\mathrm{AU}} - \vartheta_{\mathrm{FR,A}}) + \dot{Q}_{\mathrm{kw}} + A \cdot \Lambda \cdot (\vartheta_{\mathrm{FR,I}} - \vartheta_{\mathrm{FR,A}}) = 0 \tag{2.5}$$

Eindimensionale Wärmebilanzen der opaken Raumumschließungsflächen [51]

$$\rho(x) \cdot c(x) \cdot \frac{\partial\vartheta(x,t)}{\partial t} = \lambda(x) \cdot \frac{\partial^2\vartheta(x,t)}{\partial x^2} + \frac{\dot{Q}(x,t)}{dx} \tag{2.6}$$

In den vorstehenden Gleichungen bedeuten:

A	[m²]	Bauteilfläche
c	[J/kgK]	Wärmekapazität
n_{AU}	[h⁻¹]	Außenluftwechsel
n_{RLT}	[h⁻¹]	Luftwechsel über RLT-Anlagen
$\dot{Q}$	[W]	Wärmestrom
$\dot{Q}_{\mathrm{i}}$	[W]	interne Wärmegewinne
$\dot{Q}_{\mathrm{kw}}$	[W]	absorbierte Sonneneinstrahlung
$\dot{Q}_{\mathrm{lw}}$	[W]	Differenz zwischen der emittierten und der absorbierten, langwelligen Wärmestrahlung einer Bauteiloberfläche
t	[s]	Zeit
V	[m³]	Rauminhalt
x	[m]	Koordinate der eindimensionalen Wärmeleitung
α_{K}	[W/(m²K)]	konvektiver Wärmeübergangskoeffizient

α_{K+lw}	[W/(m²K)]	gemeinsamer Wärmeübergangskoeffizient für Konvektion und Wärmestrahlung an der ans Freie grenzenden Oberfläche von Außenbauteilen
ρ	[kg/m³]	Dichte
ϑ	[°C]	Temperatur
ϑ_{AU}	[°C]	Außenlufttemperatur
ϑ_{F}	[°C]	Temperatur der raumseitigen Fensterscheibe (Index: I) und der äußeren Fensterscheibe (Index: A)
ϑ_{FR}	[°C]	Temperatur der raumseitigen Rahmenoberfläche (Index: I) und der äußeren Rahmenoberfläche (Index: A)
ϑ_{RL}	[°C]	Raumlufttemperatur
ϑ_{ZU}	[°C]	Zulufttemperatur einer RLT-Anlage
ϑ_{oi}	[°C]	Oberflächentemperatur
$1/\Lambda$	[(m²K)/W]	Wärmedurchgangswiderstand

2.2.2 Lösung der Bilanzgleichungen

Die Bilanzgleichungen bilden aufgrund des Wärmeaustauschs durch Strahlung und Konvektion ein nur geschlossen lösbares Gleichungssystem. Die Randbedingungen sind der zeitliche Verlauf der Sonneneinstrahlung, der inneren Wärmequellen und der Temperaturen in den Nachbarräumen, der Aufbau der Raumumschließungsflächen sowie die vorhandenen Raumheiz- und Kühleinrichtungen. Die Anfangsbedingungen werden durch die Temperaturverteilung innerhalb der einzelnen Bauteile und der Raumlufttemperatur zu Beginn der Berechnung festgelegt.

Die nummerische Lösung des vorstehenden Gleichungssystems erfordert folgende Teilschritte:

- Der nichtlineare Wärmeaustausch durch Strahlung und Konvektion an der Bauteiloberfläche wird linearisiert.
- Die Differentialgleichungen werden durch Differenzenapproximationen in algebraische Gleichungen überführt. Es entsteht ein lineares Gleichungssystem.
- Das lineare Gleichungssystem muss skaliert werden, um die mit der Bearbeitung im PC verbundenen nummerischen Fehler weitgehend ausschließen zu können [119].
- Das lineare Gleichungssystem wird nach seinen Unbekannten aufgelöst.

Ein Hauptproblem bei der Verwendung von EDV-Programmen zur thermischen Gebäudesimulation besteht in der Einschätzung, ob es sich um realistische Berechnungsergebnisse handelt, oder ob die Berechnungsergebnisse durch Programmier- und Eingabefehler, unrealistische Randbedingungen sowie nummerische Fehler verfälscht werden. Um derartige Einflüsse ausschließen zu können, wurden

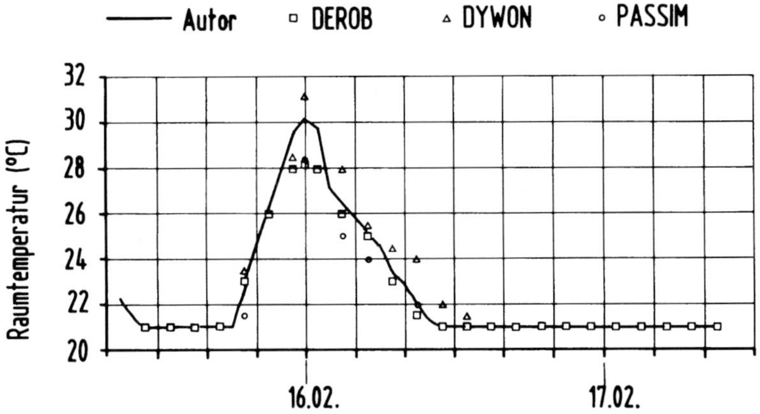

Bild 2.7: Überprüfung des EDV-Programmes zur thermischen Gebäudesimulation durch einen Vergleich mit anderen Programmen (Berechnung des Raumlufttemperaturverlaufs während der Heizperiode)

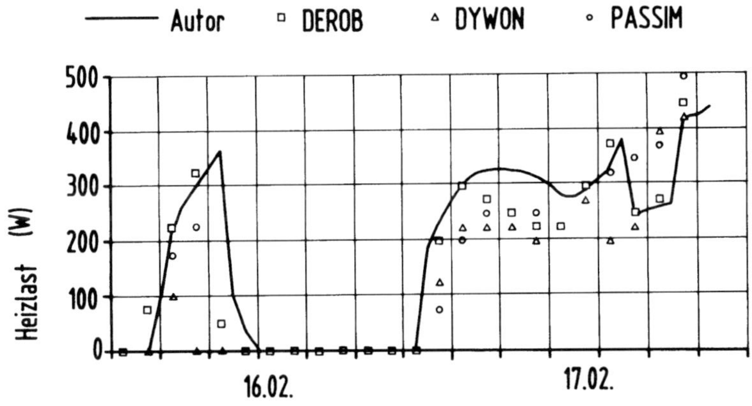

Bild 2.8: Überprüfung des EDV-Programmes zur thermischen Gebäudesimulation durch einen Vergleich mit anderen Programmen (Berechnung des Heizlastverlaufs)

Vergleichsberechnungen mit anderen Berechnungsprogrammen durchgeführt [52, 119]. Die Ergebnisse zeigten eine zufrieden stellende Übereinstimmung (Bilder 2.7 und 2.8).

2.2.3 Wetterdaten

Als Datensatz für die thermischen Simulationsrechnungen wurden die von dem Deutschen Wetterdienst für Stuttgart gemessenen Wetterdaten verwendet, da mit den Berechnungen auch das thermische Gebäudeverhalten unter extremen Witterungsbedingungen untersucht werden soll. Es hat sich gezeigt, dass hierfür die mit dem Testreferenzjahr (TRY) angebotenen Wetterdatensätze nicht geeignet sind [46]. Die Wetterdatensätze des Testreferenzjahrs sollen vor allem Berechnungen zum Energieverbrauch haustechnischer Anlagen ermöglichen. Bei der Zusammenstellung der Wetterdaten wurde daher vor allem darauf geachtet, dass typische regionale und jahreszeitliche Witterungserscheinungen mittelwertstreu wiedergegeben werden. Hierbei wurden meteorologische Extremwerte für die Temperatur und den Wasserdampfgehalt der Außenluft nicht berücksichtigt. Insoweit kann mit den Wetterdatensätzen des TRY z. B. nicht beurteilt werden, welche Raumlufttemperaturen sich nach einer extremen sommerlichen Schönwetterperiode in einem Gebäude einstellen.

2.2.4 Vorteile des EDV-Programms

Bei der Entwicklung des EDV-Programmes wurde besonders auf Umsetzung folgender Eigenschaften Wert gelegt:

- Die von den einzelnen Raumumschließungsflächen absorbierte kurzwellige Sonneneinstrahlung wird entsprechend der jeweiligen Einstrahlzahlen der Raumumschließungsflächen sowie der Absorptions- und Reflektionszahlen berechnet. Hierdurch kann der Einfluss der Speichermassen eines Raumes nachvollzogen werden.
- Bei der Berechnung des Wärmeübergangs an den raumseitigen Bauteiloberflächen wird zwischen der Konvektion und der langwelligen Wärmestrahlung unterschieden. Der Austausch der Wärmestrahlung zwischen den einzelnen Raumumschließungsflächen wird in Abhängigkeit von den Einstrahl-, Emissions- und Reflektionszahlen berechnet.
- Durch die Trennung beim Wärmeübergang in Konvektion und Strahlung können Vorhersagen zur thermischen Behaglichkeit durchgeführt werden.
- Beim Durchgang der Sonneneinstrahlung durch die Fenster wird der physikalische Vorgang der Absorption und Transmission nachgebildet.

2.2.5 Anwendung

Mit dem Programm zur thermischen Gebäudesimulation wird der Einfluss der Betriebsweise der Heizungsanlage auf die Dimensionierung der Raumheizeinrichtungen und des Wärmeerzeugers sowie auf den Heizwärmebedarf untersucht. Außerdem wird die Effizienz unterschiedlicher Maßnahmen zum sommerlichen

Wärmeschutz bzw. der zur Verfügung stehenden Maßnahmen zur Raumkühlung überprüft.

▶ Zusammenfassung für Querleser

Mit einem Programm für thermische Simulationsberechnungen werden alle diejenigen Fragen, die messtechnisch im Versuchshaus nicht abschließend untersucht werden konnten, theoretisch bearbeitet. Bei der Programmentwicklung wurde den in Gebäuden mit niedrigem Heizwärmebedarf vorliegenden Randbedingungen besondere Beachtung geschenkt.

24 Mio. Altbauwohnungen brennen darauf, energietechnisch saniert zu werden.

Intelligenter Wärmeschutz sorgt für das richtige Klima.

FIW München

Das Gütesiegel für ökonomische und ökologische Bauweise

Die Leistungen:
· Beratung
· Prüfung
· Forschung
· Schulung

Die Fachgebiete:
· Wärmeschutz
· Kälteschutz
· Brandschutz
· Schallschutz

Ein Dienstleistungsunternehmen mit Gesamtlösungen fü
· Baustoffe/Bauteile/Bauphysik
· Bau-/Wohnungswirtschaft
· Industrie
· Banken/Kommunen

Forschungsinstitut für Wärmeschutz e.V. München
Lochhamer Schlag 4 · D-82166 Gräfelfing
Telefon +49 (0)89 8 58 00-0 · Telefax +49 (0)89 8 58 00-40
info@fiw-muenchen.de · www.fiw-muenchen.de

FIW München

3 Gebäude mit niedrigem Heizwärmebedarf

3.1 Definitionen

Je nach Heizwärmebedarf unterscheidet man zwischen folgenden unterschiedlichen Gebäudetypen [36]:

- Niedrigenergiehäuser
- Ultrahäuser
- Passivhäuser

Daneben werden in Veröffentlichungen noch das Null-Heizenergiehaus und das Null-Energiehaus genannt [30, 36]. Diese beiden Gebäudetypen unterscheiden sich jedoch baukonstruktiv nicht wesentlich von den Niedrigenergie-, Ultra- und Passivhäusern. Durch eine verbesserte bzw. geänderte gebäudetechnische Ausstattung wird lediglich die Gesamtenergiebilanz günstig beeinflusst. Das Null-Heizenergiehaus ist mit saisonalen Wärmespeichern ausgestattet, mit denen die intensive Sonneneinstrahlung während des Sommers aktiv zur Gebäudebeheizung genutzt wird. Bei dem Nullenergiehaus handelt es sich um ein energetisch autarkes Gebäude, das zusätzlich zu den Einrichtungen zur thermischen Sonnenenergienutzung über umfangreiche Photovoltaikanlagen verfügt.

3.1.1 Niedrigenergiehaus

Unter Niedrigenergiehäusern werden Gebäude verstanden, die die Anforderungen der Wärmeschutzverordnung vom 16.08.1994 an den Jahres-Heizwärmebedarf nochmals um 30 % unterschreiten. In der Praxis wird sich in Niedrigenergiehäusern ein noch geringerer Heizwärmebedarf einstellen. In dem Berechnungsverfahren zur Bestimmung des Jahres-Heizwärmebedarfs nach der Wärmeschutzverordnung vom 16.08.1994 wird der Einfluss einer erhöhten Wärmedämmung auf die Heizgrenztemperatur und damit auf die Dauer der Heizperiode vernachlässigt. Durch die verbesserte Wärmedämmung der Außenbauteile in Niedrigenergiehäusern wird die Heizgrenztemperatur gesenkt (siehe Tabellen 3.1 und 3.2); d. h. die Dauer der Heizperiode und damit die Gradtagszahlen sinken gleichfalls. Insoweit wird der Jahres-Heizwärmebedarf zusätzlich reduziert. Denselben Effekt kann man erzielen, wenn man einen unbeheizten Wintergarten vorsieht oder die Fassade mit einer transparenten Wärmedämmung ausstattet. Auch durch eine Lüftungsanlage mit Wärmerückgewinnung wird wegen der damit verbundenen Wärmeeinsparung die Heizgrenztemperatur verringert.

Niedrigenergiehäuser zeichnen sich durch eine verbesserte Wärmedämmung der transparenten und opaken Außenbauteile aus. Die Größe und Anordnung der Fenster

Tabelle 3.1: Heizgrenztemperaturen für unterschiedliche Wärmedämmstandards [91]

Gebäudetyp	Heizgrenztemperatur
Alter Gebäudebestand	15 °C
Wärmeschutzverordnung vom 16.08.1994 [2.3]	12 °C
Energieeinsparverordnung [5, 88]	< 10 °C

Tabelle 3.2: Empfohlene Wärmedurchgangszahlen für Niedrigenergiehäuser [30]

Bauteil	Wärmedurchgangszahl (U-Wert)
Dächer	$\leq$ 0,20 W/(m^{2}K)
Außenwände	$\leq$ 0,30 W/(m^{2}K)
Kellerdecken, Bodenplatten	$\leq$ 0,35 W/(m^{2}K)
Fenster	$\leq$ 0,1,4 W/(m^{2}K)

in der Fassade richten sich nach dem Tageslichtbedarf. Die Aufenthaltsräume sollten in den nach Süden orientierten Gebäudebereichen angeordnet sein, um die passiven solaren Wärmegewinne optimal zu nutzen. Darüber hinausgehende, konstruktive Maßnahmen zur passiven Sonnenenergienutzung können, müssen aber nicht unbedingt Bestandteil des jeweiligen Niedrigenergiehauskonzeptes sein.

3.1.2 Ultrahaus

Bei dem Ultrahaus handelt es sich um die konstruktive Weiterentwicklung des Niedrigenergiehauses. Hierzu wird der Heizwärmebedarf durch den Einsatz von Baustoffen und Bauteilen mit günstigeren wärmetechnischen Eigenschaften, d. h. niedrigere Wärmeleitfähigkeiten und wärmebrückenarme Konstruktionen, im Vergleich zum Niedrigenergiehaus nochmals gesenkt. Außerdem werden die Transmissionswärmeverluste durch eine möglichst kompakte Bauweise weiter verringert. Hierzu gehört der Verzicht auf herauskragende oder zurückspringende Bauteile wie z. B. Freisitze und Erker. Auch für Ultrahäuser gilt, dass bauphysikalische und konstruktive Methoden zur passiven Sonnenenergienutzung nicht unbedingt berücksichtigt werden müssen.

3.1.3 Passivhaus

Unter Passivhäusern werden Gebäude mit einem Gesamtenergiebedarf bei üblicher Wohnnutzung < 30 kWh/(m^2a) verstanden [39]. Hierin ist neben dem Heizenergiebedarf auch der Bedarf an elektrischem Strom zur Versorgung der Gebäudetechnik und des Haushalts sowie die zur Trinkwassererwärmung benötigte Energie enthalten. Der spezifische Heizwärmebedarf soll einen Betrag von 15 kWh/(m^2a) nicht überschreiten. Hieraus ergibt sich eine maximale auf die Wohnfläche bezogene Heizlast von ungefähr 10 W/m^2.

Damit derart geringe Bedarfskennwerte erzielt werden können, bestehen an die Konstruktion und die Nutzung eines Passivhauses zusätzliche, über den Standard eines Niedrigenergie- bzw. Ultrahauses hinausgehende Anforderungen:

- Die solaren Wärmegewinne werden durch einen entsprechend angepassten Gebäudeentwurf sowie durch weitere konstruktive und bauphysikalische Maßnahmen optimal genutzt (siehe Abschnitt 3.2.4).
- Für die Belüftung des Gebäudes ist eine Wohnungslüftungsanlage mit Wärmerückgewinnung zwingend erforderlich. Die Wohnungslüftungsanlage ist häufig an einen Erdwärmeaustauscher angeschlossen [113].
- Das Lüftungsverhalten der Benutzer muss sich konsequent dem Ziel einer Minimierung des Heizwärmebedarfs unterordnen; d. h., die Fensterlüftung ist zu vermeiden.
- Die Deckung der Restheizlast erfolgt entweder über die Lüftungsanlage (Nacherwärmung) oder über beheizte Bauteile [30].

3.2 Eigenschaften

3.2.1 Heizlast

3.2.1.1 Einflussgrößen

Die Größe der Heizlast von Gebäuden mit niedrigem Heizwärmebedarf ist neben den Transmissions- und Lüftungsverlusten auch von der Gebäudeorientierung und dem Fensterflächenanteil abhängig. In den Bildern 3.1 und 3.2 ist das Berechnungsergebnis einer thermischen Gebäudesimulation zur Heizlast ([119], siehe auch Abschnitt 4.3.2) für einen Fensterflächenanteil von 20 % und 80 % dargestellt. Um die sich bei Aufheizvorgängen nach einer Heizpause wie der Nachtabsenkung einstellenden Lastspitzen zu verdeutlichen, ist in Bild 3.1 die Norm-Heizlast nach DIN 4701 [11.1] eingezeichnet. Die Heizlast liegt unmittelbar nach der Heizpause

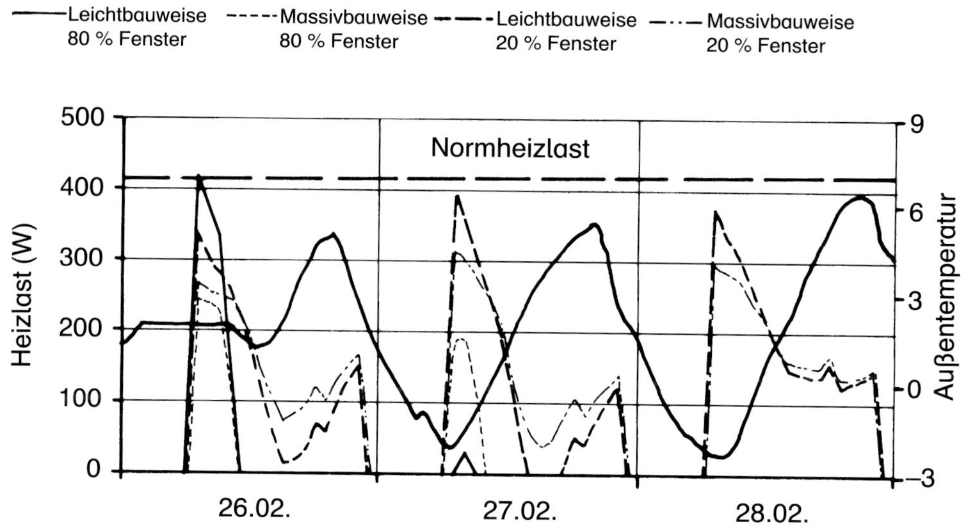

Bild 3.1: Berechnung des Heizlastverlaufs in Abhängigkeit der Fremdwärmegewinne. (Die eingezeichnete Normheizlast bezieht sich auf die Räume mit 20 % Fensterflächenanteil)

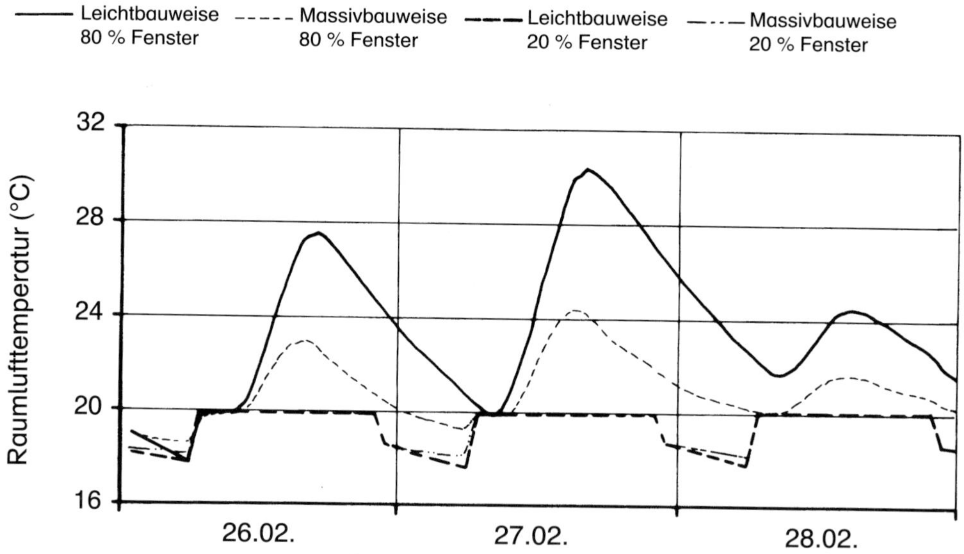

Bild 3.2: Berechnung des Verlaufs der Raumlufttemperatur in Abhängigkeit der Fremdwärmegewinne

in derselben Größenordnung wie die Norm-Heizlast; d. h. bei Gebäuden mit geringem Heizwärmebedarf stellen sich die Lastspitzen nicht nur in Abhängigkeit von der Außentemperatur, sondern auch von der Betriebsweise ein.

3.2.1.2 Bedeutung der Sonneneinstrahlung und der internen Wärmegewinne

Die Bedeutung der Sonneneinstrahlung und der internen Wärmegewinne bei der Deckung der Transmissionsheizlast geht ebenfalls aus den Bildern 3.1 und 3.2 hervor. Bei Gebäuden mit großen, nach Süden orientierten Fensterflächen, wie sie typisch für Passivhäuser sind, ist während einer längeren Schönwetterperiode im Winter trotz der niedrigen Außentemperaturen eine Abnahme der Heizlast festzustellen. Hieraus kann man schließen, dass die Sonneneinstrahlung effektiv zur Deckung der Heizlast beiträgt.

Gebäude mit einem geringen Fensterflächenanteil weisen wegen der kleineren Wärmedurchgangszahl der opaken Außenbauteile rein rechnerisch eine niedrigere Heizlast als Gebäude mit großen, nach Süden orientierten Fenstern zur passiven Sonnenenergienutzung auf. Der in den Bildern 3.1 und 3.2 dargestellte zeitliche Verlauf der Heizlast weist jedoch gerade für Gebäude mit niedrigem Fensterflächenanteil eine Heizlast zur Wiederherstellung der als behaglich empfundenen Raumtemperaturen nach Heizpausen aus, die sich in derselben Größenordnung wie die Norm-Heizlast bewegt. Dieses Ergebnis ist insoweit bemerkenswert, als die Heizlast nach der Heizpause nahezu unabhängig von der Außentemperatur ist. Wenn allein die Außentemperatur zur Berechnung der Heizlast herangezogen werden würde, wäre allenfalls eine Heizlast von 50 % der Norm-Heizlast zu erwarten gewesen. Erst durch eine Vergrößerung des Fensterflächenanteils kann die Heizlast durch die zusätzlichen solaren Wärmegewinne weiter gesenkt werden.

Nach den Regeln der Technik [11.1] wird die Normheizlast als Summe aus der Transmissions- und der Lüftungsheizlast gebildet. Die Normheizlast als Basisgröße zur Auslegung einer Heizungsanlage wird unter stationären Randbedingungen für das tiefste Zweitagesmittel der Außenlufttemperatur berechnet, das 10mal in 20 Jahren erreicht oder unterschritten wird. Auf Grundlage der vorstehenden Berechnungsergebnisse werden die größten Wärmeleistungen zur Gebäudeaufheizung jedoch nicht unter stationären Randbedingungen, sondern nach Heizpausen benötigt. Insoweit stimmen die Randbedingungen für die Dimensionierung einer Heizungsanlage auf Grundlage der Regeln der Technik nicht mehr mit den Anforderungen hochwärmegedämmter Gebäude überein.

3.2.2 Lüftung

3.2.2.1 Bedeutung

In Niedrigenergiehäusern beträgt der Anteil der Lüftungsheizlast ungefähr 50 % der Gesamtheizlast, d. h. der Summe aus Transmissions- und Lüftungsheizlast. In Ultra- und Passivhäusern nimmt die Bedeutung der Lüftungsheizlast naturgemäß entsprechend der im Vergleich zum Niedrigenergiehaus weiteren Verringerung der Transmissionsheizlast zu. In Passivhäusern gehört eine Wohnungslüftungsanlage mit Wärmerückgewinnung sogar zur notwendigen Grundausstattung, da ohne eine entsprechende Einrichtung weiterhin eine konventionelle Heizungsanlage zur Deckung der Lüftungsheizlast erforderlich wäre.

In Wohngebäuden ohne mechanische Lüftungsanlage beruht der Luftaustausch neben der Fensterlüftung auf der Luftdurchlässigkeit der Gebäudehülle. Das Eindringen der Außenluft in das Gebäude ist in beiden Fällen auf die Einwirkung folgender Kräfte zurückzuführen:

- Winddruck (Bild 3.4)
- Auftriebskräfte innerhalb des Gebäudes (Bild 3.3)

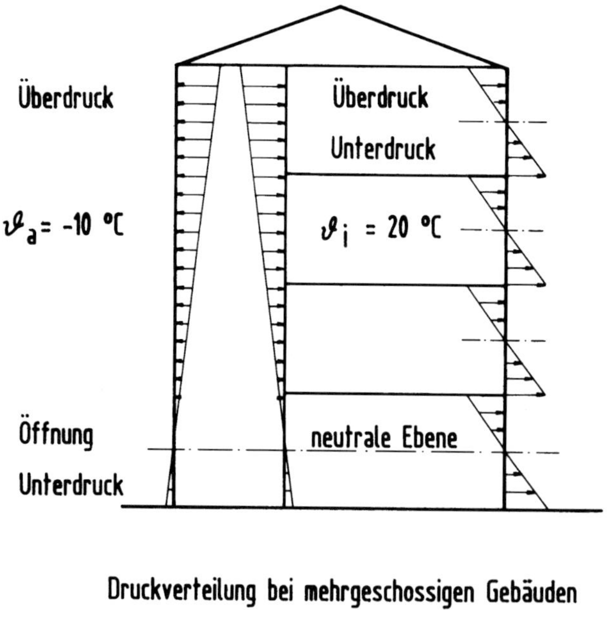

Bild 3.3: Einfluss der Auftriebskräfte im Gebäude auf den Außenluftwechsel [64]

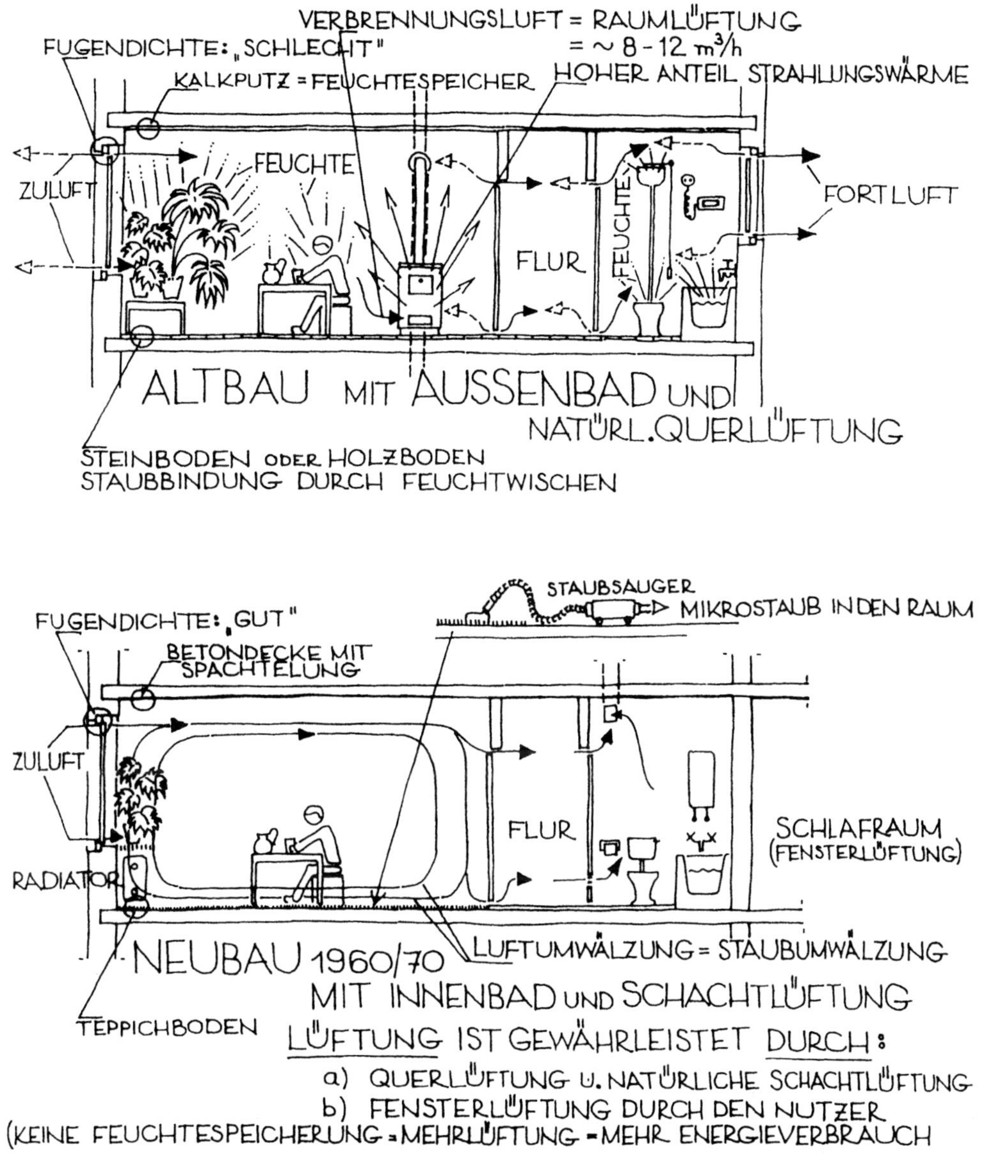

Bild 3.4: Einfluss der Windrichtung und Windgeschwindigkeit auf den Außenluftwechsel (Entwurf Prof. Arch. Armin Rogall)

3.2.2.2 Reduzierung des Lüftungswärmebedarfs durch die Wohnungslüftung

Durch den in die Raumlufttechnischen Anlagen integrierten Wärmeaustauscher wird der Lüftungswärmebedarf fast völlig kompensiert, da diese Wärmeaustauscher, gegebenenfalls mit Unterstützung eines Erdwärmeaustauschers (siehe Abschnitt 5.3.3.2), Rückwärmezahlen bis zu 95 % erreichen [115]; d. h. die Außenluft wird beim Durchgang durch den Erdwärmeaustauscher und den Wärmeaustauscher der Lüftungsanlage auf 95 % des Niveaus der Abluft erwärmt. Lüftungsanlagen mit einer Wärmepumpe erwärmen unter Einsatz elektrischer Energie (Kompressionswärmepumpe) die Zuluft sogar über die Ablufttemperatur hinaus. Derselbe Effekt wird mit einem direkt oder indirekt beheizten Nacherwärmer erzielt. Hierdurch kann die Zulufttemperatur über die Raumlufttemperatur angehoben werden. Unter diesen Bedingungen trägt die Raumlufttechnische Anlage dann sogar zur Deckung der Transmissionsheizlast bei.

3.2.2.3 Zusätzliche Wärmeverluste bei Wohnungslüftungsanlagen

Daneben können sich bei Gebäuden mit Raumlufttechnischen Anlagen zusätzliche Lüftungswärmeverluste ergeben, wenn die Zuluft- und Abluftvolumenströme nicht aneinander angeglichen sind. Ist der Abluftvolumenstrom größer als der Zuluftvolumenstrom, befindet sich das Gebäude im Unterdruck, wodurch die Außenluftinfiltration über Undichtheiten in der Gebäudehülle unterstützt wird. Gerade in Passivhäusern ist der Abgleich der Volumenströme wichtig, da keine konventionelle Heizungsanlage vorhanden ist.

3.2.2.4 Luftdichtheit

Die Luftdichtheit eines Gebäudes wird bei einer Druckdifferenz von 50 Pa ermittelt. Der sich hierbei einstellende Volumenstrom wird entweder bezogen auf das Gebäudevolumen als Luftwechselrate n_{50} oder als auf die Grundfläche umgerechnete Luftdurchlässigkeit q_{50} angegeben.

Bereits in der Wärmeschutzverordnung von 1995 [2.3] wurde eine luftdichte Gebäudehülle gefordert. Hierbei wurden jedoch nur für die Fenster- und Türfugen Grenzwerte für die Fugendurchlässigkeiten angegeben. Eine weitergehende Definition der Luftdichtigkeit erfolgte nicht.

In DIN 4708, Teil 6 [10.3], wird der in Tabelle 3.3 wiedergegebene Zusammenhang zwischen dem Luftwechsel n_{50} und dem zur Berechnung des Heizwärme-

Tabelle 3.3: Rechenwerte der DIN 4108, Teil 6 [10.3], für den Luftwechsel in Abhängigkeit vom bei einer Druckdifferenz von 50 Pa gemessenen und auf das Gebäudevolumen bezogenen Leckluft-Volumenstrom

n_{50} [h^{-1}]	n [h^{-1}]
> 3,0	0,7 generell
< 3,0	0,6 freie Lüftung
< 1,0	< 0,6 je nach mechanischer Lüftungsanlage

bedarfs ansetzbaren Luftwechsel angegeben. Ohne Messung ist grundsätzlich ein n_{50}-Wert von 3,0 h^{-1} anzusetzen.

3.2.3 Wärmebrücken

Als Folge der erhöhten Wärmedämmung in Niedrigenergie- und Ultrahäusern vergrößert sich auch der auf die Wärmebrücken entfallende Anteil an den Transmissionswärmeverlusten. Wärmebrücken führen zu folgenden Begleiterscheinungen:

- Störung der raumseitigen Oberflächentemperatur mit der möglichen Folge einer raumseitigen Unterschreitung der Taupunkttemperatur,
- Erhöhung der Transmissionsheizlast.

3.2.3.1 Störung der Oberflächentemperatur

Die Störung bzw. Absenkung der raumseitigen Oberflächentemperatur im Bereich einer Wärmebrücke wird durch folgende Gleichung beschrieben:

$$f = \frac{\vartheta_{oi} - \vartheta_{AU}}{\vartheta_{RL} - \vartheta_{AU}} \qquad (3.1)$$

Hierin bedeuten:

f	[1]	Faktor zur Kennzeichnung der raumseitigen Störung der Oberflächentemperatur
ϑ_{oi}	[°C]	raumseitige Oberflächentemperatur
ϑ_{RL}	[°C]	Raumlufttemperatur
ϑ_{AU}	[°C]	Außenlufttemperatur

Der Faktor *f* beschreibt das Verhältnis des gestörten Temperaturgradienten im Bereich der Wärmebrücke zum Temperaturgradienten zwischen der Raumluft und der Außenluft. Im ungestörten Bereich eines hochwärmegedämmten Außenbauteils ohne Wärmebrücke beträgt der Faktor *f* nahezu eins. Dagegen sinkt der Faktor *f* um eine Wärmebrücke herum unter eins. Wenn ein Bauteil auf der Raumseite der Sonneneinstrahlung oder der Wärmeübertragung einer Strahlungsheizung ausgesetzt ist, kann der Faktor *f* sogar über eins ansteigen.

3.2.3.2 Erhöhung der Transmissionsheizlast

Durch die Absenkung der raumseitigen Oberflächentemperaturen vergrößern sich im Bereich der Wärmebrücke die Transmissionswärmeverluste. Diese vergrößerten Transmissionswärmeverluste werden durch die Wärmebrückenverlustkoeffizienten Ψ für linienförmige Wärmebrücken und χ für punktförmige Wärmebrücken berücksichtigt. Hiermit berechnen sich die Transmissionswärmeverluste eines Gebäudes nach folgender Gleichung [57]:

$$\dot{Q}_{\mathrm{T}} = \left(\sum_i F_{\mathrm{i}} \cdot A_{\mathrm{i}} \cdot U_{\mathrm{i}} + \sum_j F_{\mathrm{j}} \cdot \Psi_{\mathrm{j}} \cdot l_{\mathrm{j}} + \sum_k F_{\mathrm{k}} \cdot \chi_{\mathrm{k}}\right) \cdot (\vartheta_{\mathrm{R}} - \vartheta_{\mathrm{AU}}) \tag{3.2}$$

Hierin bedeuten:

A	[m²]	Bauteilfläche
F	[1]	Temperaturkorrekturfaktor für eine lokal abgesenkte Raumtemperatur
l	[m]	Länge der Wärmebrücke
$\dot{Q}_{\mathrm{T}}$	[W]	Tranmissionsheizlast
U	[W/(m²K)]	Wärmedurchgangszahl
ϑ_{R}	[°C]	Raumtemperatur
ϑ_{AU}	[°C]	Außenlufttemperatur
Ψ	[W/(mK)]	Verlustkoeffizient für eindimensionale, linienförmige Wärmebrücken (z. B. Fensterbrüstung oder Geschossdeckenanschluss)
χ	[W/K]	Verlustkoeffizient für punktförmige Wärmebrücken (z. B. Dübel zur Befestigung der Wärmedämmung eines Wärmedämmverbundsystems)

Wenn man die Wärmebrücken bei der Heizwärmebedarfs- und der Heizlastberechnung konsequent berücksichtigen wollte, müsste man für jedes Bauteil die Wärmebrücken zusammenstellen und die damit verbundenen Verlustkoeffizienten ermitteln. Hierdurch würde die Heizlast- bzw. die Heizwärmebedarfsberechnung wesentlich verkompliziert werden. Aus diesem Grund schlägt Hauser [30] vor, die

Transmissionswärmeverluste aller Wärmebrücken innerhalb der wärmeübertragenden Hüllfläche eines Gebäudes pauschal über folgenden Rechenansatz zu berücksichtigen:

$$\dot{Q}_T = (\sum_i F_i \cdot A_i \cdot U_i + \Delta U_{WB} \cdot A_{Ges}) \cdot (\vartheta_R - \vartheta_{AU}) \qquad (3.3)$$

Hierin bedeuten:

A	[W]	Fläche
F	[1]	Temperaturkorrekturfaktor für lokal eingeschränkte Raumtemperaturen
$\dot{Q}_T$	[W]	Transmissionsheizlast
U	[W/(m²K)]	Wärmedurchgangskoeffizient
ΔU_{WB}	[W/(m²K)]	Erhöhung des mittleren Wärmedurchgangskoeffizienten im Bereich eines Gebäudes durch die vorhandenen Wärmebrücken
ϑ_R	[°C]	Raumtemperatur
ϑ_{AU}	[°C]	Außenlufttemperatur

In derselben Veröffentlichung werden für den zur Pauschalierung eingeführten Faktor ΔU_{WB} für alle in einem Gebäude auftretenden Bauteilanschlüsse unter Vorraussetzung einer mittleren Qualität und Güte bei der Planung und Ausführung in Abhängigkeit von der Bauweise folgende Werte angegeben:

- Massivbauweise $\Delta U_{WB} = 0{,}14$ W/(m²K)
- Holzständerkonstruktion $\Delta U_{WB} = 0{,}03$ W/(m²K)

Für den Nachweis eines ausreichenden baulichen Wärmeschutzes werden für ΔU_{WB} folgende Werte vorgeschlagen [30, 57]:

- Regelfall $\Delta U_{WB} = 0{,}1$ W/(m²K)
- Unter Beachtung der in [10.5] dargestellten Details $\Delta U_{WB} = 0{,}05$ W/(m²K)

Bisher wurden die Wärmebrücken in den Technischen Regeln zur Auslegung von Wärmeerzeugern nicht berücksichtigt. Lediglich bei der Dimensionierung von Raumheizeinrichtungen ist ein Auslegungszuschlag bis zu 15 % der Raumheizlast einzurechnen [11.3]. Die Notwendigkeit des Auslegungszuschlags wird u. a. mit Abweichungen der Bauausführung von der Planung begründet. Gerade konstruktive Wärmebrücken können durch eine unzureichende bauliche Ausführung begünstigt werden.

Vergleicht man den Einfluss der Wärmebrücken auf die Transmissionsheizlast mit der Größe der für Niedrigenergiehäuser empfohlenen Wärmedurchgangskoeffizienten, so erhöht sich die Transmissionsheizlast auch bei einer sorgfältigen Planung und Ausführung um 14 bis 25 %. Wenn einmal ein Anteil der Transmissionsheizlast an der Normheizlast in Höhe von 50 % unterstellt wird, dann vergrößert sich die Normheizlast alleine durch die zusätzliche Wirkung von Wärmebrücken um 7 bis 13 %. Auf Grundlage dieser Resultate erscheint eine Dimensionierung des Wärmeerzeugers und der Raumheizeinrichtungen alleine aufgrund des stationären, eindimensionalen Wärmedurchgangs ohne Berücksichtigung der Wärmebrücken für Gebäude mit niedrigem Heizwärmebedarf nicht gerechtfertigt.

3.2.4 Passive Sonnenenergienutzung

Gebäude mit geringem Heizwärmebedarf unterscheiden sich dahingehend, ob beim Gebäudeentwurf konstruktive und bauphysikalische Prinzipien zur passiven Sonnenenergienutzung berücksichtigt wurden. Hierzu gehören die folgenden Maßnahmen:

- Ein großer Glasflächenanteil der Südfassade ermöglicht eine optimale Ausnutzung der Sonneneinstrahlung während der Heizperiode.
- Das Gebäude wird in mehrere Zonen aufgeteilt:
  - Warme Zone (nach Süden orientierte Daueraufenthaltsräume),
  - Prozesszone (Räume mit hohem sensiblen und latenten Wärmegewinnen, wie z. B. Küche und Bad),
  - Kalte Zone (lokal oder temporär eingeschränkt beheizte Räume, wie z. B. WC, Schlafräume).
- Die Daueraufenthaltsräume grenzen an die Südfassade, damit die Sonneneinstrahlung optimal die Raumbeheizung unterstützen kann.
- Eingeschränkt beheizte Räume bilden thermische Pufferzonen in der Gebäudeperipherie (kalte Zone).
- Die Fensterflächen an der Ost-, West- und Nordfassade werden in Abhängigkeit von einer zu gewährleistenden natürlichen Raumbeleuchtung minimiert, um die Transmissionswärmeverluste über die Fensterflächen so gering wie möglich zu halten.
- Kleine Fensterflächen nach Osten und Westen tragen auch zum sommerlichen Wärmeschutz bei, indem der Wärmeeintrag durch die Sonneneinstrahlung im Sommer verringert wird.
- Opake Außenbauteile können durch eine davor angeordnete transparente Wärmedämmung in die passive Sonnenenergienutzung einbezogen werden.
- Durch eine hochwertige Wärmeschutzverglasung wird verhindert, dass die zusätzlichen Transmissionswärmeverluste in der Nacht oder an Wintertagen bei bedecktem Himmel die solaren Gewinne an heiteren Tagen kompensieren.

- Die Transmissionswärmeverluste in der Nacht können zusätzlich durch einen temporären Wärmeschutz reduziert werden. Der temporäre Wärmeschutz kann im Sommer die Funktion eines Sonnenschutzes übernehmen.
- Für die Innenbauteile werden massive Baustoffe mit hoher Dichte verwendet, um die Sonneneinstrahlung möglichst lange speichern zu können, und um außerdem eine Überwärmung an strahlungsreichen Tagen zu verhindern.
- Durch den Einsatz von Wärmedämmverbundsystemen (WDVS) tragen auch die Außenwände zur Wärmespeicherung bei [31].

3.2.5 Raumtemperaturen

3.2.5.1 Berechnung

Die Raumtemperatur wird in der Technischen Gebäudeausrüstung als operative Temperatur definiert [8.2]. Die Berechnung erfolgt durch Mittelwertbildung aus der Raumlufttemperatur einerseits und der Strahlungstemperatur der raumseitigen Bauteiloberflächen andererseits:

$$\vartheta_R = \frac{\vartheta_{RL} + \vartheta_{oi}}{2} \tag{3.4}$$

Hierin bedeuten:

ϑ_R [°C] örtliche Raumtemperatur bzw. örtliche operative Temperatur
ϑ_{RL} [°C] örtliche Raumlufttemperatur
ϑ_{oi} [°C] örtliche Strahlungstemperatur

Die Strahlungstemperatur ist innerhalb eines Raumes nicht konstant. In der Nähe der Außenbauteile mit niedrigeren Oberflächentemperaturen sinkt die Strahlungstemperatur. Dahingegen steigt die Strahlungstemperatur vor beheizten Bauteilen an. Neben den geometrischen Verhältnissen, die durch die so genannten Einstrahlzahlen definiert werden ([47, 70, 119] und Abschnitt 4.3.2), ist die Höhe der Strahlungstemperatur auch noch von den Emissions- und Reflektionszahlen der Bauteiloberflächen abhängig. Streng genommen muss daher zwischen der Raumtemperatur an einem bestimmten Punkt innerhalb der beheizten Gebäudehüllfläche einerseits und der mittleren Raumtemperatur eines beheizten Raumes oder gar eines gesamten Gebäudes andererseits unterschieden werden.

In den Regeln der Technik zur Berechnung des Heizwärmebedarfs [10.3, 18] und der Heizlast [11.1, 11.4] sowie in der einschlägigen Fachliteratur [91] wird nur die mittlere, auf einen Raum oder ein Gebäude bezogene Raumtemperatur verwendet.

Hierunter wird der arithmetische Mittelwert aus der mittleren Lufttemperatur einerseits und der mittleren Strahlungstemperatur andererseits verstanden. Es gelten folgende Bestimmungsgleichungen:

$$\overline{\vartheta}_{\mathrm{R}} = \frac{\overline{\vartheta}_{\mathrm{RL}} + \overline{\vartheta}_{\mathrm{oi}}}{2} \tag{3.5}$$

$$\overline{\vartheta}_{\mathrm{oi}} = \frac{\sum (A_{\mathrm{i}} \cdot \overline{\vartheta}_{\mathrm{oi,i}})}{\sum A_{\mathrm{i}}} \tag{3.6}$$

In den vorstehenden Gleichungen bedeuten:

$\overline{\vartheta}_{\mathrm{R}}$ [°C] Raumtemperatur
$\overline{\vartheta}_{\mathrm{RL}}$ [°C] mittlere Raumlufttemperatur
$\overline{\vartheta}_{\mathrm{oi}}$ [°C] mittlere Strahlungstemperatur
$\overline{\vartheta}_{\mathrm{oi,i}}$ [°C] mittlere Oberflächentemperatur eines Bauteils
A_{i} [m²] Bauteiloberfläche

3.2.5.2 Bedeutung

Mit dem Begriff der Raumtemperatur sollen die beiden im Heizfall wichtigsten Faktoren auf die thermische Behaglichkeit in einer physikalischen Größe zusammengefasst werden:

- Konvektive Wärmeabgabe des Menschen an die Raumluft
- Wärmeabgabe des Menschen an die Raumumschließungsflächen durch langwellige Wärmestrahlung

Die übrigen Einflüsse, hierzu gehören die relative Feuchte der Raumluft, die Strömungsgeschwindigkeit der Raumluft und der Turbulenzgrad, können von Heizungsanlagen entweder gar nicht (Radiatoren- oder Flächenheizung) oder nur teilweise (Luftheizung) beeinflusst werden.

3.2.5.3 Ist-Zustand

In Gebäuden, die vor der Novellierung der Wärmeschutzverordnung aus dem Jahr 1995 [2.3] gebaut wurden, muss für die Außenbauteile wegen des Wärmedurchgangs zur Außenluft eine niedrigere Oberflächentemperatur unterstellt werden als für die Innenbauteile. Außerdem liegt die Oberflächentemperatur der Innenbauteile bei dem Einsatz von Luftheizungen oder Radiatoren sogar unterhalb der Raumlufttemperatur, da die Innenbauteile zusätzlich über die Strahlung Wärme an die

Außenbauteile abgeben. Wenn in den Regeln der Technik zur Dimensionierung der Raumheizeinrichtungen und Wärmeerzeuger eine Raumtemperatur von 20 °C für Daueraufenthaltsräume gefordert wird [11.2], dann muss aufgrund der niedrigen Oberflächentemperaturen der Raumumschließungsflächen die Raumlufttemperatur über 20 °C hinaus angehoben werden. Für Gebäude mit Luftheizungen und/oder Radiatoren bedeutet dies, dass zur Aufrechterhaltung einer ausreichenden thermischen Behaglichkeit sogar Raumlufttemperaturen zwischen 21 und 22 °C erreicht werden müssen.

Nur durch den Einsatz von Flächenheizungen, hierzu gehören die Fußboden-, die Wand- und die Deckenstrahlungsheizung, konnte die mittlere Oberflächentemperatur der Raumumschließungsflächen in den Bereich der Raumlufttemperatur angehoben werden. Insoweit ist bei Flächenheizungen eine geringere Raumlufttemperatur als bei Radiatoren und Luftheizungen erforderlich, um eine Raumtemperatur von 20 °C zu bewirken. Aus diesem Grund zeichnen sich Gebäude mit Flächenheizungen durch einen entsprechend reduzierten Lüftungswärmebedarf bei gleichzeitig erhöhten Transmissionswärmeverlusten aus.

3.2.5.4 Zukünftige Entwicklung

In Gebäuden mit niedrigem Heizwärmebedarf werden durch eine verbesserte Wärmedämmung der opaken Außenbauteile deren raumseitige Oberflächentemperaturen erhöht. Denselben Effekt kann man bei Fenstern durch den Ersatz der Isolierverglasungen mit einer Wärmedurchgangszahl von 2,0 bis 2,4 W/(m^{2}K) durch eine Wärmeschutzverglasung mit einer Wärmedurchgangszahl zwischen 1,1 und 1,7 W/(m^{2}K) erzielen. In Passivhäusern werden sogar Verglasungen mit einer Wärmedurchgangszahl zwischen 0,5 und 0,8 W/(m^{2}K) eingesetzt. Die Abhängigkeit der raumseitigen Oberflächentemperatur von der Außentemperatur ohne Berücksichtigung der Speicherung der Sonneneinstrahlung in den Fensterscheiben ist in Bild 3.5 dargestellt. Bereits durch eine zum Zeitpunkt der Niederschrift dieser Arbeit übliche Wärmeschutzverglasung kann man die raumseitige Oberflächentemperatur wesentlich erhöhen.

Die Angleichung der raumseitigen Oberflächentemperaturen an die Raumlufttemperatur hat auch Auswirkungen auf die Heizungstechnik. Eine Abschirmung von Fensterflächen durch davor angeordnete Heizflächen ist bei entsprechend niedrigen Wärmedurchgangszahlen der Verglasung nicht mehr unbedingt erforderlich.

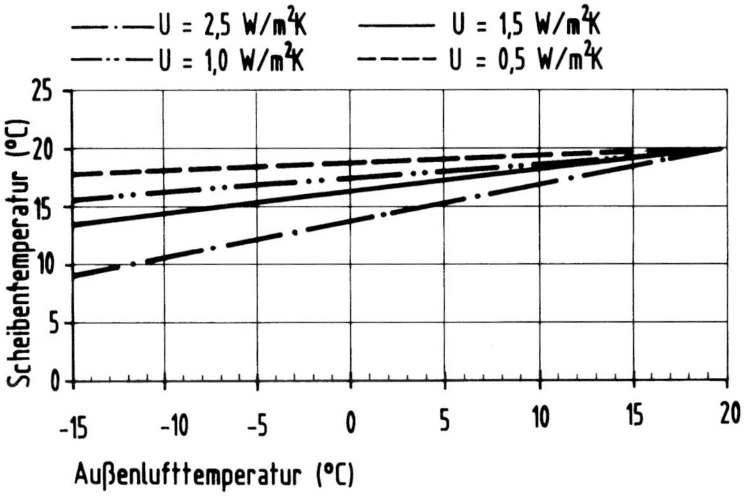

Bild 3.5: Verlauf der raumseitigen Oberflächentemperatur für Verglasungen mit unterschiedlichen Wärmedurchgangszahlen

3.2.5.5 Einfluss der Sonneneinstrahlung

Die über transparente Bauteile in ein Gebäude einfallende Sonneneinstrahlung wird in den Raumumschließungsflächen absorbiert. Hierdurch wird die Oberflächentemperatur an strahlungsreichen Tagen über die Raumlufttemperatur hinaus angehoben [119]. Von diesem Effekt sind nicht nur diejenigen Bauteile, wie z. B. der Fußboden, betroffen, die der direkten Sonneneinstrahlung ausgesetzt sind. Infolge des langwelligen Strahlungsaustauschs im Raum und aufgrund der diffusen Sonneneinstrahlung erhöht sich auch die Oberflächentemperatur der übrigen Bauteile.

Neben der Erhöhung der raumseitigen Oberflächentemperaturen wird an strahlungsreichen Tagen auch die Temperatur der Verglasungen durch die Absorption der Sonneneinstrahlung positiv beeinflusst (Bild 3.6). Hierdurch wird der Wärmeübergang vom Raum zur Verglasung reduziert. Unter Extrembedingungen wird das Temperaturprofil in dem Fenster sogar umgekehrt, so dass sich ein Wärmestrom von der Verglasung zum Raum hin einstellt.

3.2.5.6 Einfluss einer Strahlungsheizung auf die Oberflächentemperaturen

Denselben Effekt wie die Sonneneinstrahlung auf die raumseitigen Oberflächentemperaturen weisen auch Flächenheizungen auf, die sich durch einen hohen Anteil an Strahlungswärme auszeichnen. Durch den Strahlungswärmeaustausch der

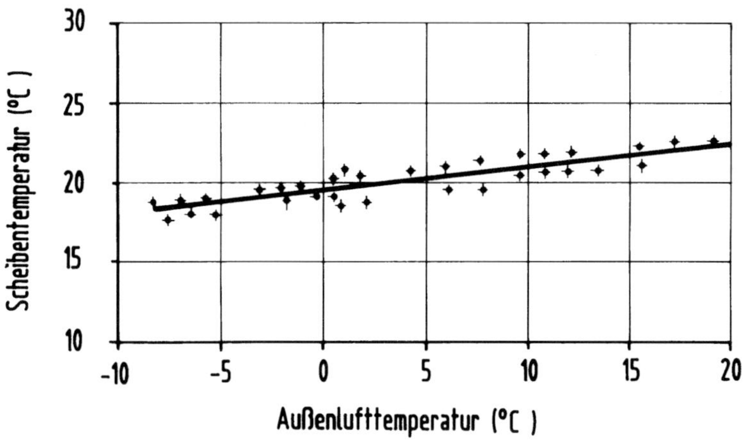

Bild 3.6: Einfluss der Sonneneinstrahlung auf die raumseitige Oberflächentemperatur (U = 1,1 W/m^{2}K)

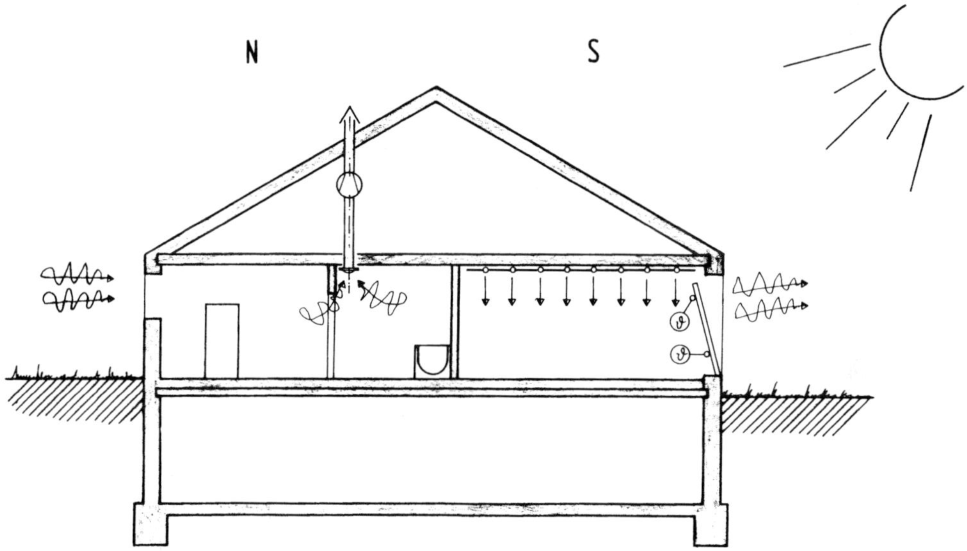

Bild 3.7: Messstellen im Versuchshaus zur Untersuchung des Einflusses beheizter Bauteile auf die raumseitigen Oberflächentemperaturen

aktiven Raumflächen mit den unbeheizten Bauteilen wird deren raumseitige Oberflächentemperatur angehoben.

In Bild 3.7 sind zwei Temperaturmessstellen an der Terrassentür des Versuchshauses dargestellt. Die in der Heizperiode 1996/97 an beiden Temperaturmessstellen erfassten Oberflächentemperaturen sind in den Bildern 3.8 und 3.9 als Funktion der Außentemperatur aufgetragen. Man erkennt, dass die raumseitigen Oberflächen-

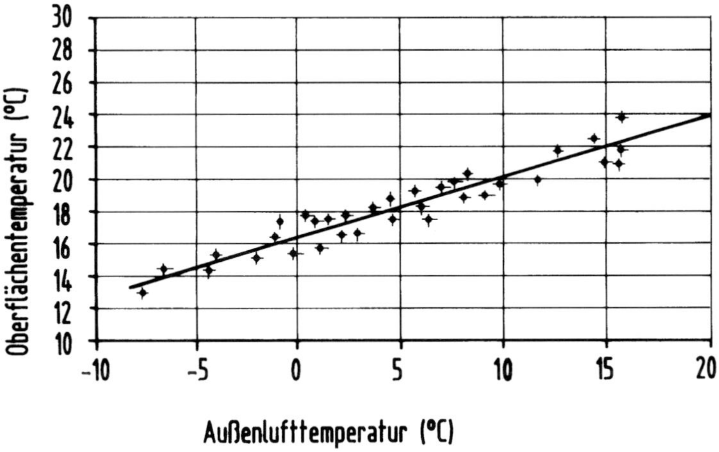

Bild 3.8: Raumseitige Oberflächentemperaturen während der Heizperiode in der Nähe der Deckenstrahlungsheizung

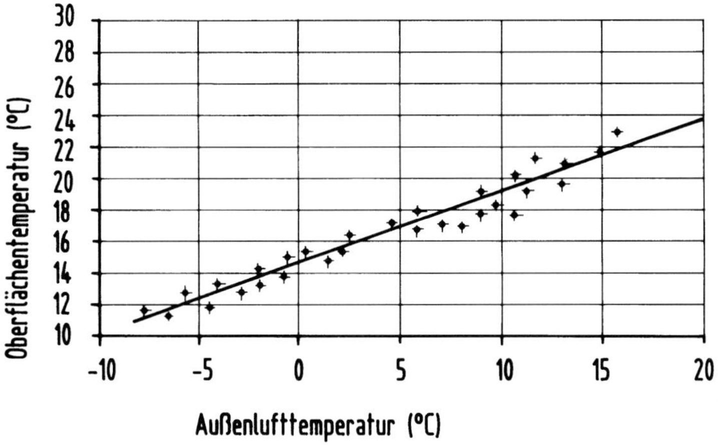

Bild 3.9: Raumseitige Oberflächentemperaturen während der Heizperiode an einer von der Deckenstrahlungsheizung entfernten Messstelle

temperaturen in unmittelbarer Nähe einer aktiven Heizfläche auf das Niveau der Raumlufttemperatur angehoben werden. Auch in einer größeren Entfernung von der Deckenstrahlungsheizung sind die Oberflächentemperaturen immer noch größer als rechnerisch zu erwarten gewesen wäre. Lediglich bei sehr niedrigen Außentemperaturen sinken auch die raumseitigen Oberflächentemperaturen. Dies muss jedoch vor allem darauf zurückgeführt werden, dass die niedrigsten Außentemperaturen vor allem während der Nachtstunden auftreten, wenn die Heizungsanlage außer Betrieb ist. Mit sinkenden Raumtemperaturen während der Nachtabsenkung werden gleichzeitig auch die raumseitigen Oberflächentemperaturen reduziert.

3.2.6 Primär- und Heizenergiebedarf

Der Primärenergiebedarf eines Gebäudes setzt sich aus folgenden Anteilen zusammen [11.5]:

- Heizenergiebedarf
  - Heizwärmebedarf
  - Wärmeverluste bei der Erzeugung, Verteilung und Nutzenübergabe
- Umwandlungsverluste bei der Wärmeerzeugung
- elektrischer Strom zum Antrieb der Hilfsaggregate (Pumpen, Lüfter, Brenner, Regelungen, etc.)
- vorgelagerte, d. h. außerhalb des Gebäudes anfallende Umwandlungsverluste bei der Gewinnung, Umwandlung und Verteilung der Brennstoffe (Primärenergieumwandlung)

Bisher war der Heizwärmebedarf die dominierende Größe bei der Berechnung des Heizenergiebedarfs. In Gebäuden mit niedrigem Heizwärmebedarf deckt die Heizungsanlage jedoch nur noch zwischen 10 und 40 % des Energiebedarfs zur Gebäudeheizung [30]. Insoweit gewinnen die Anlagenverluste einerseits und die Antriebsenergie der Hilfsaggregate andererseits an Bedeutung. Diese Entwicklung bei der Bewertung von heiz- und raumlufttechnischen Anlagen wird zukünftig zumindest ansatzweise in der DIN 4701, Teil 10 [11.5] berücksichtigt.

▶ Zusammenfassung für Querleser

Durch die verbesserte Wärmedämmung in Niedrigenergie- und Ultrahäusern erhöht sich der auf die Wärmebrücken ($\approx$ 7 bis 13 %) und die Lüftungsverluste ($\approx$ 50 %) entfallende Anteil am Heizwärmebedarf bzw. an der Norm-Heizlast. Der Einfluss der Wärmebrücken kann durch entsprechende Reserven bei der Dimensionierung des Wärmeerzeugers und der Raumheizeinrichtungen berücksichtigt werden. Dagegen ist eine Reduzierung der Lüftungsverluste nur durch den Einsatz einer Wohnungslüftungsanlage mit Wärmerückgewinnung und eines entsprechend angepassten Lüftungsverhaltens möglich. Eine weitere Auswirkung der verbesserten Wärmedämmung besteht in der Angleichung der raumseitigen Oberflächentemperaturen der Außenbauteile an die Raumlufttemperatur.

flixo - das Wärmebrücken-Analyse und Reporting-Programm

Das Softwarepaket **flixo** erlaubt aussagekräftige wärmetechnische Auswertungen von Konstruktionen in kürzester Zeit:

- Temperaturverteilung
- kritische Oberflächentemperaturen
- Wärmeflüsse
- U-Werte
- Ψ-Werte
- Rahmen-U-Werte

- Freiformen
- Materialdatenbank
- Import von DXF Dateien

- Berechung gemäss EN ISO Normen
- Kundengerechte Dokumentation
- Export in beliebige Programme

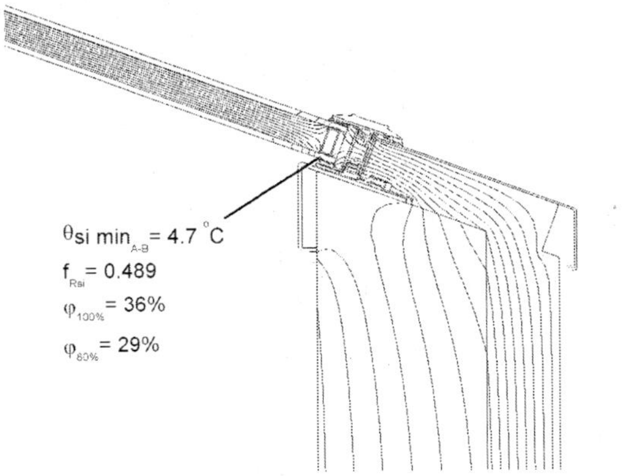

infomind gmbh
weberstrasse 10, CH-8004 zürich
fon: +41 (1) 241 24 23
fax: +41 (1) 241 24 89
http://www.infomind.ch
flixo@infomind.ch

info mind)

Intelligente Klimakonzepte

Gunter Pültz
Bauklimatischer Entwurf für moderne Glasarchitektur
Passive Maßnahmen der Energieeinsparung
Reihe: Angewandte Bauphysik
2002. Ca. 224 Seiten,
380 teilweise farbige Abbildungen
Gb., ca. € 69,–* / sFr 120,–
ISBN 3-433-02841-9
Erscheint: Juni 2002

Intelligente Klimakonzepte für den Betrieb von Gebäuden gehören für Investoren heute zum A und O des Entwurfs. Insbesondere trifft dies für Büro- und Sondernutzungen zu, bei denen heute an die architektonische Gestaltung der Anspruch von transparenter Repräsentation an vorderster Stelle steht. Das vorliegende Buch weckt das Verständnis für bauphysikalische Zusammenhänge anhand innovativer Glasfassadensysteme und versetzt Architekten und Bauingenieure in die Lage, die Prioritäten der Bauherren hinsichtlich Energieeinsparung, Gebäudetechnik und Behaglichkeit bis hin zur Wirtschaftlichkeitseinschätzung zu bedienen. Es überbrückt damit die Kluften zwischen Architekten, Bauingenieuren, Bauphysikern und Fachplanern und erleichtert eine frühzeitige integrierte Planung.

Ernst & Sohn
Verlag für Architektur und technische Wissenschaften GmbH

Für Bestellungen und Kundenservice:
Verlag Wiley-VCH
Boschstraße 12
69469 Weinheim
Telefon: (06201) 606-152
Telefax: (06201) 606-184
Email: service@wiley-vch.de

Ernst & Sohn
A Wiley Company
www.ernst-und-sohn.de

03922036_my Änderungen vorbehalten. * Der €-Preis gilt ausschließlich für Deutschland

4 Heizung

4.1 Erfordernis und Aufgaben

In den vor 1977 und damit vor der ersten Wärmeschutzverordnung errichteten und bisher nicht sanierten Gebäuden muss die Heizungsanlage vor allem folgende Aufgaben erfüllen:

- Der Heizwärmebedarf muss fast ausschließlich von der Heizungsanlage gedeckt werden. Der Anteil der inneren und äußeren Wärmegewinne ist kleiner 26 % [20].
- Die Raumheizeinrichtungen sind so zu dimensionieren und im Raum anzuordnen, dass Beeinträchtigungen der thermischen Behaglichkeit in Form von Zugerscheinungen möglichst vermieden werden.
- Die Auswahl des Heizsystems erfolgte auf Grundlage der zur Verfügung stehenden Wärmeträger oder Brennstoffe sowie den jährlichen Gesamtkosten der Heizungsanlage.

Mit jeder seitdem verabschiedeten Fassung der Wärmeschutzverordnung [2.1–2.3] wurde der Heizwärmebedarf sowie mit jeder Fassung der Heizungsanlagenverordnung [3.1–3.4] bzw. mit der Verordnung über Heizkostenabrechnung [4] der Heizenergiebedarf weiter gesenkt. Diese Entwicklung hat dazu geführt, dass gerade in Anbetracht der mit dem Niedrigenergiehaus verbundenen nochmaligen Reduzierung des Heizwärmebedarfs bereits das Ende der konventionellen Heizungstechnik vorhergesagt wurde [98].

Wird die Entwicklung der Heizungstechnik in dem Zeitraum von 1977 bis heute betrachtet, so muss man feststellen, dass sich lediglich die Aufgaben der Gebäudeheizung geändert haben. Auch bei den bisher errichteten und erprobten Häusern mit niedrigem Heizwärmebedarf kann auf eine Beheizung nicht vollumfänglich verzichtet werden. Dies gilt auch für moderne Passiv-, Null-Heizenergie- und Null-Energiehäuser. Bei diesen Gebäuden werden lediglich statt des Heizkessels Sonnenkollektoren, Wärmepumpen, Wohnungslüftungsgeräte und saisonale Wärmespeicher eingesetzt.

In der Literatur werden für Heizungsanlagen in Gebäuden mit niedrigem Heizwärme- bzw. Heizenergiebedarf folgende Aufgaben genannt:

- Mit der abnehmenden Norm-Gebäudeheizlast verringert sich auch der Anteil der Gebäudeheizung an der Deckung des Heizwärmebedarfs. Die Gebäudeheizung muss daher lediglich noch die Aufgabe einer Restheizung zur Gebäudeerwärmung nach Heizpausen oder während der Zeiträume mit geringen äußeren Wärmegewinnen, z. B. während einer längeren Schlechtwetterperiode, erfüllen.

- Wenn auf eine mechanische Wohnungslüftungsanlage verzichtet wird, hat die Gebäudeheizung die weitere Aufgabe, die beim Lüften in das Gebäude eindringende Außenluft auf die Raumlufttemperatur zu erwärmen.
- Bei mechanischen Abluftanlagen mit Außenwand-Luftdurchlässen können durch geschickte Anordnung der Luftdurchlässe in der Nähe von Raumheizeinrichtungen mögliche Zugerscheinungen minimiert werden [61].
- Durch eine Nacherwärmung der Zuluft in Gebäuden mit Lüftungsanlagen werden Zugerscheinungen gesichert vermieden (siehe Abschnitt 5.3.3.4). Bei sehr kleinem Heizwärmebedarf, wie dieser z. B. in Passivhäusern gegeben ist, kann durch die Nacherwärmung der Zuluft auch auf eine zusätzliche Heizungsanlage verzichtet werden [113].

▶ Zusammenfassung für Querleser

Durch die mit der Verringerung des Heizwärmebedarfs einhergehenden veränderten und neuen Aufgaben der Heizungstechnik darf die Heizungsanlage nicht mehr als eigenständiges Gewerk bei der Planung und Errichtung eines Gebäudes betrachtet werden. Vielmehr stellt die Heizungsanlage einen Bestandteil einer gebäudetechnischen Systemlösung zur Be- und Entlüftung sowie zur Deckung des Heizwärmebedarfs dar. Die gebäudetechnische Systemlösung ist abhängig von dem Wärmedämmniveau, der Luftdichtheit der Baukonstruktion und der Lüftungsstrategie.

4.2 Wärmeabgabe von Raumheizeinrichtungen

4.2.1 Beheizte Bauteile

4.2.1.1 Grundlagen

Die Wärmeabgabe eines beheizten Bauteils oder einer Flächenheizung besteht zu einem großen Teil aus der Wärmestrahlung. Bei der Berechnung der Strahlungswärmeübertragung zwischen den einzelnen Raumumschließungsflächen handelt es sich um einen komplexen Vorgang, bei dem jede Fläche im Raum mit den übrigen Flächen im Strahlungsaustausch steht. Für einen Raum mit vier Wandflächen, einer Decke, einem Fußboden und zwei Fenstern ergeben sich z. B. insgesamt acht Gleichungen zur Beschreibung der absorbierten, reflektierten bzw. emittierten Wärmestrahlung. Zur Berechnung des Wärmeaustauschs durch Wärmestrahlung sind daher aufwändige Berechnungsverfahren erforderlich, die u. a. in [47, 70, 101] beschrieben sind.

Neben dem Strahlungsaustausch der Raumumschließungsflächen untereinander übertragen beheizte Bauteile Wärme auch durch Konvektion an die Raumluft. Die Größe des konvektiven Wärmestroms wird vor allem abhängig von der Anordnung des beheizten Bauteils im Raum festgelegt. Durch eine beheizte Fußbodenkonstruktion wird die natürliche Konvektion im Raum unterstützt, indem die Luft in Bodennähe erwärmt wird und in Richtung Decke strömen kann. Der konvektive Wärmeübergang ist daher größer als bei einer beheizten Deckenkonstruktion, deren Wärmeabgabe entgegengesetzt der natürlichen Raumluftströmung erfolgt.

4.2.1.2 Regeln der Technik

Die wissenschaftlich bereits lange bekannten Methoden zur Berechnung des Strahlungswärmeaustauschs haben sich bisher in der Praxis für die Auslegung von Raumheizeinrichtungen nicht durchsetzen können. Für deren Dimensionierung bei der Berechnung des raumseitigen Wärmeübergangs wird immer noch nicht zwischen der Konvektion und Wärmestrahlung unterschieden [19]. Vielmehr wird bei der Dimensionierung von Fußboden- und Deckstrahlungsheizungen ein Gesamtwärmeübergangskoeffizient unterstellt, mit dem beide physikalischen Effekte, die Wärmestrahlung und die Konvektion, zusammengefasst werden.

4.2.1.3 Wärmestrahlung

Für Gebäude mit niedrigem Heizwärmebedarf bzw. niedriger Heizlast wurde unter Abschnitt 3.2.5 nachgewiesen, dass sich die Oberflächentemperaturen und die mittlere Raumlufttemperatur einander anpassen. Im Idealfall weisen sogar alle unbeheizten Raumumschließungsflächen dieselben raumseitigen Oberflächentemperaturen auf. Hierdurch vereinfacht sich die Wärmeübertragung durch langwellige Wärmestrahlung auf den Wärmeaustausch der unbeheizten Raumumschließungsflächen mit der beheizten Bauteiloberfläche. Wenn zusätzlich die Absorption der Wärmestrahlung in der Raumluft vernachlässigt wird, gilt folgende Gleichung [47, 91, 101]:

$$\begin{aligned} \dot{Q}_{\mathrm{lw}} &= A_{\mathrm{H}} \cdot \dot{q}_{\mathrm{lw}} \\ &= A_{\mathrm{H}} \cdot \frac{S}{\frac{1}{\varepsilon_{\mathrm{H}}} + \frac{A_{\mathrm{H}}}{A}\left(\frac{1}{\varepsilon} - 1\right)} \cdot \frac{(\vartheta_{\mathrm{H}} + 273{,}15)^4 - (\vartheta + 273{,}15)^4}{\vartheta_{\mathrm{H}} - \vartheta} \cdot (\vartheta_{\mathrm{H}} - \vartheta) \end{aligned} \quad (4.1)$$

Hierin bedeuten:

A_{H}	[m²]	beheizte Bauteiloberfläche
A	[m²]	unbeheizte Raumumschließungsflächen

$\dot{Q}_{lw}$	[W]	von einem beheizten Bauteil abgegebene Netto-Wärmestrahlung
$\dot{q}_{lw}$	[W]	zugehörige Wärmestromdichte
S	$[W/(m^2K^4)]$	Stephan-Boltzmann-Konstante ($5{,}67 \cdot 10^{-8}\ W/(m^2K^4)$]
ε_H	[1]	Emissionszahl der beheizten Raumumschließungsfläche
ε	[1]	Emissionszahl der unbeheizten Raumumschließungsflächen
ϑ_H	[°C]	Temperatur der beheizten Raumumschließungsfläche
ϑ	[°C]	Temperatur der unbeheizten Raumumschließungsflächen

In der vorstehenden Gleichung können folgende Bestandteile zu einem Wärmeübergangskoeffizienten für Wärmestrahlung zusammengefasst werden:

$$\alpha_{Str} = \frac{S}{\frac{1}{\varepsilon_H} + \frac{A_H}{A}\left(\frac{1}{\varepsilon} - 1\right)} \cdot \frac{(\vartheta_H + 273{,}15)^4 - (\vartheta + 273{,}15)^4}{\vartheta_H - \vartheta} \qquad (4.2)$$

Aus den Gleichungen 4.1 und 4.2 geht hervor, dass die Wärmeübertragung durch Strahlung unabhängig von der Anordnung der Fläche im Raum ist. Insoweit ist der Absolutwert der durch Strahlung übertragenen Wärme bei einer Deckenstrahlungsheizung genauso groß wie bei einer Wand- oder einer Fußbodenheizung.

4.2.1.4 Konvektion

Die konvektive Wärmeabgabe beheizter oder gekühlter Bauteile kann durch folgende allgemeine Gleichung beschrieben werden:

$$\dot{Q}_K = A \cdot \dot{q}_K = A \cdot a_K \cdot (\vartheta_H - \vartheta_{Rl}) \qquad (4.3)$$

Hierin bedeuten:

A	$[m^2]$	Oberfläche
$\dot{Q}_K$	[W]	konvektive Wärmeabgabe
$\dot{q}_K$	[W]	zugehörige Wärmestromdichte
α_K	$[W/(m^2K)]$	konvektiver Wärmeübergangskoeffizient
ϑ_H	[°C]	Oberflächentemperatur eines beheizten Bauteils
ϑ_{RL}	[°C]	Raumlufttemperatur

Der in der vorstehenden Gleichung zur Angabe der Größe des konvektiven Wärmeübergangs eingeführte Wärmeübergangskoeffizient α_K ist eine Funktion folgender Größen:

- Oberflächentemperatur
- Raumlufttemperatur

- Luftströmung
- Turbulenzgrad der Luft

Wenn man den konvektiven Wärmeübergangskoeffizienten α_K im Detail bestimmen will, sind entweder komplexe Berechnungen oder aufwändige Prüfstandversuche zur Erfassung des Einflusses der Luftströmung, des Turbulenzgrades und der Raumlufttemperatur notwendig. Alternativ können die Ähnlichkeitsgesetze der Strömungsmechanik herangezogen werden [97]. Für den Sonderfall der natürlichen Konvektion in geschlossenen Räumen werden die in Tabelle 4.1 dargestellten Gleichungen zur Berechnung der Wärmeübergangskoeffizienten angegeben [82].

Tabelle 4.1: Konvektive Wärmeabgabe beheizter Bauteile

Bauteil	Gleichung
Wand	$\alpha_K = 1{,}61 \cdot \lvert \vartheta_H - \vartheta_{RL} \rvert^{0{,}32} \cdot L^{-0{,}05}$ (4.4)
Unbeheizte oder gekühlte Decke, beheizter Fußboden	$\alpha_K = 2{,}08 \cdot \lvert \vartheta_H - \vartheta_{RL} \rvert^{0{,}31} \cdot L^{-0{,}08}$ (4.5)
Beheizte Decke, unbeheizter oder gekühlter Fußboden	$\alpha_K = 0{,}173 \cdot \lvert \vartheta_H - \vartheta_{RL} \rvert^{0{,}25} \cdot L^{-0{,}24}$ (4.6)

Bei der in Tabelle 4.1 enthaltenen Größe L handelt es sich um eine die Abmessungen des betroffenen Bauteils charakterisierende Größe. In [82] wird folgende Gleichung zur Berechnung von L angegeben:

$$L = \frac{4 \cdot A}{U} \qquad (4.7)$$

Hierin bedeuten:

L	[m]	charakteristische Länge
A	[m^2]	Oberfläche
U	[m]	Umfang

4.2.1.5 Vergleich der Wärmeabgabe der unterschiedlichen Bauteile

Die Gleichungen 4.4 bis 4.6 sind in den Bildern 4.1 bis 4.6 für die Deckenstrahlungs-, die Wand- und die Fußbodenheizung ausgewertet. Hierzu werden die Wärmeübergangszahlen und spezifischen Wärmeleistungen als Funktion der Bauteilübertemperatur, d. h. der Differenz zwischen der mittleren Oberflächentemperatur einer beheizten Bauteilfläche und der Raumtemperatur, aufgetragen.

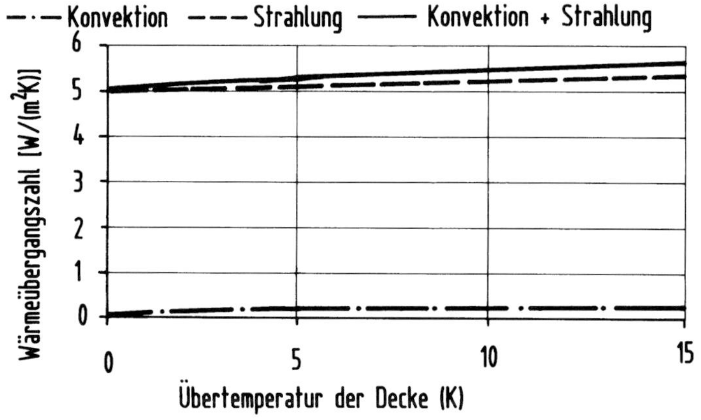

Bild 4.1: Wärmeübergangskoeffizient (Deckenstrahlungsheizung)

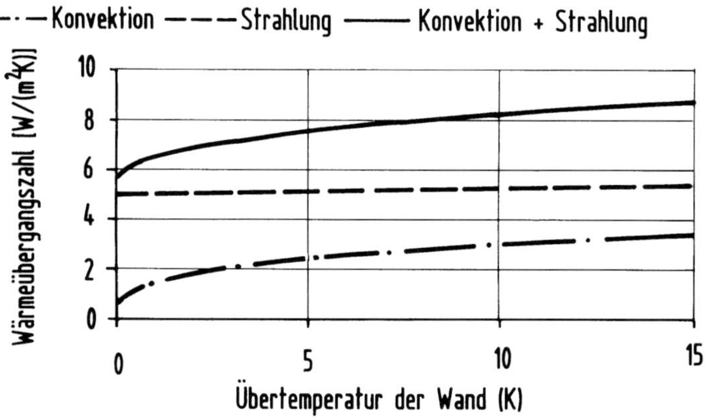

Bild 4.2: Wärmeübergangskoeffizient (Wandheizung)

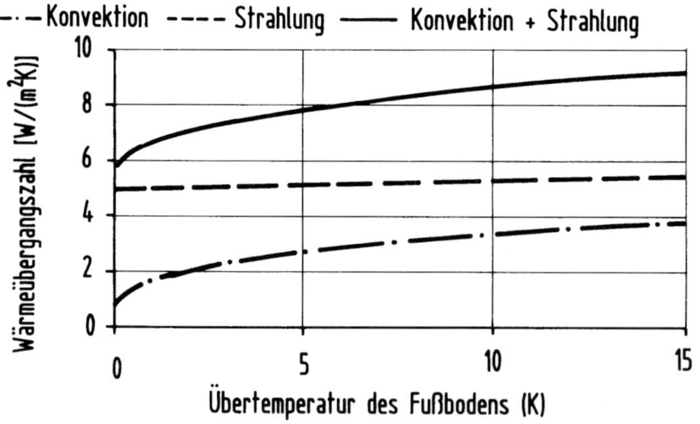

Bild 4.3: Wärmeübergangskoeffizient (Fußbodenheizung)

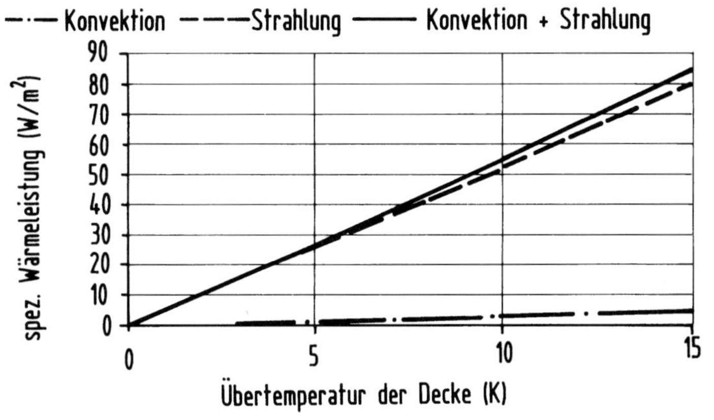

Bild 4.4: Wärmeleistung (Deckenstrahlungsheizung)

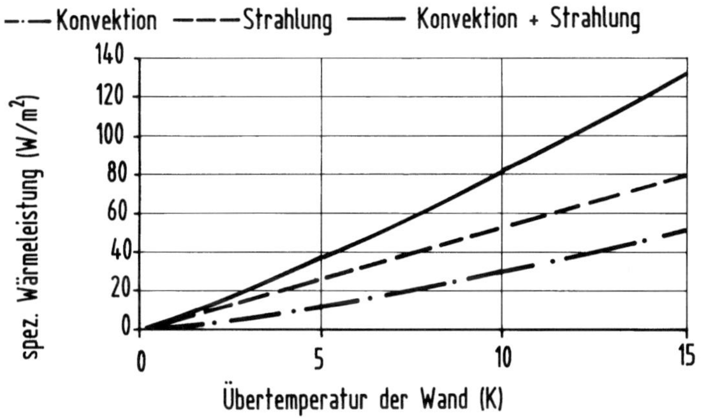

Bild 4.5: Wärmeleistung (Wandheizung)

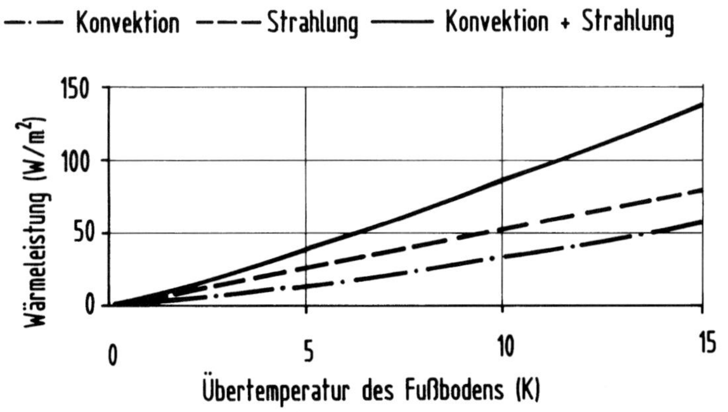

Bild 4.6: Wärmeleistung (Fußbodenheizung)

Den größten konvektiven Wärmeübergang weist die Fußbodenheizung auf, da konstruktionsbedingt die sich aufgrund der Konvektion einstellende natürliche Raumluftströmung unterstützt wird. Dagegen wirkt der konvektive Wärmeübergang der Deckenstrahlungsheizung der natürlichen Raumluftströmung entgegen. Hierdurch stellt sich ein im Vergleich zur Fußbodenheizung geringerer Gesamtwärmeübergang ein. Da die Wärmeabgabe durch Strahlung unabhängig von der Anordnung des beheizten Bauteils im Raum (Wand, Fußboden oder Decke) erfolgt, ist die spezifische Wärmeleistung der Fußbodenheizung auch größer als bei der Wand- und der Deckenheizung.

Die Wandheizung wird physiologisch als besonders behaglich empfunden [38, 85]. Insoweit kann bei der Wandheizung die geringere spezifische Wärmeleistung dadurch kompensiert werden, dass die Übertemperatur angehoben wird. Dagegen ist eine Erhöhung der Übertemperatur im Falle der Deckenstrahlungs- und der Fußbodenheizung aus physiologischen Gründen nicht unbegrenzt möglich. Die Regeln der Technik beschränken die Übertemperatur von Fußbodenheizungen im Aufenthaltsbereich auf 9 K und außerhalb des Aufenthaltsbereiches, den sog. Randzonen, auf 15 K. In Abschnitt 4.3.2 werden die Grenztemperaturen für den Einsatz von Deckenstrahlungsheizungen in Wohnungen abgeleitet.

▶ Zusammenfassung für Querleser

Die Wärmeabgabe beheizter Bauteile beruht größtenteils auf der Wärmestrahlung. Der konvektive Anteil ist bei der Deckenstrahlungsheizung mit ca. 10 % am kleinsten und bei der Fußbodenheizung mit ungefähr 50 % am größten.

4.2.2 Heizkörper

4.2.2.1 Regeln der Technik

Die Wärmeabgabe von Heizkörpern einer Warmwasser-Zentralheizung ist bereits seit langem untersucht und bekannt [12, 17]. Es gelten folgende Zusammenhänge:

$$\dot{Q} = \dot{Q}_N \cdot \left(\frac{\Delta\vartheta}{\Delta\vartheta_N} \right)^n \tag{4.8}$$

$$\Delta\vartheta = \frac{\vartheta_v - \vartheta_r}{\log\left(\dfrac{\vartheta_v - \vartheta_R}{\vartheta_r - \vartheta_R} \right)} \tag{4.9}$$

$$\Delta\vartheta_N = \frac{\vartheta_{v,N} - \vartheta_{r,N}}{\log\left(\dfrac{\vartheta_{v,N} - \vartheta_R}{\vartheta_{r,N} - \vartheta_R}\right)} \tag{4.10}$$

Hierin bedeuten:

n	[1]	experimentell bestimmter Heizkörperexponent (für Kompaktheizkörper liegt n zwischen 1,2 und 1,3)
$\dot{Q}_K$	[W]	Wärmeabgabe eines Heizkörpers
$\dot{Q}_N$	[W]	Wärmeabgabe für die Normbedingungen (70/55 °C)
ϑ_v	[°C]	Vorlauftemperatur
ϑ_r	[°C]	Rücklauftemperatur
$\vartheta_{v,N}$	[°C]	Vorlauftemperatur unter Normbedingungen ($\vartheta_{v,N}$ = 70 °C)
$\vartheta_{r,N}$	[°C]	Rücklauftemperatur unter Normbedingungen ($\vartheta_{r,N}$ = 55 °C)
ϑ_R	[°C]	Raumtemperatur

Die Norm-Vorlauftemperatur $\vartheta_{v,N}$ betrug früher 90 °C und die Norm-Rücklauftemperatur $\vartheta_{r,N}$ 70 °C [12]. Mit der Verbreitung der Niedertemperaturkessel verlor jedoch die klassische Betriebsweise von Heizungsanlagen mit derart hohen Vorlauf- und Rücklauftemperaturen an Bedeutung. Die derzeit gültigen Regeln der Technik [17] setzen die Norm-Vorlauftemperatur $\vartheta_{v,N}$ auf 70 °C und die Norm-Rücklauftemperatur $\vartheta_{r,N}$ auf 55 °C fest.

4.2.2.2 Bedeutung der Rücklauftemperatur

Die graphische Auswertung der Gleichungen 4.8 bis 4.10 ist in Bild 4.7 dargestellt. Hierzu wird die normierte, d. h. auf die Normleistung bezogene Heizkörper-Wärmeleistung als Funktion der Rücklauftemperatur dargestellt. Zusätzlich wird zwischen einer konstanten Vorlauftemperatur und einer konstanten Spreizung unterschieden. Der Fall der konstanten Spreizung entspricht nahezu der im Bereich des Gebäudebestands üblichen Betriebsweise; lediglich während der Übergangszeit ist von einer erhöhten Spreizung auszugehen. Dagegen handelt es sich bei der konstanten Vorlauftemperatur um diejenige Betriebsweise, die bei Niedrigenergiehäusern während des Aufheizvorganges vorzufinden ist (siehe Abschnitt 4.3.1). Für beide Fälle gilt der bekannte Zusammenhang, dass mit abnehmender Rücklauftemperatur auch die Heizkörper-Wärmeleistung sinkt. Die Differenz zwischen den beiden in Bild 4.7 abgebildeten Linien stellt die Aufheizreserve dar, die, wie in Abschnitt 4.3.2 noch im Detail erläutert wird, benötigt wird, um nach Heizpausen einen Raum durch Anhebung der Vorlauftemperatur rasch zu erwärmen. Um diese Reserven in der Praxis nutzen zu können, müssen sowohl das Rohrnetz als auch die Heizkörper auf einen Betrieb mit großer Spreizung ausgelegt sein.

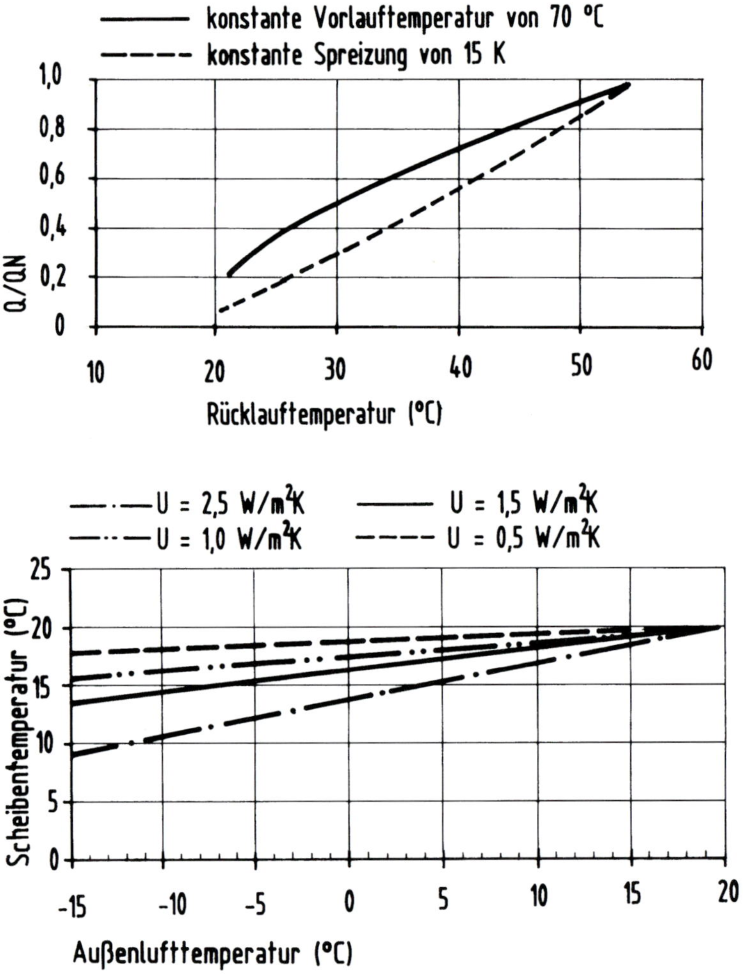

Bild 4.7: Wärmeleistung von Heizkörpern

▶ Zusammenfassung für Querleser

Die Heizkörper-Wärmeleistung verhält sich proportional zur Rücklauftemperatur. Wenn die Rücklauftemperatur zur Brennwertnutzung unter die Taupunkttemperatur des Wasserdampfes im Abgas gesenkt wird, ergeben sich Leistungseinbußen bis zu 30 % im Vergleich zu den auf Grundlage der Regeln der Technik gemessenen Wärmeleistungen.

4.3 Auswertung der Messungen

4.3.1 Wärmeerzeugung

4.3.1.1 Auslastung des Heizkessels

Für die Heizperiode 96/97 sind die mittlere monatliche Auslastung und die monatliche Wärmeabgabe des Heizkessels in den Bildern 4.8 und 4.9 dargestellt. In die Abbildungen ist ebenfalls die mittlere monatliche Außentemperatur eingezeichnet. Man erkennt, dass der Heizkessel selbst bei sehr niedrigen Außentemperaturen immer noch hauptsächlich im Teillastbetrieb arbeitet. Diese Messung bestätigt die in der Fachliteratur häufig wiederzufindende Bewertung für Gebäude mit niedrigem Heizwärmebedarf, dass die Heizungsanlage lediglich als Restheizung einen Bruchteil des gesamten Wärmebedarfs decken soll.

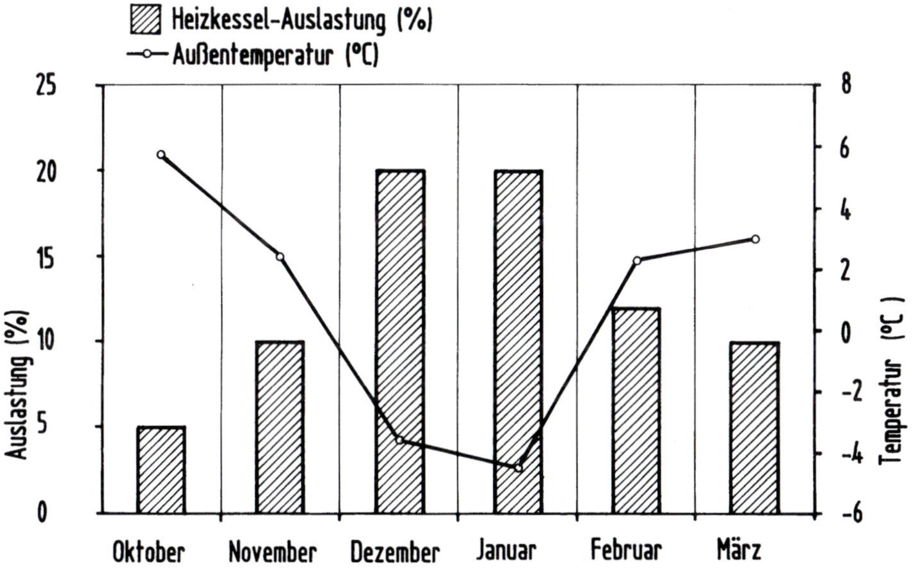

Bild 4.8: Auslastung des Heizkessels

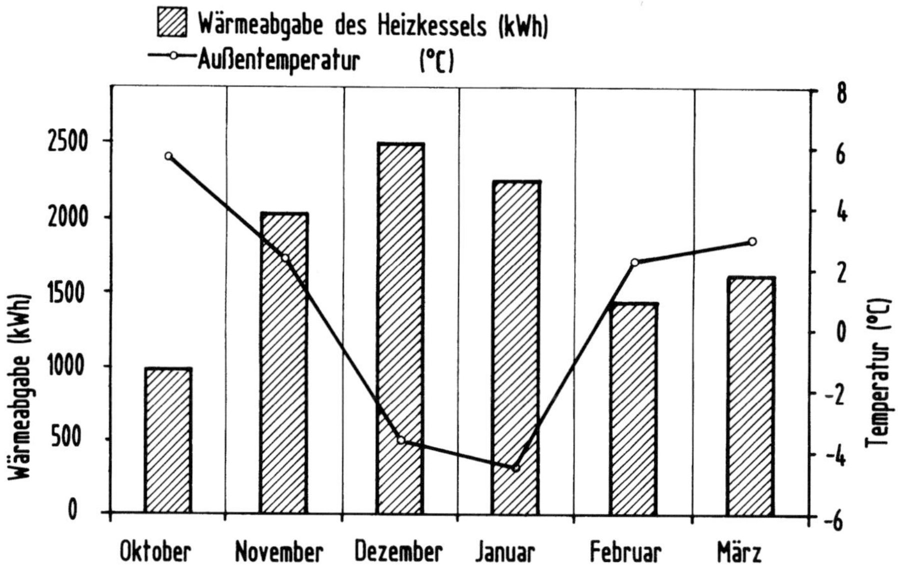

Bild 4.9: Wärmeabgabe des Heizkessels

4.3.1.2 Wärmeleistung zur Gebäudeaufheizung

Wenn der Anteil eines Wärmeerzeugers an der Deckung des Wärmebedarfs kleiner als der Anteil der Wärmegewinne ist, drängen sich zwangsläufig folgende Fragen auf:

- Auf welche Heizleistung muss der Heizkessel ausgelegt werden?
- Genügt eine Heizleistung kleiner als die Norm-Gebäudeheizlast?

Zur Beantwortung der vorstehenden Fragen ist in Bild 4.10 die Wärmeleistung des Heizkessels für eine Vier-Tages-Periode während der Heizperiode 97/98 dargestellt. Das Gebäude war zu dieser Zeit unbewohnt und die Trinkwassererwärmung war ausgeschaltet. Die Wohnungslüftungsanlage mit Wärmerückgewinnung, Erdwärmeaustauscher und Nacherhitzer war in Betrieb. Die in Bild 4.10 dargestellte Wärmeleistung des Heizkessels wird daher, wenn von der Infiltration über die Undichtheiten in der Gebäudehülle einmal abgesehen wird, ausschließlich zur Erwärmung des Gebäudes nach Heizpausen sowie zur Deckung der Transmissionsverluste benötigt.

Zur Aufheizung des Gebäudes nach der Nachtabsenkung wird eine Heizleistung zwischen 13 und 15 kW benötigt. Die Norm-Gebäudeheizlast beträgt 5,75 kW. Insoweit wäre ein exakt auf die Norm-Heizlast ausgelegter Heizkessel unter den Betriebsbedingungen des Versuchshauses unterdimensioniert.

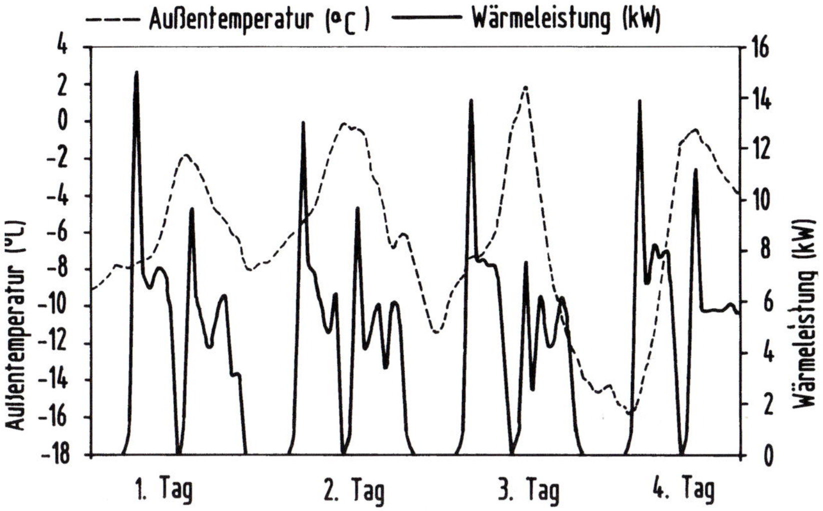

Bild 4.10: Verlauf der vom Heizkessel abgegebenen Wärme über einen Zeitraum von vier Tagen bei intermittierendem Heizbetrieb (Versuchshaus unbewohnt)

Der Einfluss der Sonneneinstrahlung ist an dem Absinken der Wärmeleistung während der Mittagszeit erkennbar. Der Heizkessel ist dann vollständig außer Betrieb und das Gebäude wird ausschließlich durch die äußeren Wärmegewinne beheizt. Nach der Mittagszeit sinken die äußeren Wärmegewinne, so dass der Heizkessel wieder in Betrieb genommen werden muss, um die Restheizlast zu decken. Hierbei treten Lastspitzen zwischen 8 und 11 kW auf, die vom Heizkessel bei einer Dimensionierung auf die Norm-Heizlast nicht hätten gedeckt werden können.

Die Leistungsspitzen nach den Heizpausen werden nicht nur benötigt, um das ausgekühlte Gebäude zu erwärmen. Vielmehr muss zuerst einmal das Heizwasser erwärmt werden, das bei einem heute üblichen Abschaltbetrieb während der Heizpausen bis auf Raumtemperaturniveau ausgekühlt ist. Erst danach kann die eigentliche Gebäudebeheizung beginnen. Insoweit ergeben sich die Lastspitzen nahezu unabhängig davon, wie stark das Gebäude während der Heizpausen ausgekühlt ist; d. h. das Nutzer- und Lüftungsverhalten während der Heizpausen weist nur einen geringen Einfluss auf die Größe der Leistungsspitzen auf.

Die Norm-Heizlast ist auf eine Norm-Außentemperatur von –14 °C für den Standort des Versuchshauses in der schwäbischen Alb bezogen. In dem in Bild 4.10 dargestellten Beobachtungszeitraum ist die Außentemperatur sogar bis auf –16 °C abgesunken, so dass die für eine Heizlastberechnung unterstellte Außentemperatur sogar unterschritten wurde. Die größten Wärmeleistungen haben sich jedoch nicht bei den niedrigsten Außentemperaturen, sondern nach den Heizpausen eingestellt. Die maximal notwendige Wärmeleistung eines Heizkessels wird damit nicht mehr durch die stationären Bedingungen, welche die Grundlage der Heizlastberechnung nach den Regeln der Technik darstellen [11], bestimmt. Vielmehr hat die Betriebsweise einer Heizungsanlage entscheidenden Einfluss auf die notwendige Wärmeleistung.

Der Einfluss der Heizpausen ist auch an der Höhe der Kesselwassertemperaturen erkennbar. Hierzu ist zum einen in Bild 4.11 der zeitliche Verlauf der Kesselwasser-

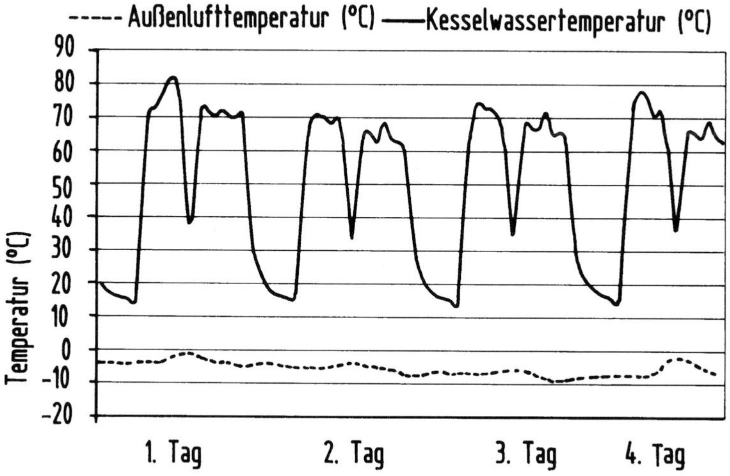

Bild 4.11: Verlauf der Kesselwassertemperatur über einen Zeitraum von vier Tagen bei intermittierendem Heizbetrieb (Versuchshaus unbewohnt)

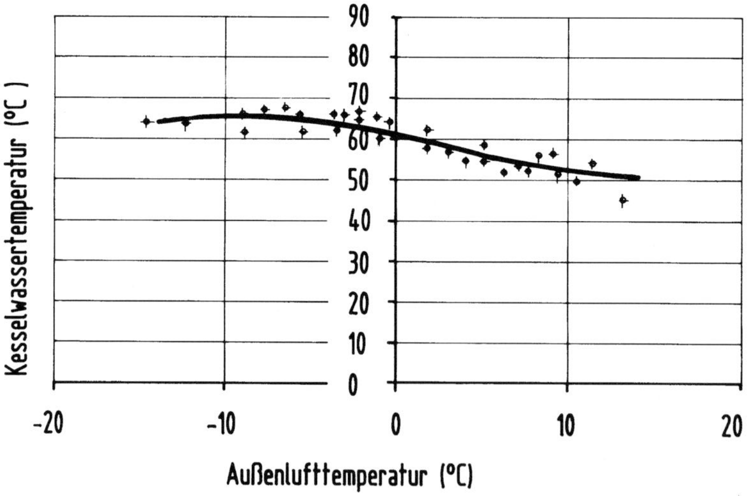

Bild 4.12: Zusammenhang zwischen der Kesselwassertemperatur und der Außentemperatur ohne Berücksichtigung der Trinkwassererwärmung

temperatur und zum anderen in Bild 4.12 der funktionale Zusammenhang zwischen der Kesselwassertemperatur während der Betriebszeiten des Heizkessels und der Außentemperatur aufgetragen. Für die Gebäudeaufheizung nach den Heizpausen werden ab einer Außentemperatur < 0 °C Vorlauftemperaturen zwischen 70 und 75 °C für die Gebäudebeheizung benötigt. Damit geht für diesen Außentemperaturbereich der früher für die Regelung einer Heizungsanlage unterstellte Zusammenhang zwischen der Außentemperatur und der Kesselwassertemperatur fast vollständig verloren. Denselben Effekt kann man auch für die Vorlauftemperatur der Raumheizeinrichtungen und die Oberflächentemperaturen beheizter Bauteile nachweisen, wie im Abschnitt 4.3.2 noch ausgeführt wird.

4.3.1.3 Einfluss der Trinkwassererwärmung

In Bild 4.13 ist die Wärmeleistung des Heizkessels für einen Vier-Tageszeitraum während der Heizperiode 96/97 dargestellt. Während dieses Zeitraums war das Versuchshaus bewohnt. Insoweit war von dem Heizkessel neben der Gebäudebeheizung auch die Trinkwassererwärmung sicherzustellen.

Der Einfluss der Trinkwassererwärmung wird nicht an den morgendlichen Lastspitzen deutlich. Die Lastspitzen zur Gebäudeaufheizung und zur Trinkwassererwärmung sind nicht zusammengefallen. An der Heizungsregelung wurde eine tägliche Gebäudeaufheizung für 06.00 Uhr vorgegeben. Das Bad wurde dagegen zwischen 07.00 und 08.00 Uhr benutzt, was aus den Aufzeichnungen der relativen

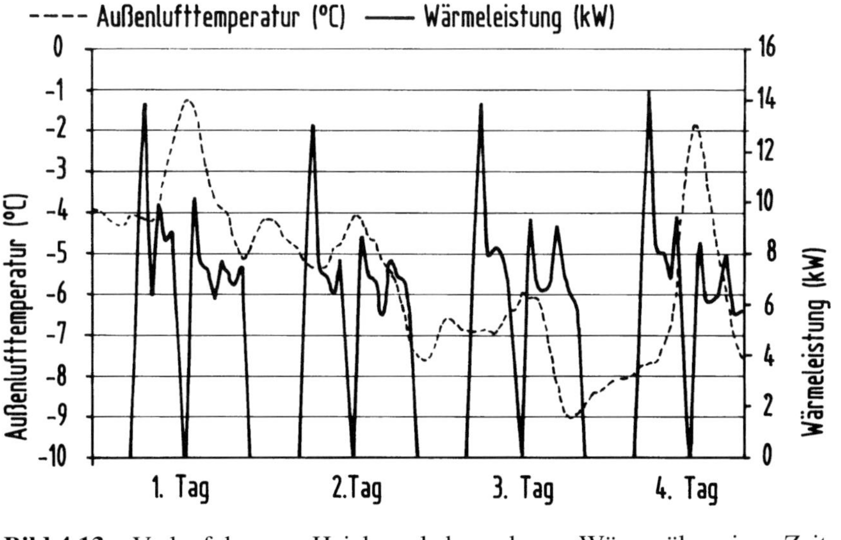

Bild 4.13: Verlauf der vom Heizkessel abgegebenen Wärme über einen Zeitraum von vier Tagen bei intermittierendem Heizbetrieb (Versuchshaus bewohnt)

Feuchte im Bad hervorging. Der Heizkessel musste daher nicht gleichzeitig die Gebäudeaufheizung und die Trinkwassererwärmung übernehmen.

Vergleicht man die Bilder 4.10 und 4.13 so erkennt man, dass die Wärmeabgabe des Heizkessels außerhalb der Zeiten zur Gebäudeaufheizung von ca. 6 kW auf 8 kW angehoben wurde. Da ansonsten vergleichbare Randbedingungen vorlagen, muss die größere Wärmeabgabe des Heizkessels auf den Einfluss der Trinkwassererwärmung zurückgeführt werden.

▶ Zusammenfassung für Querleser

Während eines eingeschränkten Heizbetriebs stellen sich nach den Heizpausen Lastspitzen ein, die zum einen nahezu unabhängig von der Außentemperatur und zum anderen größer als die Norm-Heizlast sind. Es treten Lastpitzen auf, die die Norm-Gebäudeheizlast um mehr als 100 % überschreiten. Insoweit geht für einen intermittierendem Heizbetrieb der Zusammenhang zwischen der Heizlast einerseits und der Außentemperatur andererseits verloren.

4.3.2 Nutzenübergabe

4.3.2.1 Entwicklung der Deckenstrahlungsheizung

Die Deckenstrahlungsheizung stellte bis in die fünfziger Jahre des zwanzigsten Jahrhunderts hinein eine weit verbreitete Raumheizeinrichtung für Warmwasser-Zentralheizungen dar. Aus dieser Zeit stammen auch die meisten Veröffentlichungen zu Deckenstrahlungsheizungen, die hauptsächlich auf Kollmar zurückgehen [68–75]. Die Deckenstrahlungsheizung für den Einsatz in Büro- und Wohngebäuden verschwand fast vollständig vom Markt, u. a. weil die hohen Deckentemperaturen nicht als behaglich empfunden wurden. Dagegen wird die Deckenstrahlungsheizung für die Beheizung von Sport-, Industrie- und Messehallen bis heute weiter eingesetzt. In Hallen ist eine größere Höhendifferenz zwischen den aktiven, als Heizung genutzten Deckenflächen und der Aufenthaltszone gegeben, so dass sich hohe Deckentemperaturen nicht behaglichkeitsmindernd auswirken können. In jüngerer Zeit erlebt die Deckenstrahlungsheizung in Bürogebäuden eine Renaissance, da in teilklimatisierten Gebäuden mit Kühldecken die aktiven Deckenelemente im Winter zur Gebäudeheizung verwendet werden. Glück weist in [45] nach, dass mit einer als Deckenstrahlungsheizung betriebenen Kühldecke in Bürogebäuden die strengen Grenzwerte der DIN 1946, Teil 2 [8.2] an die thermische Behaglichkeit eingehalten werden. In Gebäuden mit niedrigem Heizwärmebedarf stellen Deckenheizungen mittlerweile den Radiatoren gegenüber gleichberechtigte Heizsysteme dar.

4.3.2.2 Konstruktion

Für die Deckenstrahlungsheizung stehen eine Reihe von erprobten Konstruktionen zur Verfügung (Bild 4.14). Für eine Bauteilaktivierung zur Raumbeheizung im Winter und Raumkühlung im Sommer wird häufig das in Bild 4.15 dargestellte System eingesetzt. Die ersten praktischen Erfahrungen in Büro- und Wohngebäuden liegen bereits vor [42, 44]. In dem Versuchshaus konnte dieses System nicht übernommen werden, da die Fertigbauweise in Holzständerkonstruktion eine Verlegung von Rohrleitungen in der Holzbalkendecke ausschließt. Aus diesem Grund wurde für das Fertighaus eine Deckenstrahlungsheizung als abgehängte Zwischendecke gewählt (Bild 4.16). Die gesamte Konstruktionshöhe der Zwischendecke betrug 7 cm.

4.3.2.3 Strahlungstemperaturasymmetrie

Die maximale Wärmeabgabe einer Deckenstrahlungsheizung richtet sich nach der aus physiologischen Gründen gerade noch zulässigen Deckenoberflächentemperatur [45, 47, 69, 71, 73]. In der Theorie der thermischen Behaglichkeit wird kein absoluter Wert für die maximal zulässige Deckenoberflächentemperatur genannt. Die maximal zulässige Deckenoberflächentemperatur richtet sich vielmehr nach dem Grenzwert der Strahlungstemperaturasymmetrie $\Delta\vartheta$. Unter der Strahlungstemperaturasymmetrie wird das Phänomen verstanden, dass Personen, die stark unterschiedlichen Wärmestromdichten ausgesetzt sind, keine thermische Behaglichkeit empfinden, auch wenn die Gesamtwärmeabgabe des menschlichen Körpers in Bezug auf die Wärmeproduktion ausgeglichen ist.

Unterschiedliche Wärmestromdichten können bei der Flächenheizung und der Flächenkühlung auftreten. Durch die Beheizung bzw. Kühlung einer Raumfläche wird einer Person zusätzlich Wärme übertragen bzw. entzogen. Wenn die Oberflächentemperatur der beheizten oder gekühlten Raumfläche zu sehr von den Oberflächentemperaturen der übrigen Raumumschließungsflächen abweicht, dann ist eine Person stark differierenden Wärmeströmen ausgesetzt. Die Differenz der mittleren Strahlungstemperaturen zweier Halbräume wird in diesem Zusammenhang als Strahlungstemperaturasymmetrie bezeichnet. Die geometrischen Verhältnisse sind in Bild 4.17 dargestellt.

Neben den Oberflächentemperaturen ist die Strahlungstemperatur eines Halbraums und damit auch die Strahlungstemperaturasymmetrie zusätzlich von den geometrischen Verhältnissen abhängig. Diese geometrischen Verhältnisse werden durch die sog. Einstrahlzahlen beschrieben (siehe Bild 4.18). Die Einstrahlzahlen können entweder berechnet [47, 70, 119] oder entsprechenden Tabellen entnommen werden.

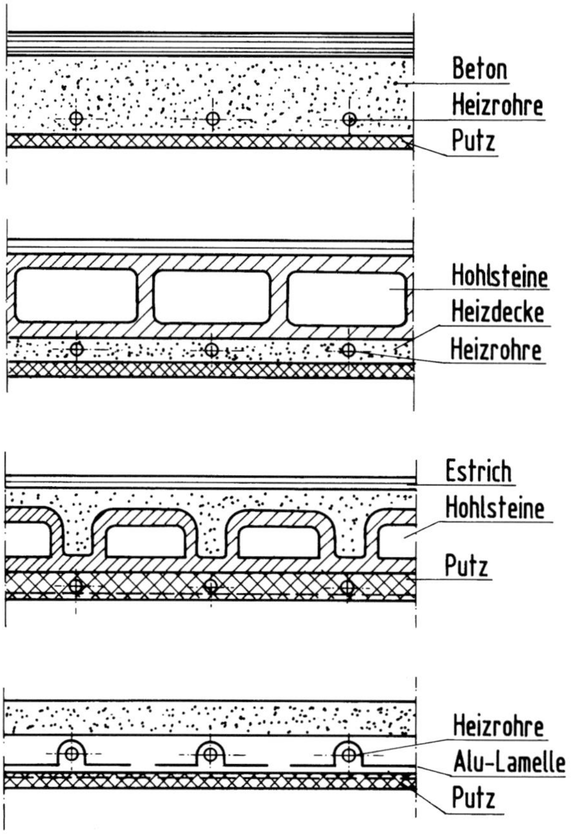

Bild 4.14:
Ausführungsvarianten der Deckenstrahlungsheizung [91]

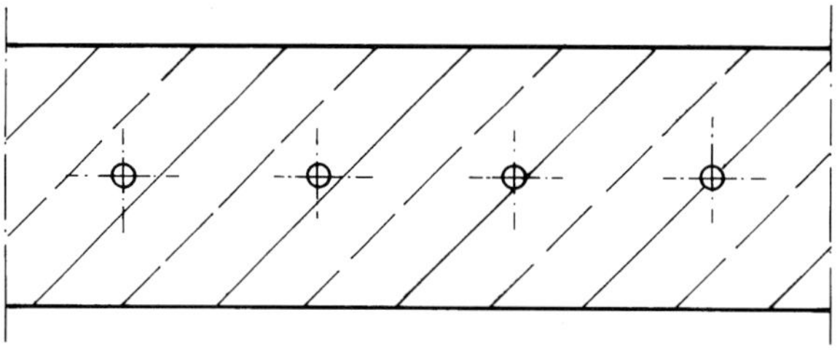

Bild 4.15:
Bauteilaktivierung durch in die Schalung vor dem Betonieren eingelegte Rohrleitungen

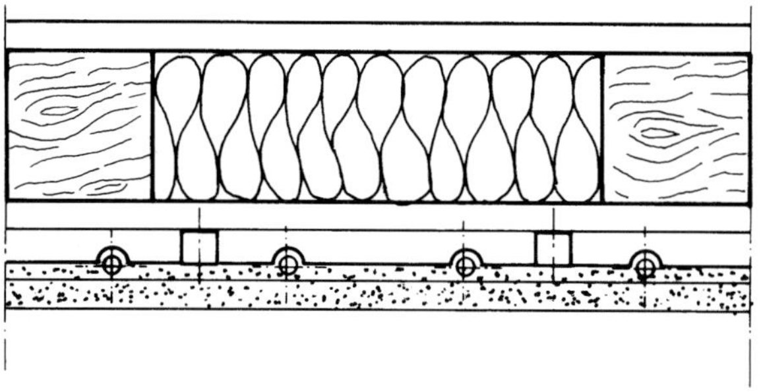

Bild 4.16:
Deckenstrahlungsheizung im Versuchshaus

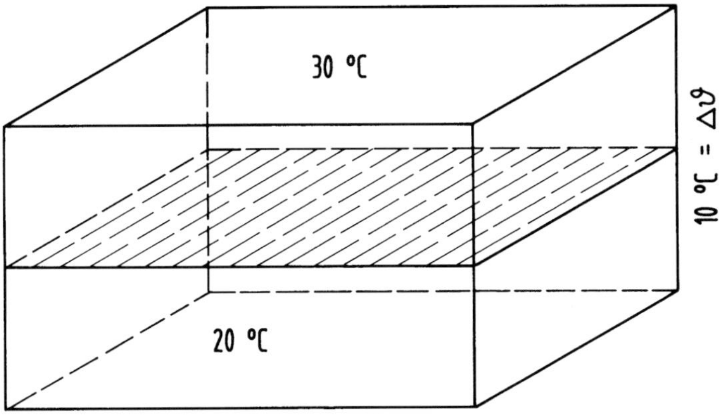

Bild 4.17: Strahlungstemperaturasymmetrie

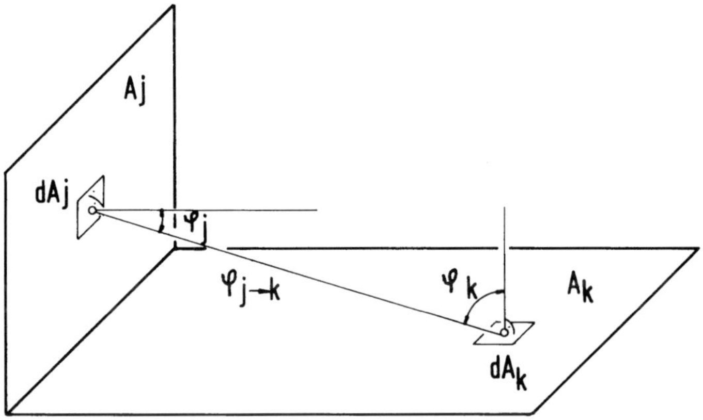

Bild 4.18: Definition der Einstrahlzahlen

Der Mittelwert der Strahlungstemperatur eines Halbraumes auf eine andere Fläche im Raum kann nach Gleichung 4.11 berechnet werden, die z. B. in [47] zu finden ist:

$$\overline{\vartheta}_{oi} = \sqrt[4]{\sum_i \varphi_i \cdot (\vartheta_{oi,i} + 273{,}15)^4} - 273{,}15 \qquad (4.11)$$

Hierin bedeuten:

$\overline{\vartheta}_{oi}$ [°C] Mittelwert der Strahlungstemperatur
$\vartheta_{oi,i}$ [°C] Strahlungstemperatur einer Bauteiloberfläche
φ_i [1] Einstrahlzahl

Mit der vorstehenden Gleichung für die Strahlungstemperatur kann die Strahlungstemperaturasymmetrie $\Delta\vartheta$ zweier Halbräume 1 und 2 als Absolutwert der Differenz der Strahlungstemperaturen der Halbräume wie folgt beschrieben werden:

$$\Delta\vartheta = \left| \overline{\vartheta}_{oi,1} - \overline{\vartheta}_{oi,2} \right|$$

$$= \left| \sqrt[4]{\sum_i \varphi_{i,1} \cdot (\vartheta_{oi,i,1} + 273{,}15)^4} - \sqrt[4]{\sum_j \varphi_{j,2} \cdot (\vartheta_{oi,j,2} + 273{,}15)^4} \right| \tag{4.12}$$

In Gebäuden mit niedrigem Wärmebedarf gleichen sich die raumseitigen Oberflächen einander an, wie in Abschnitt 3.2.5 nachgewiesen wurde. Dieser Effekt wird bei Vorhandensein einer Flächenheizung noch intensiviert. Insoweit kann für Gebäude mit niedrigem Heizwärmebedarf und Flächenheizungen als Raumheizeinrichtung eine gleichmäßige mittlere Oberflächentemperatur von 20 °C während der Heizperiode für alle unbeheizten Bauteile angesetzt werden. Unter dieser Annahme vereinfacht sich Gleichung 4.12 zu:

$$\Delta\vartheta = \left| \overline{\vartheta}_{oi,1} - \overline{\vartheta}_{oi,2} \right|$$

$$= \left| \sqrt[4]{\sum_{i, i \neq oi, \max} (\varphi_{i,1} \cdot 293{,}15^4) + \varphi_{oi,H} \cdot (\vartheta_{o,H} + 273{,}15)^4} - 293{,}15 \right| \tag{4.13}$$

Hierin bedeuten:

φ_i	[1]	Einstrahlzahl eines Bauteils bezüglich einer weiteren, noch zu definierenden Teilfläche im Raum
$\varphi_{oi,H}$	[1]	Einstrahlzahl der Deckenstrahlungsheizung bezüglich einer weiteren, noch zu definierenden Teilfläche im Raum
$\Delta\vartheta$	[K]	Strahlungstemperaturasymmetrie
$\overline{\vartheta}_{oi}$	[°C]	Mittelwert der Strahlungstemperatur eines Halbraumes
$\vartheta_{oi,i}$	[°C]	Bauteil-Oberflächentemperatur
$\vartheta_{oi,H}$	[°C]	Oberflächentemperatur der Deckenstrahlungsheizung

In Gleichung 4.13 ist die maximale Deckenoberflächentemperatur der Deckenstrahlungsheizung in Abhängigkeit von der aus physiologischen Gründen zulässigen Strahlungstemperaturasymmetrie bereits implizit enthalten. Durch Umstellen der Gleichung 4.13 erhält man folgende Bestimmungsgleichung für die maximal zulässige Deckenoberflächentemperatur einer Strahlungsheizung:

$$\vartheta_{oi,H} = \sqrt[4]{\frac{(\Delta\vartheta + 293{,}15)^4 - \sum_{i, i \neq oi, H} (\varphi_{i,1} \cdot 293{,}15^4)}{\varphi_{oi,H}}} - 273{,}15 \tag{4.14}$$

Gleichung 4.14 beschreibt die maximale Oberflächentemperatur als Funktion folgender Größen:

- Größe der aktiven Strahlungsheizung (= Belegungsgrad) und der Raumgeometrie, ausgedrückt durch die Einstrahlzahlen der einzelnen Bauteile,
- Strahlungstemperaturasymmetrie.

Die Einstrahlzahlen sind außerdem noch abhängig von dem Ort im Raum, für den die Strahlungstemperaturasymmetrie berechnet werden soll. Im Folgenden wird erläutert, dass aus physiologischen Gründen im gesamten Daueraufenthaltsbereich thermisch behagliche Verhältnisse gewährleistet werden müssen.

4.3.2.4 Physiologische Grenzwerte

Die maximal zulässigen Strahlungstemperaturasymmetrien sind in Deutschland mit der DIN 1946, Teil 2, festgeschrieben [8.2]. Diese Grenzwerte basieren auf einer Arbeit von Fanger [38]. Von Glück wurden die in der Arbeit von Fanger enthaltenen Messwerte neu interpretiert [47]. In Tabelle 4.2 sind sowohl die Grenzwerte nach DIN 1946, Teil 2, als auch die Korrekturen von Glück enthalten.

Vorstehend wurde die Frage, in welchem Raumbereich die in Tabelle 4.2 genannten Grenzwerte der Strahlungstemperaturasymmetrie nicht überschritten werden dürfen, noch nicht beantwortet. Von Kollmar stammt der Ansatz, zwischen einem stehenden oder einem sitzenden Menschen zu unterscheiden [73]. Aus diesem Grund bezieht er seine Untersuchungen zur thermischen Behaglichkeit an Deckenstrahlungsheizungen hauptsächlich entweder auf eine Raumhöhe von 1,3 oder 1,8 m. Dieser Ansatz erscheint unzureichend, da zur Deckenstrahlungsheizung konkurrierende Raumheizeinrichtungen, wie z. B. Radiatoren, einen gesamten Raum gleichmäßig ohne Einschränkungen in der thermischen Behaglichkeit erwärmen können. Aus diesem Grund wird für die folgenden Berechnungen unterstellt, dass sich in einem mit einer Deckenstrahlungsheizung beheizten Raum bis zu einer

Tabelle 4.2: Zulässige Strahlungstemperaturasymmetrien

Bauteil	Maximal zulässige Strahlungstemperaturasymmetrie nach DIN 1946 [8.2]	Korrektur nach Glück [47]
Heizdecke	4 K	8,1 K
Kühldecke	14 K	14,3 K
Heizwand	23 K	11,1 K
Kühlwand	10 K	8,4 K

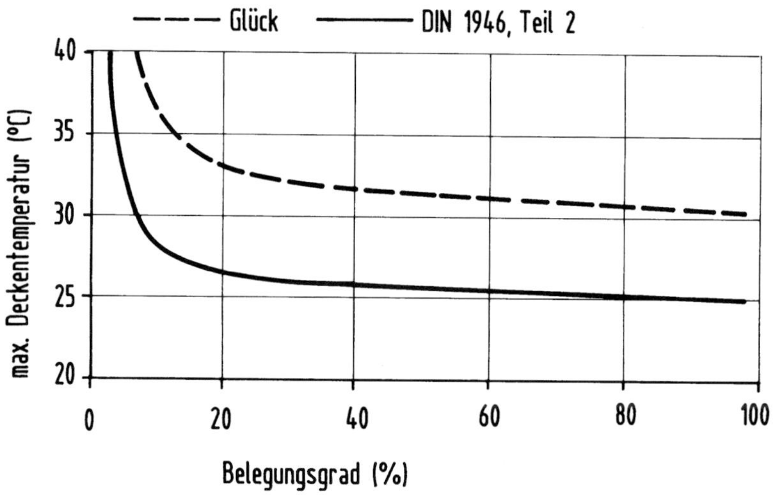

Bild 4.19: Zulässige Oberflächentemperaturen der Deckenstrahlungsheizung

lichten Raumhöhe von 2 m keine Einschränkungen in der thermischen Behaglichkeit ergeben dürfen. Da die Strahlungstemperatur zunimmt, je näher man der Deckenstrahlungsheizung kommt, müssen dann die in Tabelle 4.2 genannten Grenzwerte für die Strahlungstemperaturasymmetrie gerade noch in einer Höhe von 2 m direkt unterhalb der aktiven Deckenfläche eingehalten werden.

In Bild 4.19 ist die graphische Auswertung der Gleichung 4.14 für die aus physiologischen Gründen gerade noch zulässigen Deckenoberflächentemperaturen sowohl für die Grenzwerte nach der DIN 1946 als auch nach Glück dargestellt. Hierfür wurden folgende Voraussetzungen getroffen:

- Der Aufenthaltsbereich, in dem die Grenzwerte der Strahlungstemperaturasymmetrie nicht überschritten werden dürfen, beginnt in Höhe des Fußbodens und endet in einer Höhe von 2 m.
- Die lichte Raumhöhe beträgt 2,40 m. Hierbei handelt es sich um die Mindesthöhe für Daueraufenthaltsräume entsprechend der Musterbauordnung [27].

Die maximale Oberflächentemperatur nähert sich asymptotisch einem Grenzwert von 25 °C im Falle der DIN 1946, Teil 2, und einem Grenzwert von ca. 30 °C im Falle der Strahlungstemperaturasymmetrie nach Glück. Bei einem Belegungsgrad von 50 % beträgt die maximal zulässige Oberflächentemperatur nach der DIN 1946, Teil 2, 26 °C und nach Glück ca. 32 °C.

4.3.2.5 Wärmeleistung

Aus der maximal zulässigen Deckenoberflächentemperatur berechnet sich die maximale, spezifische Wärmeleistung der Deckenstrahlungsheizung über folgende Gleichung:

$$\dot{q} = (\alpha_{lw} + \alpha_K) \cdot (\vartheta_{oi,H} - 20\ °C) \tag{4.13}$$

Hierin bedeuten:

$\dot{q}$	[W/m²]	Wärmestromdichte
α_{lw}	[W/(m²K)]	Wärmeübergangskoeffizient für langwellige Wärmestrahlung
α_k	[W/(m²K)]	Wärmeübergangskoeffizient für Konvektion
$\vartheta_{oi,\,H}$	[°C]	maximale Oberflächentemperatur eines beheizten Bauteils

Die Berechnung der Wärmeübergangskoeffizienten erfolgt nach den Gleichungen 4.2 und 4.6 aus Abschnitt 4.2.1. Die graphische Auswertung der Gleichungen ist in Bild 4.20 (DIN 1946-2) und 4.21 (Glück) dargestellt. Auffallend an beiden Darstellungen ist der selbst für eine Deckenstrahlungsheizung niedrige, konvektive Wärmeübergangskoeffizient. Dies widerspricht den Darstellungen in [71]. Darin wird für die Deckenstrahlungsheizung ein größerer konvektiver Wärmeübergang vorausgesetzt. Bei der Interpretation der Bilder 4.20 und 4.21 muss jedoch berücksichtigt werden, dass die in den vorstehenden Veröffentlichungen genannten

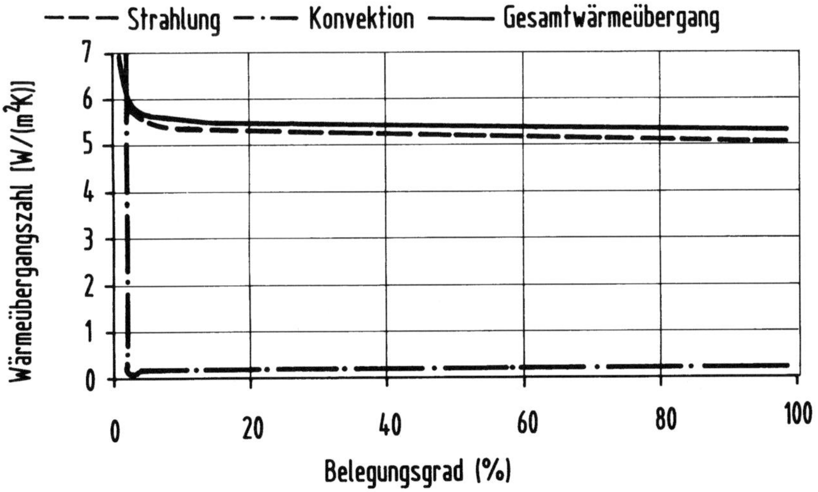

Bild 4.20: Wärmeübergangskoeffizienten der Deckenstrahlungsheizung (Grenzwerte der Strahlungstemperaturasymmetrie nach DIN 1946-2)

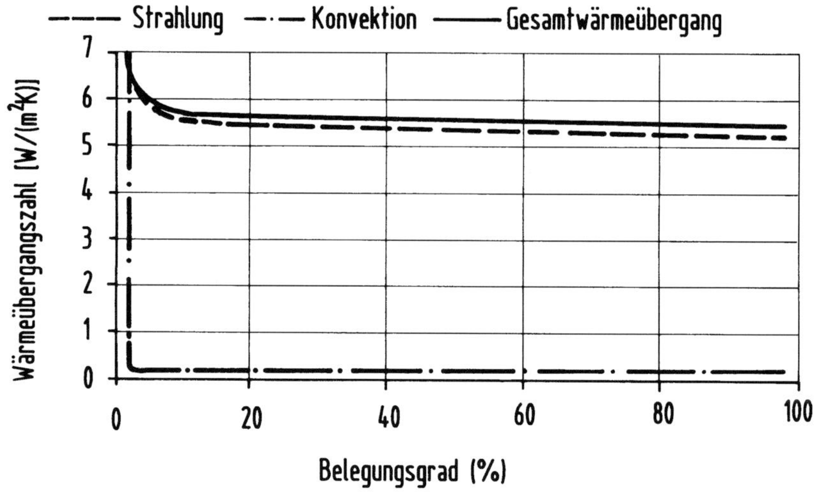

Bild 4.21: Wärmeübergangskoeffizienten der Deckenstrahlungsheizung (Grenzwerte der Strahlungstemperaturasymmetrie nach Glück)

Wärmeübergangskoeffizienten auf wesentlich höhere Deckenoberflächentemperaturen bezogen sind, als diese zur Beheizung eines Niedrigenergiehauses benötigt werden. Da der konvektive Wärmeübergang sich proportional zur Differenz zwischen der Deckenoberflächentemperatur und der Raumlufttemperatur verhält (siehe auch Abschnitt 4.2.1), stellen bei den für die Beheizung eines Niedrigenergiehauses notwendigen Deckenoberflächentemperaturen auch sehr kleine konvektive Wärmeübergangskoeffizienten ein.

Die nach den Gleichungen 4.13 berechenbare spezifische Heizleistung ist in Bild 4.22 für den Grenzwert der Strahlungstemperaturasymmetrie nach DIN 1946, Teil 2 und für den Korrekturvorschlag nach Glück graphisch ausgewertet. Ab einem Belegungsgrad von 40 % ergeben sich nahezu konstante Wärmestromdichten, die in Tabelle 4.3 gegenübergestellt sind.

Tabelle 4.3: Maximale Wärmestromdichten der Deckenstrahlungsheizung in Wohngebäuden mit niedrigem Wärmebedarf abhängig vom Belegungsgrad

	Maximale Wärmestromdichte				
	20 %	40 %	60 %	80 %	100 %
DIN 1946 [8.2]	37 W/m²	32 W/m²	30 W/m²	29 W/m²	28 W/m²
Glück [47]	76 W/m²	66 W/m²	62 W/m²	59 W/m²	58 W/m²

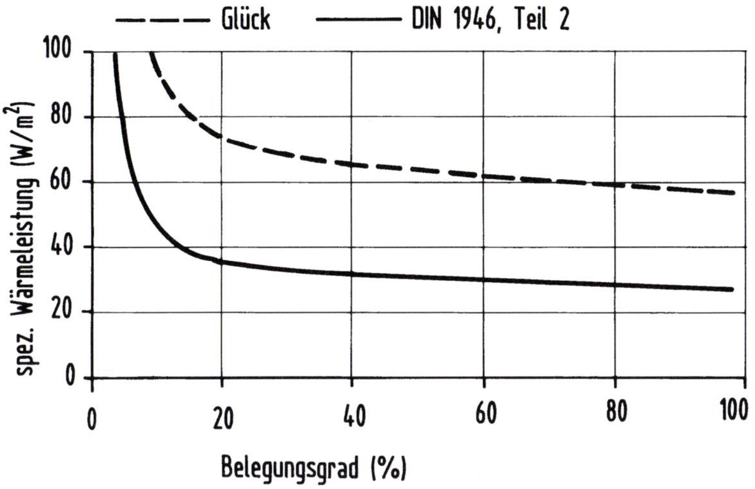

Bild 4.22: Wärmeleistung der Deckenstrahlungsheizung

4.3.2.6 Bedeutung für die Praxis

Wenn man die DIN 1946, Teil 2, zur Beurteilung der Behaglichkeit und der Strahlungstemperaturasymmetrie heranzieht, können mit der Deckenstrahlungsheizung spezifische Heizlasten bis zu 28 W/m^2 gedeckt werden (letzte Spalte in Tabelle 4.3). Die spezifischen Heizlasten in modernen Niedrigenergiehäusern sind jedoch größer (siehe z. B. Abschnitt 2.1, Tabelle 2.3). Insoweit ist auf Grundlage der gültigen Regeln der Technik mit der Deckenstrahlungsheizung in Niedrigenergiehäusern ohne zusätzliche Raumheizeinrichtungen keine ausreichende Raumbeheizung möglich, ohne dass sich als unbehaglich empfundene Deckenoberflächentemperaturen einstellen.

Eine Möglichkeit der Senkung der spezifischen Heizlast besteht in der Deckung der Lüftungsheizlast durch eine Wohnungslüftungsanlage mit Wärmerückgewinnung. Bei einer mechanischen Belüftung mit Wärmerückgewinnung, insbesondere beim Einsatz von Gegenstromwärmeaustauschern, verschwindet die Lüftungsheizlast fast vollständig. Wenn Nachheizregister bzw. Luft-/Luft-Wärmepumpen eingesetzt werden, übernimmt die Wohnungslüftungsanlage sogar noch einen Teil der Transmissionsheizlast. Dieses Ergebnis deckt sich mit den Untersuchungen von Glück, wonach eine Deckenstrahlungsheizung die Transmissionsheizlast eines Gebäudes decken kann, ohne dass mit Einschränkungen in der thermischen Behaglichkeit zu rechnen ist. Voraussetzung hierfür stellt die Deckung der Lüftungsheizlast durch eine Raumlufttechnische Anlage dar [45].

Folgt man den von Glück korrigierten Werten [47], ist eine Beheizung von Niedrigenergiehäusern auch ohne mechanische Wohnungslüftung mit Wärmerückgewinnung möglich. Dieses Ergebnis steht im Einklang mit früheren Beobachtungen zur Deckenstrahlungsheizung. Danach wurden wesentlich höhere Strahlungstemperaturasymmetrien toleriert, als diese in der DIN 1946, Teil 2, festgeschrieben sind [8.2].

4.3.2.7 Gemessene Oberflächentemperaturen

Die in dem Versuchshaus in der Schwäbischen Alb gemessenen Deckenoberflächentemperaturen bestätigen die vorstehenden Berechnungen. Bei einem Belegungsgrad von 50 % wurden mittlere Oberflächentemperaturen bis zu maximal 30 °C gemessen (Bild 4.23). Die zugehörigen Vorlauf- und Rücklauftemperaturen sind in den Bildern 4.24 und 4. 25 dargestellt.

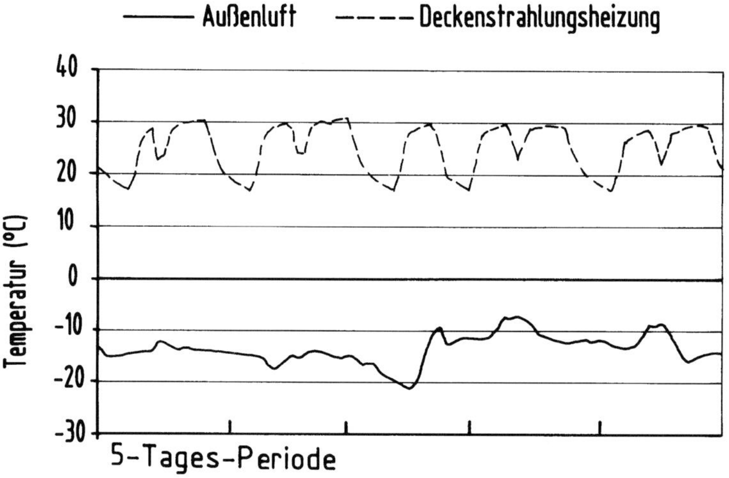

Bild 4.23: Verlauf der Deckenoberflächentemperatur während einer 4-Tagesperiode

Die gemessenen Deckenoberflächentemperaturen liegen innerhalb der von Glück angegebenen physiologischen Grenzwerte. Eine Senkung der Deckenoberflächentemperaturen hätte nur durch eine Erhöhung des Belegungsgrades bewirkt werden können. Bei einem Belegungsgrad von 100 % hätten die Oberflächentemperaturen unter 25 °C gesenkt werden können. Damit wären auch die wesentlich strengeren Grenzwerte der DIN 1946, Teil 2, noch erfüllt worden. Gleichzeitig wäre jedoch die Regelgeschwindigkeit vergrößert worden. Auf die Bedeutung der Regelgeschwindigkeit wird unter Abschnitt 4.3.3.2 noch eingegangen.

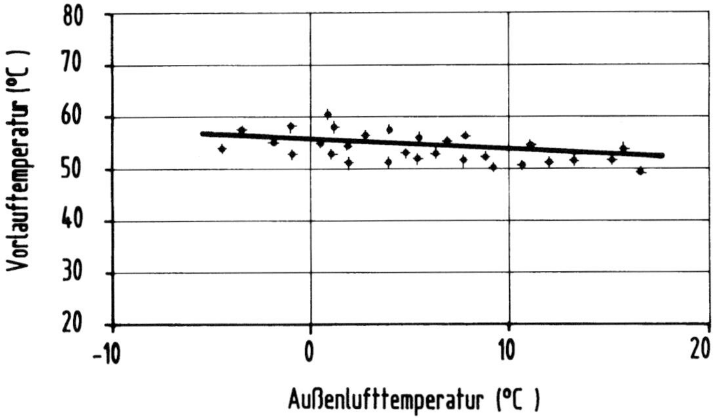

Bild 4.24: Zusammenhang zwischen der Außenlufttemperatur und der Vorlauftemperatur des Heizkreises Deckenstrahlungsheizung

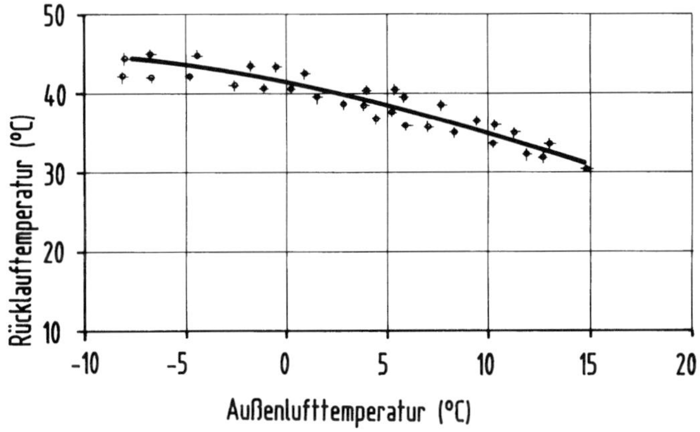

Bild 4.25: Zusammenhang zwischen der Außenlufttemperatur und der Rücklauftemperatur des Heizkreises Deckenstrahlungsheizung

4.3.2.8 Gemessener Raumtemperaturgradient

Während der Betriebszeiten der Deckenstrahlungsheizung stellt sich im Raum der für diese Heizungsform typische Raumtemperaturgradient mit den niedrigeren Temperaturen in Bodennähe und den höheren Temperaturen unterhalb der Decke ein (siehe Bild 4.26). Hierbei wirkt sich die verbesserte Wärmedämmung eines Niedrigenergiehauses glättend auf das Temperaturprofil aus, wie ein Vergleich mit früheren Messungen zeigt [73]. Lufttemperaturen über 23 °C konnten während des gesamten Untersuchungszeitraumes des Versuchhauses auch in Deckennähe nicht festgestellt werden. Die Differenz zwischen der maximalen und der minima-

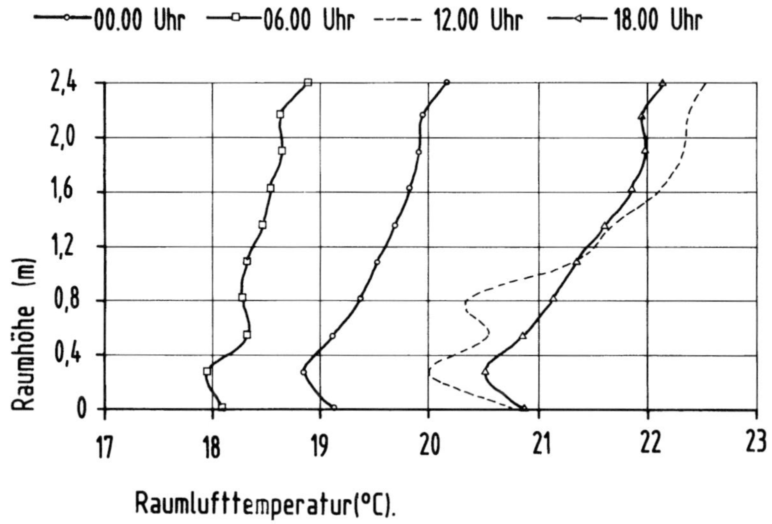

Bild 4.26: Raumtemperaturgradient der Deckenstrahlungsheizung

len Raumlufttemperatur ist kleiner 3 K. Damit werden die Anforderungen der DIN 1946, Teil 2, erfüllt, wonach der Raumtemperaturgradient kleiner als 2 K pro Meter sein soll. Bei Abschaltung der Deckenstrahlungsheizung während der Nachtabsenkung gleichen sich die Raumlufttemperaturen einander an, so dass ein fast konstantes Raumlufttemperaturprofil gegeben ist.

▶ Zusammenfassung für Querleser

Die Deckenstrahlungsheizung stellt eine für Gebäude mit niedrigem Heizwärmebedarf ideale Raumheizeinrichtung im Sinne einer Restheizung dar. Als Heizsystem innerhalb des Deckenputzes werden hohe Regelgeschwindigkeiten erreicht. Insoweit können rasch große Wärmeleistungen, z. B. nach Heizpausen, zur Verfügung gestellt werden. Umgekehrt kann die Wärmeleistung ebenso flink verringert werden, wenn die Fremdwärmegewinne zur Gebäudebeheizung ausreichen. Durch den geringen Heizwärmebedarf moderner Gebäude sind die früher beobachteten Einschränkungen in der thermischen Behaglichkeit in Form einer zu hohen Strahlungstemperaturasymmetrie nicht mehr zu erwarten.

4.3.3 Regelung

4.3.3.1 Wärmeerzeugung

Regelstrategien

Bisher wurden bei Neu- und Umbauten in Deutschland vor allem die beiden folgenden Regelstrategien für den Betrieb eines Wärmeerzeugers zur Gebäudebeheizung eingesetzt:

- außentemperaturgeführte (witterungsgeführte) Vorlauf- oder Kesselwassertemperaturregelung
- raumlufttemperaturgeführte Vorlauf- oder Kesselwassertemperaturregelung

Der außentemperaturgeführten Vorlauf- oder Kesselwassertemperaturregelung liegt die Strategie zugrunde, dass sich die Heizlast eines Raumes oder Gebäudes annähernd umgekehrt proportional zur Außentemperatur verhält; d. h. bei niedrigen Außentemperaturen benötigen die Raumheizeinrichtungen hohe Vorlauftemperaturen zur Deckung der Raumheizlast und bei hohen Außentemperaturen kann die Vorlauftemperatur infolge der dann gegebenen geringeren Heizlast gesenkt werden. Der funktionale Zusammenhang zwischen der Außentemperatur und der Vorlauf- bzw. Kesselwassertemperatur wird durch die Heizkurven wiedergegeben (Bild 4.27). Bei der Inbetriebnahme einer Heizungsanlage wird die Heizkurve entsprechend der maximalen Vorlauftemperatur der Raumheizeinrichtungen ausgewählt. Erforderlichenfalls, z. B. bei einem großen Lüftungswärmebedarf oder hohen Komfortansprüchen, wird die Heizkurve parallel angehoben. Heizungsanlagen

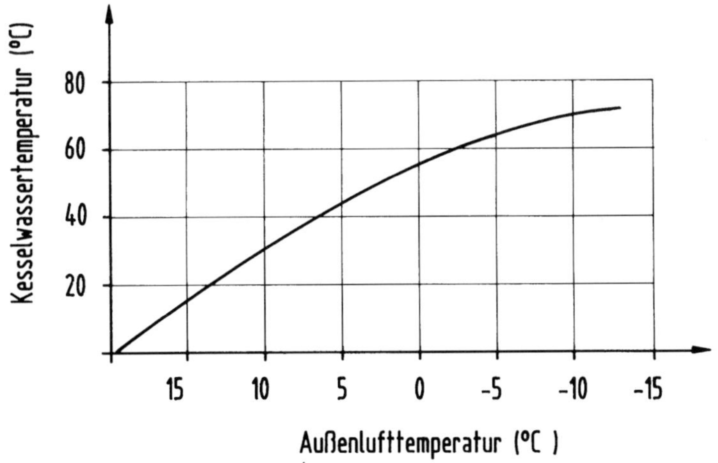

Bild 4.27: Zusammenhang zwischen der Kesselwassertemperatur und der Außenlufttemperatur („Heizkurve“)

mit außentemperaturgeführter Vorlauf- oder Kesselwassertemperaturregelung gelangen bisher hauptsächlich bei Neu- und Umbauten mit Warmwasser-Zentralheizungen zum Einsatz.

Eine Variante zur außentemperaturgeführten Vorlauf- oder Kesselwassertemperaturregelung stellt die raumlufttemperaturgeführte Kesselwassertemperaturregelung dar. Hierbei wird die Kesselwassertemperatur in Abhängigkeit von der Raumlufttemperatur eines Führungsraumes gesteuert. Da die Raumtemperatur des Führungsraumes auch von den individuellen Heizgewohnheiten sowie der Orientierung und der Baukonstruktion des Führungsraumes abhängig ist, eignet sich die raumlufttemperaturgeführte Kesselwassertemperaturregelung nur für Einfamilienhäuser und Etagenheizungen. Häufig werden raumlufttemperaturgeführte Kesselwassertemperaturregelungen bei Modernisierungsmaßnahmen von Mehrfamilienhäusern mit Etagenheizungen in Form von Gas- oder Brennwertthermen ausgeführt.

Messergebnisse

In dem Versuchshaus ist eine außentemperaturgeführte Vorlauftemperaturregelung mit aufgeschalteter Raumtemperatur installiert (Bild 4.28). Sobald die Vorlauftemperatur des Radiatorenkreises, d. h. die Kesselwassertemperatur, für eine Beheizung der mit Radiatoren ausgestatteten Räume nicht mehr ausreicht, wird die Kesselwassertemperatur und damit auch die Vorlauftemperatur zu den Heizkörpern

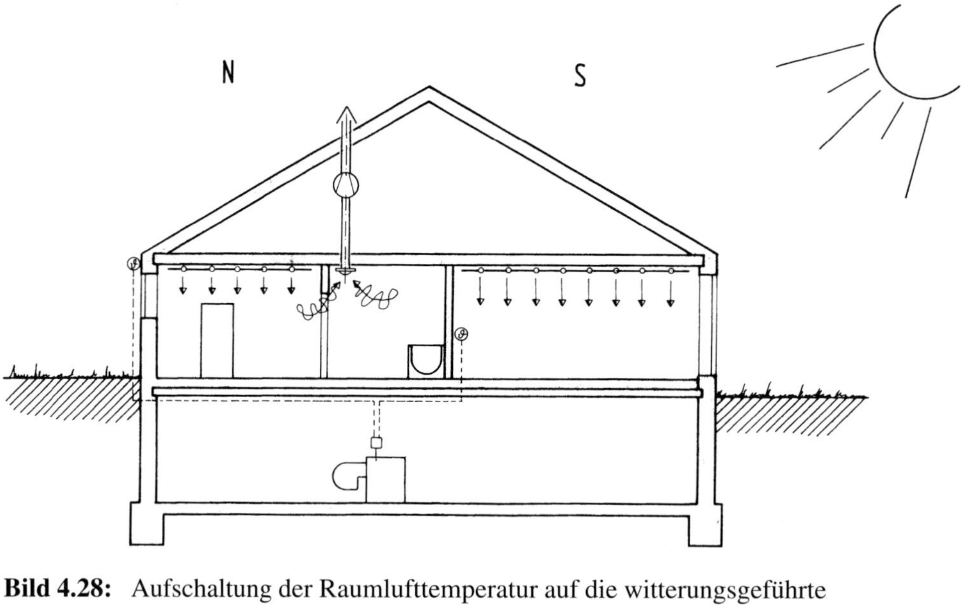

Bild 4.28: Aufschaltung der Raumlufttemperatur auf die witterungsgeführte Vorlauftemperaturregelung

solange automatisch erhöht, bis eine vom Nutzer an der Regelung eingegebene Raumlufttemperatur erreicht wird. Der Temperaturfühler befindet sich im Hausflur.

Die Messergebnisse zu den Kesselwassertemperaturen und damit auch der Vorlauftemperatur zu den Radiatoren wurden bereits im Zusammenhang mit der Diskussion um die erforderliche Heizleistung vorgestellt (siehe Bild 4.12). Die Messergebnisse belegen, dass infolge der nach Heizpausen erforderlichen hohen Heizleistungen kein Zusammenhang mehr zwischen der Vorlauf- bzw. der Kesselwassertemperatur einerseits und der Außentemperatur anderseits besteht. Bei der außentemperaturgeführten Vorlauf- oder Kesselwassertemperaturregelung bleibt die zusätzliche, außentemperaturunabhängige Aufheizleistung in Gebäuden mit niedrigem Heizwärmebedarf unberücksichtigt. Insoweit stellt die außentemperaturgeführte Vorlauftemperaturregelung kein geeignetes Konzept für die Regelung eines Heizkessels oder eines Heizkreises in einem Gebäude mit niedrigem Heizwärmebedarf dar.

Wenn die Vorlauftemperatur in Abhängigkeit von der Raumlufttemperatur eines Führungsraumes an Stelle der Außentemperatur eingestellt werden würde, könnte man die nach Heizpausen im Führungsraum benötigten Lastspitzen erkennen und entsprechend ausregeln. Eine raumtemperaturgeführte Vorlauftemperaturregelung weist jedoch den Nachteil auf, dass sich in untergeordneten Räumen Beeinträchtigungen in der Beheizbarkeit ergeben können. Insbesondere in Gebäuden mit niedrigem Wärmebedarf, die aufgrund ihrer Baukonstruktion für eine optimale passive Nutzung der Sonneneinstrahlung vorgesehen sind, ist für die Beheizung der Daueraufenthaltsräume eine wesentlich niedrigere Heizlast als für die Räume in der Gebäudeperipherie erforderlich. Bei einer ausschließlich raumtemperaturgeführten Heizungsregelung würden die Räume in der Gebäudeperipherie unterversorgt werden.

Gerade an strahlungsreichen Tagen zeigen sich die Schwächen einer lediglich raumtemperaturgeführten Regelung. Durch die Sonneneinstrahlung wird die Heizlast im Führungsraum plötzlich gesenkt (Bilder 3.1 und 3.2). Im Idealfall übernimmt die Sonneneinstrahlung die gesamte Beheizung der südorientierten Räume. Wenn sich die Heizungsregelung ausschließlich nach der Raumlufttemperatur des Führungsraumes richtet, würde die Vorlauftemperatur zu allen anderen Raumheizeinrichtungen so weit gesenkt werden, dass eine Raumbeheizung nicht mehr möglich ist.

Regelstrategien für Niedrigenergiehäuser

Durch die Kombination der außen- und der raumtemperaturgeführten Kesselwassertemperaturregelung kann man die Nachteile beider Regelstrategien kompensieren. Durch die Vorregelung der Kesselwassertemperatur entsprechend der Außentemperatur wird immer genügend Heizleistung zur Deckung der stationären Heizlast zur Verfügung gestellt. Die nach Heizpausen erhöhten Bedarfsspitzen werden durch den Raumtemperaturfühler erfasst. Probleme bei der Wahl des Führungsraumes können durch einen tragbaren Fühler vermieden werden, bei dem die Kommunikation zwischen dem Thermostaten und dem Stellglied über Funk erfolgt. Diese Regelstrategie eignet sich ausschließlich für Einfamilienhäuser. In Mehrfamilienhäusern ist es nicht möglich, für einen gemeinsamen Heizkessel oder für einen gemeinsamen Heizkreis einen Führungsraum festzulegen. Die Beheizung ist von den individuellen Nutzungsgewohnheiten abhängig, so dass bei zu hohen Wärmegewinnen im Führungsraum die übrigen Räume und Wohnungen unterversorgt wären.

Eine weitere Komfortverbesserung ist mit einer Ausstattung aller Räume mit Einzelraumregelungen verbunden, die auf die zentrale Heizungsregelung aufgeschaltet werden. Die Vorlauftemperatur wird über die Heizungsregelung zentral gerade so geregelt, dass in allen angeschlossenen Räumen die eingestellten Sollwerte noch eingehalten werden können. Ein derartiges Regelkonzept ist in Wohngebäuden bisher an dem hohen Aufwand gescheitert und auf die Verbreitung moderner Systeme wie z. B. LON oder EIB zur Vernetzung der einzelnen Komponenten des haustechnischen Einrichtungen angewiesen.

▶ Zusammenfassung für Querleser

Bisherige Strategien zur Kesselwasserregelung sind für den Einsatz in Gebäuden mit niedrigem Heizwärmebedarf nicht geeignet, da Lastspitzen nach Heizpausen nicht erfasst werden. Eine mögliche, aber ausschließlich für Einfamlienhäuser geeignete Regelstrategie würde in einer außentemperaturgeführten Kesselwassertemperaturregelung mit Raumtemperaturaufschaltung bestehen.

4.3.3.2 Nutzenübergabe

Entwicklung und Stand der Technik

Seit 1982 [3.2] werden in zentralbeheizten Neubauten Einzelraumregelungen zwingend vorgeschrieben (siehe Tabelle 4.4). Hiervon waren bis 1994 lediglich kleinere Räume bis 8 m^2 und Räume mit Fußbodenheizungen ausgenommen.

Die Einzelraumregelung besteht aus zwei Teilen:

- Entsprechend des bisher gültigen funktionalen Zusammenhangs zwischen der Heizlast und der Außentemperatur wird die Vorlauftemperatur zu den Raumheizeinrichtungen vorgeregelt. Bei mehreren Heizkreisen erfolgt die Vorregelung für die einzelnen Heizkreise getrennt.

Tabelle 4.4: Einzelraumregelungen. Weitere Erläuterungen zu dem Regelververhalten finden sich z. B. in [91]

Eigenschaften	Radiatoren	Flächenheizung
Ausführung	Thermostatisches Heizkörperventil	Thermoventil
Regelverhalten	P-Regler	P-, PI- oder PID-Regler

- Die eigentliche Raumtemperaturregelung wird von einem thermostatischen Heizkörperventil oder einem Thermoventil übernommen.

Anforderungen in Niedrigenergiehäusern

In Bild 4.29 sind die in dem Versuchshaus gemessenen Oberflächentemperaturen einer Deckenstrahlungsheizung in Abhängigkeit von der Außentemperatur dargestellt. Bereits bei gemäßigten Außentemperaturen werden zur Kompensation der Wärmeverluste nach den Heizpausen Vorlauftemperaturen benötigt, die sich bei einer außentemperaturgeführten Vorlauf- oder Kesselwassertemperaturregelung erst unter Auslegungsbedingungen, d. h. bei Vorliegen der Norm-Außentemperatur, einstellen würden. Damit deckt sich dieses Untersuchungsergebnis mit den Messergebnissen zur Kesselwassertemperatur (siehe Abschnitt 4.3.1). Die Bedarfsspitzen liegen nicht unter stationären Bedingungen bei durchgehendem Heizbetrieb während niedriger Außentemperaturen, sondern unabhängig von der Außentemperatur bei der Aufheizung eines Gebäudes nach Heizpausen (Nacht-, Wochen-

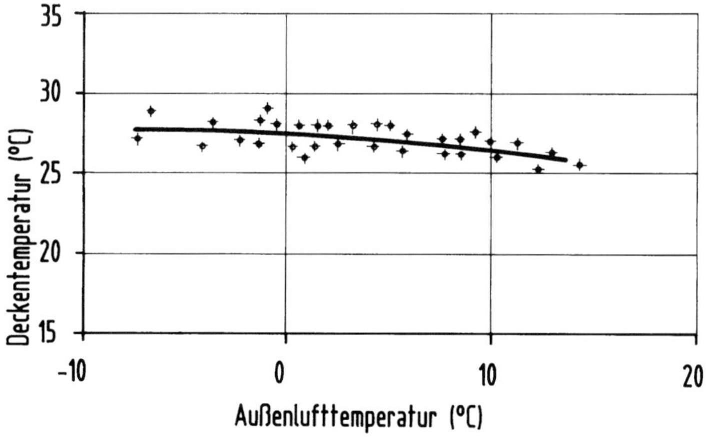

Bild 4.29: Zusammenhang zwischen der Deckenoberflächentemperatur und der Außenlufttemperatur

end- oder Ferienabsenkung) vor. Die Funktion der Raumheizeinrichtungen zur Erwärmung eines Raumes nach Heizpausen spiegelt sich auch in den Betriebszeiten in Bild 4.30 und den in Bild 4.31 dargestellten Deckenoberflächentemperaturen nach den Heizpausen wider. Erst bei sehr niedrigen Außentemperaturen sind die Betriebszeiten der Raumheizeinrichtung größer als die Summe aus den Bereitschaftszeiten und den Heizpausen (Nachtabsenkung). Während der Übergangszeiten bewegen sich sowohl die Bereitschaftszeiten als auch die Länge der Heizpausen in derselben Größenordnung wie die Betriebszeiten einer Raumheizeinrichtung.

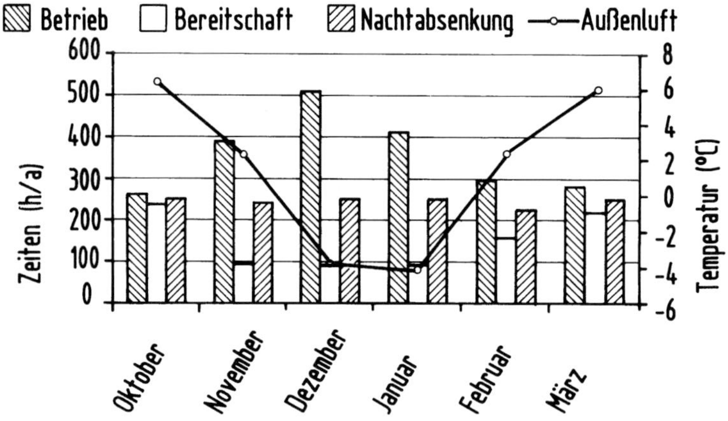

Bild 4.30: Heizpausen sowie Betriebs- und Bereitschaftszeiten von Raumheizeinrichtungen

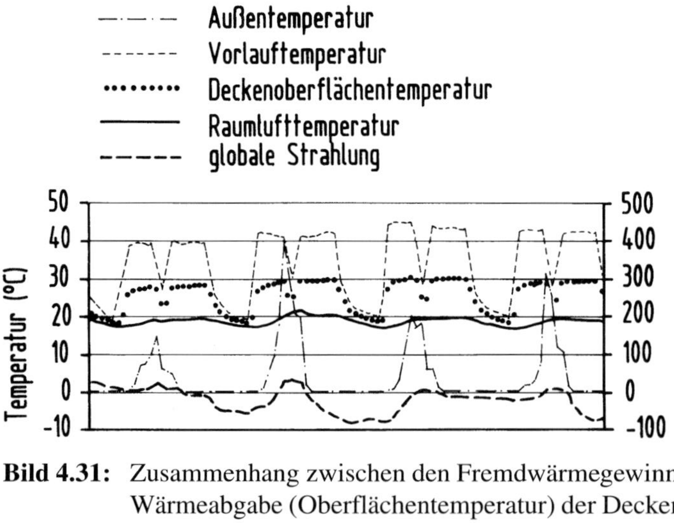

Bild 4.31: Zusammenhang zwischen den Fremdwärmegewinnen und der Wärmeabgabe (Oberflächentemperatur) der Deckenstrahlungsheizung während einer 4-Tages-Periode im Versuchshaus

Sobald mehrere unterschiedliche Heizkreise vorliegen, ist es für eine ausreichende Wärmeversorgung der Raumheizeinrichtungen nicht mehr nur erforderlich, dass die Kesselwassertemperatur angehoben wird. Vielmehr müssen die Vorlauftemperaturen aller Heizkreise entsprechend der Erfordernisse der nachgeschalteten Raumheizeinrichtungen erhöht werden, bis *gesichert* die Bedarfsspitzen nach Heizpausen kompensiert werden können. Bisher erfolgt die Anhebung der Vorlauftemperaturen einzelner Heizkreise über eine Parallelverschiebung der Heizkurven (siehe Bild 4.32). Hierdurch werden alle Raumheizeinrichtungen, die an den betroffenen Heizkreis angeschlossen sind, mit einer erhöhten Vorlauftemperatur versorgt.

Mit dieser Maßnahme sind jedoch zusätzliche Erzeugungs- und Verteilungsverluste verbunden, da die Vorlauftemperaturen während der ganzen Heizperiode und nicht nur während der Zeiträume erhöhter Bedarfspitzen angehoben werden. Zur Vermeidung der erhöhten Wärmeverluste bieten sich folgende Maßnahmen:

- Flächenheizungen sind auf niedrige Vorlauftemperaturen auszulegen, so dass während der gesamten Heizperiode mit der erhöhten Vorlauftemperatur keine nennenswerten zusätzlichen Verteilungsverluste verbunden sind.
- In Einfamilienhäusern sind die Bedarfspitzen durch die Aufschaltung der Raumtemperatur auf die vorlauftemperaturabhängige Außentemperaturregelung zu erfassen. Hierdurch kann auf eine Parallelverschiebung verzichtet werden.
- In Mehrfamilienhäusern und Bürogebäuden scheidet die Aufschaltung der Raumtemperatur aus. Hier werden weitergehende Maßnahmen an die Konstruktion der Heizungsanlage zur Reduzierung der Wärmeverluste erforderlich, auf die in Abschnitt 4.4 noch im Detail eingegangen wird.

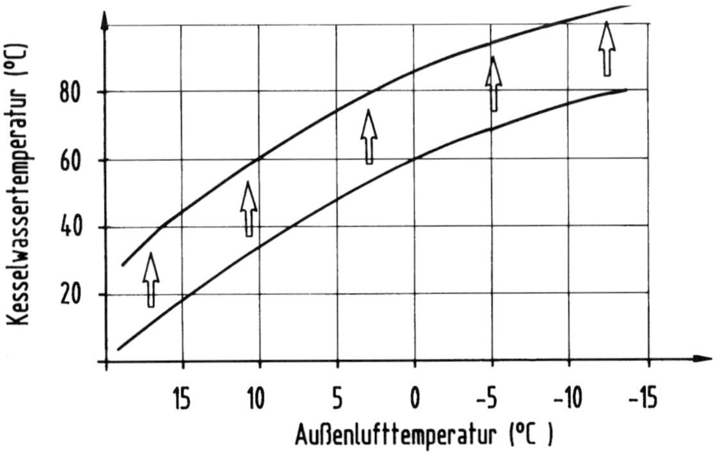

Bild 4.32: Parallelverschiebung einer Heizkurve zur Anhebung der Vorlauftemperatur

Trägheit der Raumheizeinrichtungen

Bild 4.31 zeigt den zeitlichen Verlauf der Deckenoberflächentemperatur, der Raumtemperatur und der Sonneneinstrahlung. Bei einsetzender Sonneneinstrahlung beginnt die Deckenoberflächentemperatur rasch zu sinken. An strahlungsreichen Tagen kann die Sonneneinstrahlung sogar zeitweise die Raumbeheizung vollständig übernehmen. Die Deckenoberflächentemperatur fällt dann bis auf das Niveau der Raumlufttemperatur ab.

Aufwandszahl

Die trotz der Einzelraumregelungen unzureichende Angleichung der Wärmeabgabe an die Heizlast wird durch Aufwandszahlen beschrieben. Die Aufwandszahl der Nutzenübergabe wird aus dem Verhältnis der tatsächlichen Wärmeleistung zur rechnerisch notwendigen Wärmeleistung gebildet; d. h. mit steigender Aufwandszahl nehmen auch die Wärmeverluste zu. Bisher wurde die Aufwandszahl für die Nutzenübergabe nur berechnet, da in bewohnten Gebäuden die Wärmeabgabe der Raumheizeinrichtungen auch von dem Nutzerverhalten abhängig ist [24]. Aufwandszahlen sind als Kehrwerte der Nutzungs- oder Wirkungsgrade zu verstehen und für gebäudetechnische Einrichtungen wie folgt definiert:

$$e = \frac{Q_{\text{Aufwand}}}{Q_{\text{Nutzen}}}$$

Hierin bedeuten:

e	[1]	Aufwandszahl
Q_{Aufwand}	[kWh]	zur Erzeugung der Nutzwärme aufgewendete Wärme- oder Hilfsenergie
Q_{Nutzen}	[kWh]	Nutzwärme

In der DIN 4701, Teil 10, werden Aufwandszahlen für unterschiedliche Raumheizeinrichtungen abhängig vom Regelverhalten, des spezifischen Heizwärmebedarfs, der Anordnung der Heizflächen vor Außen- oder Innenwänden angegeben [11.5]. Diese Aufwandszahlen gelten jedoch lediglich für einen durchgehenden Heizbetrieb. Insoweit wird die sich in der Praxis nach Heizpausen oder infolge von äußeren Wärmegewinnen auftretende, überschüssige Wärmeabgabe der Raumheizeinrichtungen nicht erfasst.

In dem Versuchshaus lagen ideale Bedingungen für die messtechnische Bestimmung der Aufwandszahlen vor, da das Gebäude geraume Zeit nicht bewohnt war. Insoweit konnten nutzungsbedingte Einflüsse aufgrund des individuellen Lüftungsverhaltens ausgeschlossen werden. Bild 4.33 zeigt den Wärmeverbrauch des Wohnzimmers im Versuchshaus. In Bild 4.34 ist das Berechnungsergebnis für den Heizwärmebedarf nach EN 832 [18] unter den vor Ort gemessenen Randbedingungen dargestellt. Setzt man die über die Gleichung (4.13) berechenbare Wärmeabgabe der Deckenstrahlungsheizung ins Verhältnis zum rechnerisch erforderlichen Heiz-

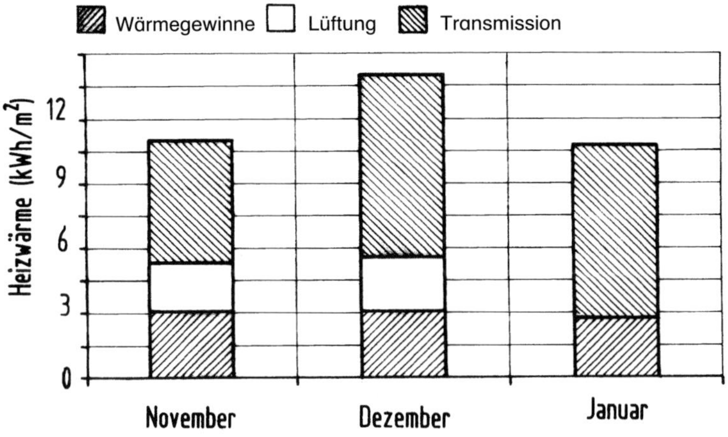

Bild 4.33: Wärmeverbrauch im Versuchshaus

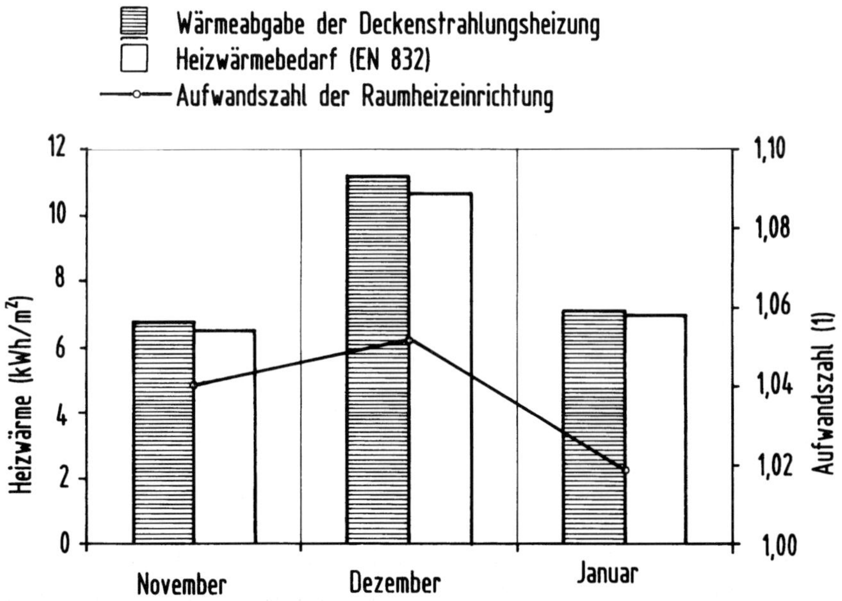

Bild 4.34: Aufwandszahlen der Deckenstrahlungsheizung

Tabelle 4.5: Aufwandszahlen nach Bach [24]. Bezüglich des Regelverhaltens eines PI-Reglers wird auf weiterführende Literatur verwiesen, z. B. [91]

Auslastung	Aufwandszahlen			
	Fußbodenheizung	Heizkörper mit Thermostatventil bei durchgehendem Betrieb (ohne Heizpausen)	Heizkörper mit Thermostatventil	Heizkörper mit PI-Regler
5 %	1,45	1,08	1,30	1,31
10 %	1,33	1,06	1,17	1,18
15 %	1,30	1,05	1,15	1,12
20 %	1,26	1,05	1,10	1,09

wärmebedarf, erhält man die Aufwandszahl der Deckenstrahlungsheizung im praktischen Betrieb. Die auf die vorstehend erläuterte Weise ermittelten Aufwandzahlen liegen zwischen 1,02 und 1,06.

Man darf die aus den Messwerten berechneten Aufwandszahlen nicht mit den Angaben der DIN 4701, Teil 10, vergleichen, da in den Normangaben der Mehrverbrauch nach Heizpausen und bei äußeren Wärmegewinnen nicht berücksichtigt ist. Die in Tabelle 4.5 genannten Aufwandszahlen gelten auch unter instationären Bedingungen. Vergleicht man die Deckenstrahlungsheizung mit den von Bach angegebenen Werten, stellt man fest, dass die in dem Versuchshaus ausgeführte Deckenstrahlungsheizung allein aufgrund der konstruktionsbedingten geringen Trägheit eine Aufwandszahl aufweist, wie sie sonst nur durch moderne Regelkonzepte erreicht werden kann.

▶ Zusammenfassung für Querleser

Die bisher üblichen Strategien zur Vorlauf- und Einzelraumregelung sind für Gebäude mit niedrigem Heizwärmebedarf nicht geeignet, da entweder Beeinträchtigungen in der Beheizbarkeit oder erhöhte Wärmeverluste zu erwarten sind. Zur Kompensation der erhöhten Bedarfspitzen nach Heizpausen werden daher neue Regelkonzepte benötigt. Daneben müssen die Raumheizeinrichtungen konstruktionsbedingt auch eine schnell regelbare Wärmeabgabe ermöglichen. Hierzu gehören eine große Spreizung, ein geringer Wasserinhalt und niedrige Systemtemperaturen.

4.4 Übertragung der Untersuchungsergebnisse auf andere Heizsysteme

4.4.1 Ableitung allgemeiner Anforderungen aus den Untersuchungsergebnissen

Aus den in Abschnitt 4.3 dargestellten Untersuchungsergebnissen lassen sich folgende allgemeine Kriterien für die Planung und Ausführung von Heizungsanlagen in Gebäuden mit niedrigem Heizwärmebedarf ableiten:

- Bei der Dimensionierung des Wärmeerzeugers und der Raumheizeinrichtungen einer Heizungsanlage sind über die Anforderungen in den Regeln der Technik [11, 21] hinausgehende Reserven zu berücksichtigen, wenn Heizpausen zu erwarten sind. Ein Verzicht auf die Leistungsreserven kann folgende Beeinträchtigungen nach sich ziehen:
  - Wärmeerzeuger/Trinkwassererwärmer
    → Unzureichende Beheizbarkeit des Gebäudes
    → Komfortverluste bei der Trinkwassererwärmung
  - Raumheizeinrichtungen
    → Eingeschränkte Brennwertnutzung
    → Kleinerer Jahresnutzungsgrad
    → Geringere Jahrsarbeitsziffer einer Wärmepumpe
- Ohne Reserven bei der Wärmeerzeugung und der Nutzenübergabe muss die Heizungsanlage durchgehend betrieben bzw. vor dem Ende einer längeren Heizpause rechtzeitig in Betrieb genommen werden, um eine ausreichende Gebäudeerwärmung zu gewährleisten.
- Der Heizbetrieb ist geprägt von kurzzeitigen Betriebsphasen mit hoher Wärmeleistung zur Gebäudeaufheizung und langen Bereitschaftszeiten. Hieraus ergeben sich folgende Anforderungen an die Komponenten:
  - Die einzelnen Komponenten einer Heizungsanlage müssen konstruktionsbedingt eine schnelle Regelbarkeit erlauben.
  - Die Regelungen müssen eine rasche Verfügbarkeit der maximalen Wärmeleistung ermöglichen (z. B. witterungsgeführte Vorlauftemperaturregelung mit Raumlufttemperaturaufschaltung).
- Warmgehende Installationsanlagen sind innerhalb der gedämmten Gebäudehülle anzuordnen, um die Anlagenverluste während der Betriebs- und Bereitschaftsphasen zu minimieren.
- Die Installationsanlagen sind entsprechend der Planung einzuregulieren. Diese in der Wissenschaft [66] bereits seit langem bekannte und in den Regeln der

Technik enthaltene Forderung [16] wird in der Praxis häufig noch nicht berücksichtigt [120].

Die vorstehenden, allgemein gehaltenen Anforderungen an Heizsysteme sind nochmals in Tabelle 4.6 dargestellt, bei der zusätzlich zwischen den Prozessbereichen Erzeugung, Verteilung und Nutzenübergabe unterschieden wird.

Tabelle 4.6: Anforderungen an Heizsysteme entsprechend der unterschiedlichen Prozessbereiche

	Planung		**Ausführung**
	Dimensionierung	**Konstruktion**	
Erzeugung	• Über die Regeln der Technik hinausgehende Leistungsreserven bei der Wärmeerzeugung. • Berücksichtigung von Leistungsreserven (Wärmeleistung oder vergrößerter Speicherinhalt) für die Trinkwassererwärmung.	• Anordnung des Wärmeerzeugers und des Trinkwassererwärmers innerhalb der gedämmten Gebäudehülle.	• Bemessung einer ausreichenden Anschlussleistung bei der Inbetriebnahme (Gas- und Fernwärmeversorgung)
Verteilung	• Bemessung des Rohrnetzes von Warmwasserheizungen auf eine große Spreizung, mit der eine möglichst niedrige Rücklauftemperatur erzielt werden kann. • Verzicht auf Heizsysteme mit ständiger Heizwasserumwälzung.	• Anordnung der Verteil-, Steig-(Fall-) und Anschlussleitungen innerhalb der gedämmten Gebäudehülle.	• Einregulierung der Teilstränge einer Warmwasserheizungsanlage, damit die projektierten Spreizungen auch erreicht werden.
Nutzenübergabe	• Dimensionierung der Raumheizeinrichtung von Warmwasserheizungen auf niedrige Rücklauftemperaturen (große Spreizungen).	• Konstruktionsbedingte, rasche Regelbarkeit – Heizkörper mit kleinem Wasserinhalt – trägheitsarme Flächenheizungen	• Einregulierung der Raumheizeinrichtungen, damit die projektierten Spreizungen auch erreicht werden.

4.4.2 Heizsysteme

4.4.2.1 Wärmeerzeuger

Regeln der Technik

Die Dimensionierung von Wärmeerzeugern erfolgt auf Grundlage der DIN 4701, der DIN 4708 und der VDI-Richtlinie 3815. Hierbei wird von stationären Bedingungen für die Berechnung der maximalen Wärmeleistung ausgegangen. Die Norm-Heizlast ergibt sich für eine Norm-Außentemperatur, die auf Grundlage des lokalen, niedrigsten Zweitagesmittelwertes berechnet wird. Der Zweitagesmittelwert wird in Abhängigkeit von der Speicherfähigkeit und der Wärmedämmung eines Gebäudes um 0 bis 4 K nach oben korrigiert. Außerdem sind für besondere geographische Lagen, wie z. B. Ballungsräume, weitere Leistungsreduzierungen zulässig.

Bereits der Wärmebedarf von Gebäuden nach der Wärmeschutzverordnung von 1995 ist so gering, dass zur Gebäudebeheizung nur noch eine geringe Wärmeleistung benötigt wird. Wenn von dem Wärmeerzeuger auch noch das Trinkwasser erwärmt werden soll, muss die Wärmeleistung des Wärmeerzeugers erhöht werden. Ansonsten sind Beeinträchtigungen des Komforts in Form von Störungen des Heizbetriebs oder einer unzureichenden Versorgung mit erwärmtem Trinkwasser unvermeidbar [118]. Die Dimensionierung des Wärmeerzeugers erfolgt auf Grundlage der Gebäudeheizlast. Hierauf sind abhängig vom Speicherinhalt Zuschläge für die Trinkwassererwärmung anzurechnen [13, 21]. In Tabelle 4.7 sind die notwendigen Zusatzwärmeleistungen je nach Wohnungszahl von Mehrfamilienhäusern dargestellt.

Gebäude mit niedrigem Heizwärmebedarf

Bei den Messungen in dem Versuchshaus wurden nach Heizpausen Leistungsspitzen registriert, die oberhalb der Norm-Heizlast lagen. Mit einem auf die Norm-Heizlast ausgelegten Wärmeerzeuger hätten diese Leistungsspitzen nicht gedeckt werden können. Der Umkehrschluss, dass mit einem auf die Norm-Heizlast ausgelegten Heizkessel ein Gebäude nicht ausreichend beheizbar ist, ist jedoch nicht zulässig, da sich bei einem Verzicht auf die Heizpausen auch keine über die Norm-Heizlast hinausgehende Spitzenlasten einstellen werden. Bei fehlenden Leistungsreserven müssen aber die täglichen Heizpausen verkürzt werden. Außerdem muss der Wärmeerzeuger nach längeren Heizpausen, wie z. B. nach dem Wochenende oder nach einem Urlaub, früher in Betrieb genommen werden, um ein Gebäude auf die Soll-Temperatur zu erwärmen.

Tabelle 4.7: Zusatzwärmeleistungen für die Trinkwassererwärmung nach der VDI-Richtlinie 3815 [21]

Wohneinheiten	**VDI 3815 [21]**	
	Wärmeleistung Trinkwassererwärmung	**Speichergröße**
1	3,1	112 l
2	4,7	152 l
3	6,2	182 l
4	7,7	208 l
5	8,9	231 l
6	10,2	252 l
7	11,4	272 l
8	12,6	291 l
9	13,8	309 l
10	15,1	326 l
11	17,3	358 l
12	19,5	374 l

Solange die Dimensionierung des Wärmeerzeugers von der Länge der Heizpausen beeinflusst wird, drängt sich unmittelbar die Frage nach dem mit den Heizpausen verbundenen Einsparpotential auf. Das Ergebnis der hierzu durchgeführten thermischen Simulationsberechnungen ist in den Bildern 4.35 und 4.36 dargestellt. Es zeigt sich, dass durch tägliche Heizpausen – gleichgültig, ob ein Gebäude in Massiv- oder in Leichtbauweise errichtet wurde, und unabhängig von der Länge der Heizpause – der Heizwärmebedarf nicht verringert werden kann. Der vernachlässigbare Einfluss der täglichen Heizpausen auf den Heizwärmebedarf ist auf die folgenden Effekte zurückzuführen:

- Aufgrund der erhöhten Wärmedämmung und der Wärmegewinne wird die Raumtemperatur während der täglichen Heizpausen nur geringfügig gesenkt. Wenn dagegen während mehrerer Tage, z. B. über das Wochenende, die Gebäudeheizung unterbrochen wird, ist eine nennenswerte Energieeinsparung beobachtbar. Erst durch diese Maßnahme wird die Raumtemperatur so weit reduziert, dass hierdurch auch die Transmissionsheizlast spürbar beeinflusst wird.

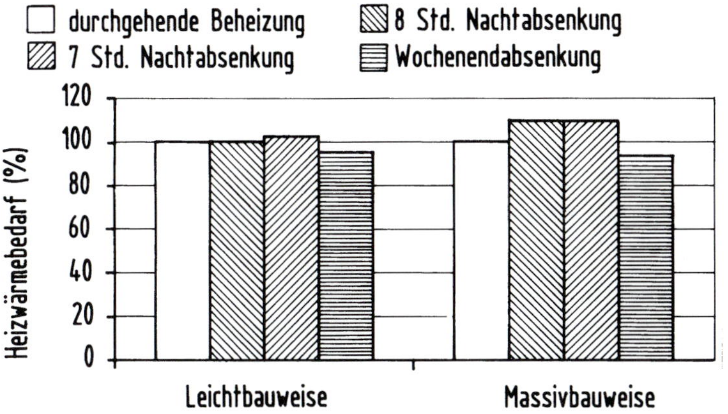

Bild 4.35: Auswirkungen der Länge der Nachtabsenkung und der Wochenendabsenkung auf den Heizwärmebedarf

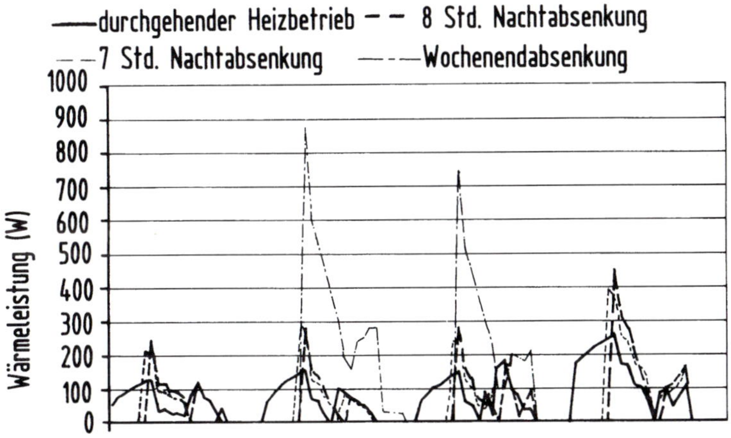

Bild 4.36: Zeitlicher Verlauf der Wärmeabgabe in Abhängigkeit zu den Heizpausen

- Die tägliche Absenkung der Raumtemperatur außerhalb der Nutzungszeiten bewirkt nur in uneingeschränkt beheizten Daueraufenthaltsräumen wie Wohn- und Kinderzimmern eine Verringerung des Heizwärmebedarfs. In Schlafzimmern, die meist ganztägig eingeschränkt beheizt werden, können die Transmissionswärmeverluste durch eine Absenkung der Raumtemperatur in den Nachtstunden nicht verringert werden.

- Die inneren und äußeren Wärmegewinne sind in Niedrigenergiehäusern aufgrund der erhöhten Wärmedämmung meist auch noch zu Beginn der täglichen Nachtabsenkung wirksam. Insoweit stören bzw. reduzieren diese Wärmegewinne in eingeschränkt beheizten Gebäuden das mit der Nachtabsenkung verbundene

Einsparpotenzial, indem sie einer Verringerung der Raumtemperatur zu Beginn der Nachtabsenkung entgegenwirken. Dagegen erhöht sich in gleicher Weise in durchgehend beheizten Gebäuden der Deckungsgrad der inneren und äußeren Wärmegewinne.

Wenn von dem Wärmeerzeuger auch noch zentral das Trinkwasser erwärmt werden soll, so sind bei der Dimensionierung des Wärmeerzeugers und des Trinkwassererwärmers die beiden folgenden Strategien möglich:

- Wenn bei der Dimensionierung eines Wärmeerzeugers Leistungsreserven zur Gebäudeaufheizung berücksichtigt werden, so kann der Inhalt des Speicher-Trinkwasserwärmers verringert werden. Außerhalb der Zeiträume für die Gebäudeaufheizung können die Leistungsreserven zur Trinkwassererwärmung genutzt werden. Für Einfamlien- und Reihenhäuser sowie Doppelhaushälften hat sich die Kombination aus einem gas- oder ölbefeuerten Heizkessel mit einer Nennwärmeleistung von 16 kW und einem Speicherwassererwärmer mit mindestens 150 l Inhalt in der Praxis als ausreichend erwiesen [120].
- Für Mehrfamilienhäuser kann die Zusatz-Wärmeleistung zur Gebäudeaufheizung nach Heizpausen pauschal nicht angegeben werden. Diese Zusatzwärmeleistung ist zum einen von Nutzungsgewohnheiten abhängig. Hierzu gehören die internen Wärmegewinne und die Länge der Heizpausen. Zum anderen wird die Zusatzwärmeleistung auch noch von der Konstruktion der Gebäude und der Heizungsanlage beeinflusst. Da in den Regeln der Technik auf die vorstehende Problematik nicht näher eingegangen wird, ist eine exakte Bestimmung der Zusatz-Wärmeleistung derzeit im Planungsstadium lediglich durch eine thermische Gebäudesimulation möglich. Für Wohn- und einfachere Bürogebäude scheidet eine derartige Vorgehensweise wegen der im Allgemeinen während der Planung und Vergabe noch unbekannten Nutzer aus. Insoweit besteht für derartige Gebäude derzeit ein Bedarf, dass durch entsprechende noch zu formulierende Regeln der Technik die Aufheizzeiten und die hier resultierenden Leistungsspitzen festgelegt werden.
- Ohne Berücksichtigung von Leistungsreserven kann die Trinkwasserwärmung nur während der Zeiträume stattfinden, in denen keine Gebäudeheizung benötigt wird. Der Trinkwassererwärmer ist zur Gewährleistung einer ausreichenden Versorgungssicherheit für den Zeitraum zwischen zwei Heizpausen, in der Regel 16 Stunden, zu dimensionieren. Diese Art der Dimensionierung wird für Wärmeerzeuger verwendet, bei denen Leistungsreserven mit nicht mehr vertretbaren, zusätzlichen Investitionskosten verbunden sind. Hierzu gehören Wärmepumpen [117]. Die Erfahrung hat gezeigt, dass für ein Einfamilienhaus ein Speicherinhalt von 300 l ausreichend ist. Bei Mehrfamilienhäusern muss zusätzlich überprüft werden, ob die Heizleistung des Wärmeerzeugers ausreichend ist, um den Trinkwassererwärmer in den Heizpausen zu erwärmen. Außerdem

sind dann zusätzliche Leistungsreserven vorzuhalten, wenn der Wärmeerzeuger elektrischen Strom im Niedertarif bezieht, z. B. Wärmepumpe mit Pufferspeicher, um die Heizpausen während der Hochtarifzeiten zu überbrücken.

Anordnung

Generell liegen in Gebäuden mit geringem Heizwärmebedarf lange Bereitschafts- und kurze Betriebszeiten vor (siehe Bild 4.30). Insoweit sollte ein Wärmeerzeuger grundsätzlich innerhalb der wärmegedämmten Hüllfläche angeordnet werden, damit die Bereitschaftsverluste zumindest noch teilweise der Gebäudeheizung zu Gute kommen. Wenn ein Wärmeerzeuger auf die Norm-Heizlast ausgelegt wird, verlängern sich die Betriebszeiten zusätzlich, da die Heizpausen entfallen. Für Heizungsanlagen mit einem auf die Norm-Heizlast ausgelegten Wärmeerzeuger ist es daher besonders wichtig, dass die Bereitschaftsverluste weiter verringert werden.

▶ Zusammenfassung für Querleser

Die tägliche Betriebsweise einer Heizungsanlage, durchgehend oder intermittierend in Form einer Nachtabsenkung, weist keinen Einfluss auf den Heizwärmebedarf auf. Erst wenn die Heizungsanlage mehrere Tage, am Wochenende oder während des Urlaubs, außer Betrieb genommen wird, reduziert sich auch der Heizwärmebedarf. Damit ist die Dimensionierung des Wärmeerzeugers vor allem abhängig von dessen Investitionskosten. Bei Wärmeerzeugern mit niedrigen Investitionskosten können für einen intermittierenden Heizbetrieb Reserven berücksichtigt werden. Mit diesen Reserven ist auch eine Verbesserung des Komforts in Form geringerer Aufheizzeiten verbunden. Dagegen sind Wärmeerzeuger mit hohen Investitionskosten (Wärmepumpe, BHKW) durchgehend zu betreiben.

4.4.2.2 Verteilung

Einrohrsystem

Das Einrohrsystem zeichnet sich durch eine ständig durchströmte Ringleitung aus (Bild 4.37). Gerade in Gebäuden mit niedrigem Wärmebedarf kann die Wärmeabgabe der Ringleitung zu folgenden Problemen führen:

- Tagsüber, wenn die inneren und äußeren Wärmegewinne wirksam werden, wird in den Daueraufenthaltsräumen keine Heizungsanlage benötigt. Durch die zu-

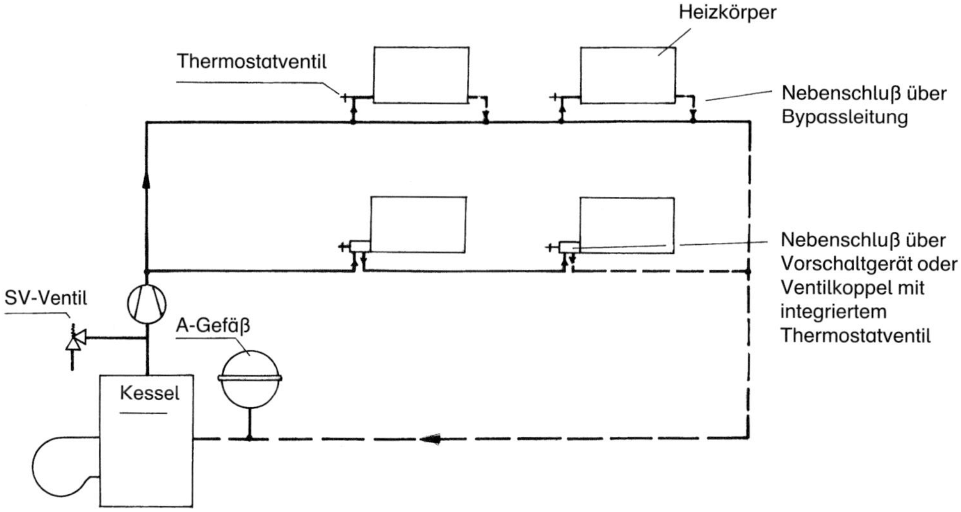

Bild 4.37: Einrohrsystem

sätzliche Wärmeabgabe der Ringleitung wird der Deckungsgrad der Wärmegewinne am Gebäudewärmebedarf reduziert und damit der Heizenergiebedarf erhöht. Wenn z. B. das im Rahmen dieser Arbeit vorgestellte Versuchshaus mit einer Einrohrheizung ausgerüstet gewesen wäre, hätte sich der Heizenergieverbrauch um 5 kWh/(m^2a) vergrößert.

- Bei ungeschickter Anordnung der Ringleitung innerhalb der Fußbodenkonstruktion kann in Mehrfamilienhäusern die Wärmeabgabe der Ringleitung anderen Nutzeinheiten zu Gute kommen (Bild 4.38). In [120] wird berichtet, dass in Extremfällen die Wärmeabgabe der Ringleitung zur Beheizung einer darunterliegenden Nachbarwohnung ausreicht. Insoweit können mit der Wärmeabgabe der Ringleitung auch Probleme bei der Heizkostenverteilung in Niedrigenergiehäusern verbunden sein.

Ein weiterer Nachteil der Einrohrheizung besteht darin, dass das Rohrnetz nur auf geringe Spreizungen zwischen 10 und 20 K ausgelegt werden kann. Ansonsten würden am Ende der Ringleitung wegen der dort vorhandenen geringen Vorlauftemperatur voluminöse Heizkörper benötigt werden. Die Brennwertnutzung kann daher nicht über eine Absenkung der Rücklauftemperaturen realisiert werden. Vielmehr sind die Vorlauf- und die Rücklauftemperaturen der Ringleitung entsprechend niedrig auszulegen.

Durch die ständige Durchströmung der Ringleitung ergeben sich auch hohe elektrische Verbräuche für die Heizungsumwälzpumpe, da deren Leistungsaufnahme im Teillastbetrieb nicht reduziert werden kann.

a) Ungewollte Deckenstrahlungsheizung

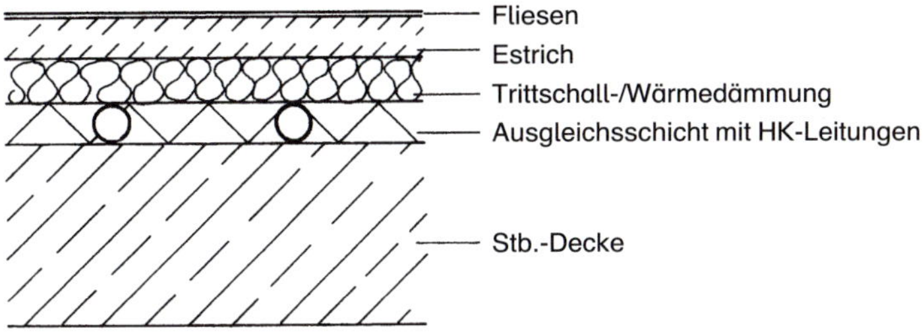

b) Ungewollte Fußbodenheizung

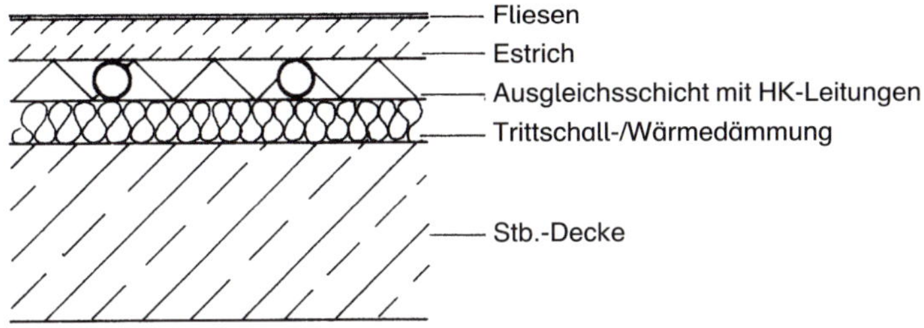

c) Geringe Wärmeverluste der HK-Anschlußleitung

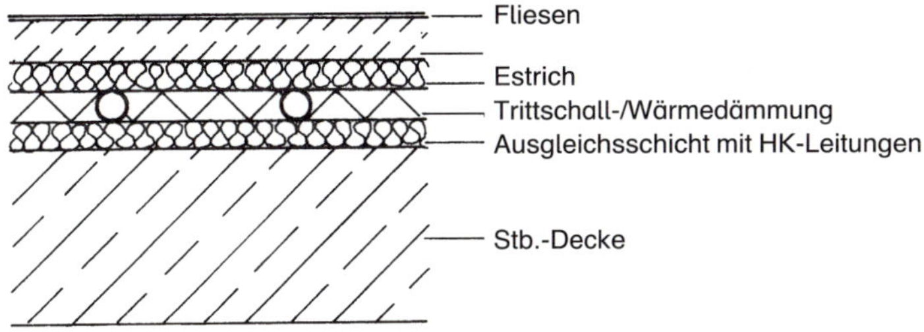

Bild 4.38: Wärmeübertragung von Anschlussleitungen in der Fußbodenkonstruktion auf angrenzende Nutzeinheiten

Wenn die vorstehend erläuterten Probleme im Zusammenhang mit den Einrohrsystemen berücksichtigt werden, erscheint der Einsatz einer Einrohrheizung in Gebäuden mit niedrigem Heizwärmebedarf aus ökologischen Gründen nicht gerechtfertigt.

Zweirohrsystem

Bei den Zweirohrheizungen muss zwischen Systemen unterschieden werden, bei denen jeder Heizkörper mit eigenen Anschlussleitungen an den Verteiler/Sammler

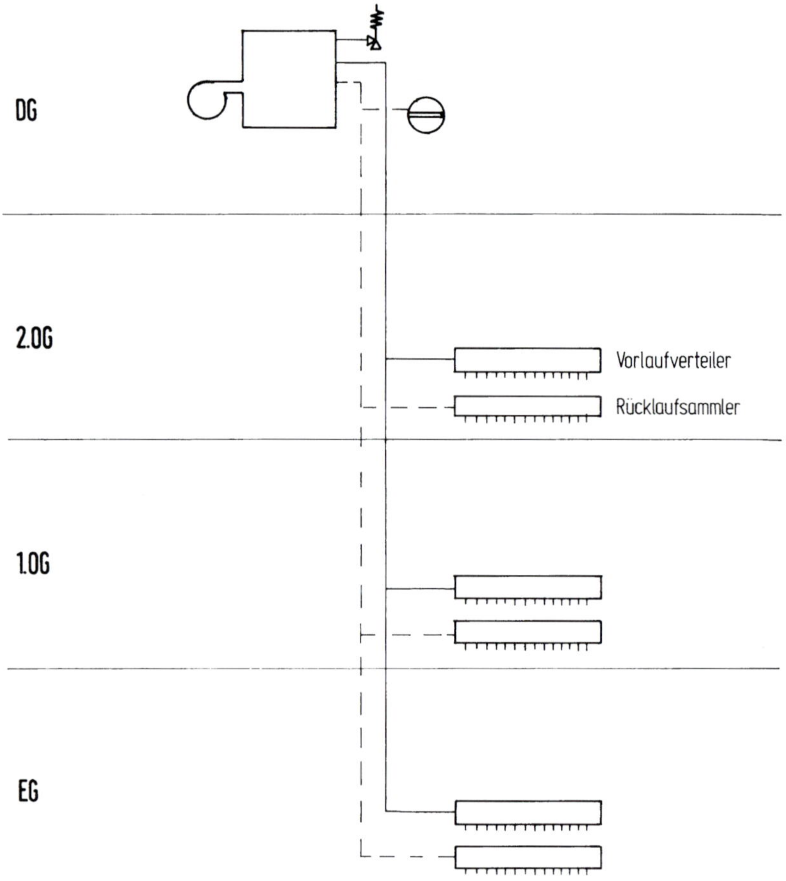

Bild 4.39: Zweirohrsystem mit wohnungsinternem bzw. geschossweisem Verteiler

angeschlossen ist (Bild 4.39), und den Systemen, bei denen eine gemeinsame Vorlauf- und eine Rücklaufleitung von Heizkörper zu Heizkörper verschleift ist (Bild 4.40). Das letztere System ist mit der Einrohrheizung (Bild 4.37) vergleichbar, da bereits bei der Wärmeabgabe eines Heizkörpers eine durchströmte Ringleitung gegeben ist.

Zweirohrheizungen mit zentralem Verteiler weisen in Bezug auf den Einsatz in Gebäuden mit geringem Heizwärmebedarf folgende Vorteile auf:

- Die Wärmegabe erfolgt hauptsächlich über die Heizkörper.
- Die Heizkörperanschlussleitungen geben nur dann Wärme ab, wenn von der zugehörigen Einzelraumregelung, in der Regel handelt es sich hierbei um ein Thermostatventil, auch eine Heizanforderung signalisiert wird. Insoweit trägt

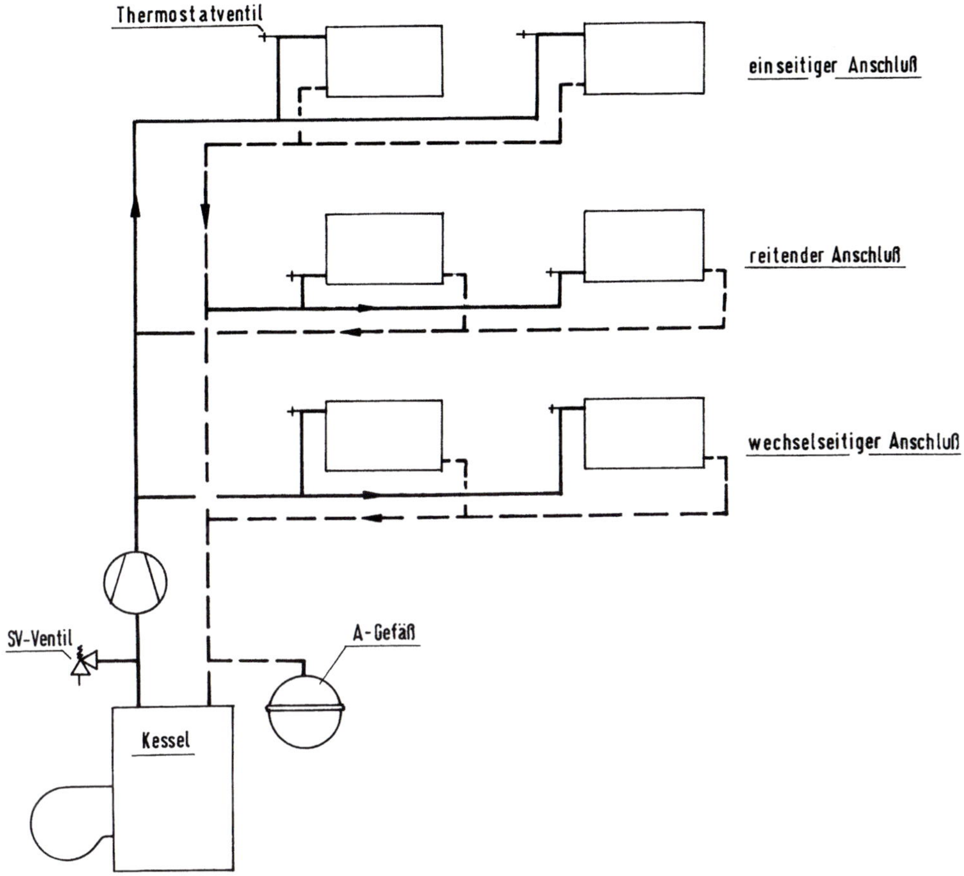

Bild 4.40: Zweirohrsystem mit gemeinsamer Vor- und Rücklaufleitung

die Wärmeabgabe der Heizkörperanschlussleitungen fast vollständig zur Gebäudeheizung bei.

- Das Rohrnetz kann für größere Spreizungen dimensioniert werden.

Die Dimensionierung eines Rohrnetzes auf große Spreizungen ist bei der Kombination eines Gas- oder Ölheizkessels mit Brennwertnutzung einerseits und Heizkörpern andererseits besonders wichtig. In den Abschnitten 4.3.1 und 4.3.2 wurde nachgewiesen, dass die Raumheizeinrichtungen hauptsächlich als Restheizung zur Raumerwärmung nach Heizpausen benötigt werden. Hierbei wird die Heizung fast ausschließlich mit der Auslegungsvorlauftemperatur betrieben. Solange die Auslegungsvorlauftemperatur und die zugehörige Rücklauftemperatur oberhalb der Taupunkttemperatur des Wasserdampfs im Abgas (Tabelle 4.8) liegen, ist keine Brennwertnutzung möglich.

Tabelle 4.8: Mittlere Taupunkttemperatur des Wasserdampfs im Abgas verschiedener Brennstoffe für einen CO_2-Gehalt von 9,5 % im Abgas [90]

Brennstoff	Taupunkttemperatur
Erdgas	54 °C
Flüssiggas	54 °C
Erdöl	42 °C

Anordnung

Für die Anordnung der Verteil- und Steigleitungen einer Heizungsanlage gelten dieselben Anforderungen wie für Wärmeerzeuger (vgl. Abschnitt 4.4.2.1).

Anforderungen

Für Rohrnetze von Zentralheizungen mit Gas- oder Öl-Brennwertkesseln als Wärmeerzeuger und Heizkörpern als Raumheizeinrichtungen ergeben sich damit die folgenden Forderungen:

- Dimensionierung
  - Die Rohrnetze müssen auf eine Spreizung ausgelegt sein, die bereits für den Auslegungszustand eine Brennwertnutzung erlaubt.
- Konstruktion
  - Es sind geregelte Umwälzpumpen einzusetzen, damit auch in der Übergangszeit oder bei einem örtlich eingeschränkten Heizbetrieb die entsprechenden Spreizungen erreicht werden.
  - Bei ausgedehnten Rohrnetzen in Mehrfamilienhäusern ist durch Differenzdruckregelungen sicherzustellen, dass auch bei Teillastbetrieb jeder Strang nur entsprechend der erforderlichen Heizlast beaufschlagt wird.
  - Die Heizkörperanschlussleitungen sind zu den Nachbarwohnungen hin zu dämmen (Bild 4.38).
- Ausführung
  - Die horizontalen Verteil- und Steigleitungen sind hydraulisch abzugleichen.
  - Die Einzelanschlussleitungen sind hydraulisch abzugleichen.

Die vorstehenden Anforderungen an die Ausführung und Konstruktion des Rohrnetzes sind bereits lange bekannt [16, 29, 66, 122]. In der Praxis haben sich diese Anforderungen meist aus Kostengründen noch nicht durchsetzen können [120]. Früher wurde die unzureichende Einregulierung jedoch nicht wegen des Energiemehrverbrauchs, sondern wegen der sich in den Einzelanschlussleitungen und Thermostatventilen auftretenden zu hohen Strömungsgeschwindigkeiten bemängelt, die als störende Geräusche wahrgenommen wurden [120].

▶ Zusammenfassung für Querleser

Warmwasser-Zentralheizungen mit Heizkörpern als Raumheizeinrichtungen sind als Zweirohrheizungen mit zentralem Wohnungsverteiler auszuführen, da hierdurch die Verteilungsverluste wesentlich reduziert werden. Bei der Dimensionierung des Rohrnetzes muss eine möglichst große Spreizung berücksichtigt werden, damit während der für Gebäude mit niedrigem Heizwärmebedarf signifikanten Aufheizphasen eine Brennwertnutzung noch möglich ist.

4.4.2.3 Raumheizeinrichtungen

Anordnung im Raum

In Abschnitt 3.2.5 wurde nachgewiesen, dass sich während der Heizperiode in Gebäuden mit niedrigem Heizwärmebedarf die raumseitigen Oberflächentemperaturen der Raumlufttemperatur angleichen. Insoweit bedarf es aus Gründen der thermischen Behaglichkeit nicht mehr der thermischen Abschirmung der Verglasungen durch darunter angeordnete Heizkörper [41, 56, 95]. Wenn keine Außenluftinfiltration über Fugen, geöffnete Fenster oder Außenwand-Luftdurchlässe gegeben ist, ist sogar eine Anordnung der Heizkörper an Innenwänden möglich.

In Gebäuden mit natürlicher Belüftung oder mechanischen Abluftanlagen empfiehlt es sich jedoch weiterhin die Heizkörper vor oder unterhalb der Fenster bzw. unterhalb der Außenwand-Luftdurchlässe anzuordnen. Hierdurch werden die sich beim Lüften auftretenden Zugerscheinungen abgemildert bzw. sogar verhindert (siehe Abschnitt 5.2.2). Gleichzeitig sinkt die Aufwandszahl der Nutzenübergabe [11.5], wodurch der Heizenergiebedarf reduziert wird.

Fußbodenheizung

Bei der Fußbodenheizung handelt es sich um eine in Wohngebäuden langjährig erprobte Raumheizeinrichtung [19]. Für den Einsatz der Fußbodenheizung in Niedrigenergiehäusern sprechen folgende Argumente:

- Durch die niedrigen Vorlauftemperaturen einer Fußbodenheizung ergeben sich hohe Wirkungsgrade bei Brennwertgeräten bzw. hohe Arbeitszahlen bei Wärmepumpen.

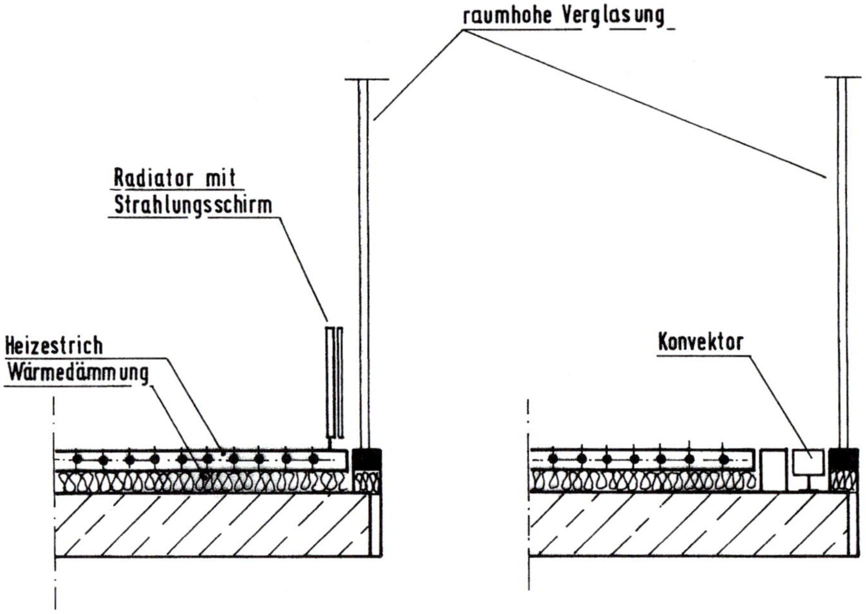

Bild 4.41: Konventionelle Fußbodenheizung mit Heizkörpern oder Konvektoren zur Abschirmung von Zugerscheinungen bei Verglasungen mit zu großer Wärmedurchgangszahl

- Bei einer Fußbodenheizung stellt sich nur ein geringer Raumtemperaturgradient ein, was als besonders behaglich empfunden wird.

Die derzeit üblichen Konstruktionen sind in Bild 4.41 dargestellt. Daneben werden auch Sonderkonstruktionen ausgeführt, die aus unmittelbar unterhalb des Fußbodenoberbelags verlegten Kapillarrohrmatten oder Systemplatten bestehen. Die Lastverteilung erfolgte über Stahlbleche.

Der Nachteil der Fußbodenheizung besteht in der Trägheit bei der Wärmeabgabe. Aus den Untersuchungsergebnissen im Zusammenhang mit der Deckenstrahlungsheizung muss man schließen, dass Raumheizeinrichtungen für Gebäude mit niedrigem Heizwärmebedarf zum einen kleine Aufheizzeiten aufweisen müssen. Zum anderen muss bei plötzlich einsetzenden Wärmegewinnen die Wärmeabgabe schnell gedrosselt werden können, um ein Überheizen zu vermeiden. Mit herkömmlichen Konstruktionen können weder kurze Aufheizzeiten erreicht, noch kann die Wärmeabgabe rasch verringert werden. Dies gilt jedoch nicht für unmittelbar unterhalb des Fußbodenoberbelags angeordnete Sonderkonstruktionen (Bild 4.42). Für derartige Sonderkonstruktionen wird von Aufheizzeiten berichtet [50], die kleiner als eine halbe Stunde sind (Bild 4.43).

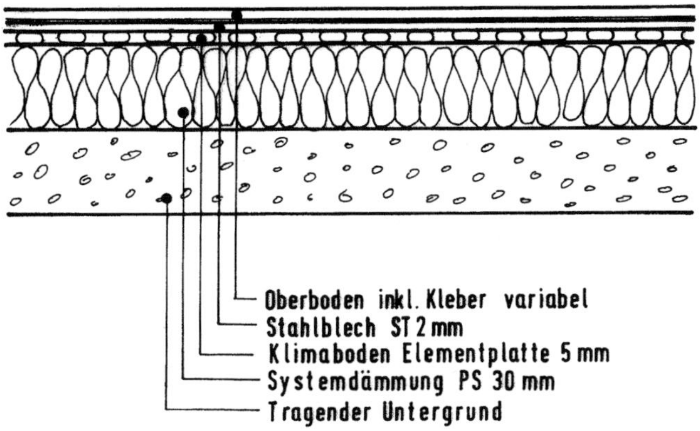

Bild 4.42: Alternatives Konzept für die Fußbodenheizungen

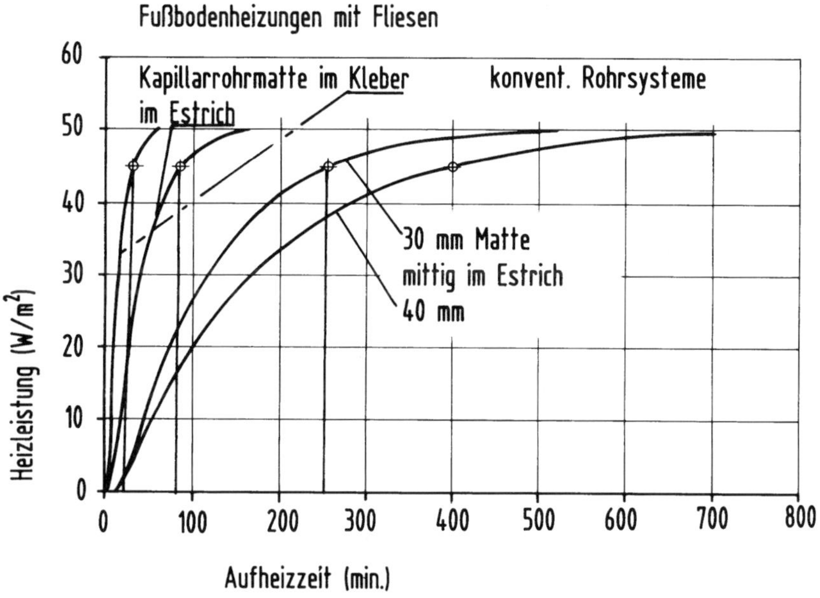

Bild 4.43: Aufheizzeiten für Fußbodenheizungen [50]

In Gebäuden, deren Konstruktion und Architektur konsequent auf die passive Sonnenenergienutzung ausgerichtet ist (vgl. Abschnitt 3.2.4), würde eine konventionelle Fußbodenheizung zu einem Zielkonflikt in der Nutzung der Fußbodenkonstruktion führen. Bei der passiven Sonnenenergienutzung erfolgt die Speicherung der Sonneneinstrahlung hauptsächlich und zuerst in der Fußbodenkonstruktion (Bild 4.44) [119]. Wenn die Fußbodenkonstruktion bereits als aktive Heizfläche genutzt wird, verringert sich die zur Speicherung der Sonneneinstrahlung verfüg-

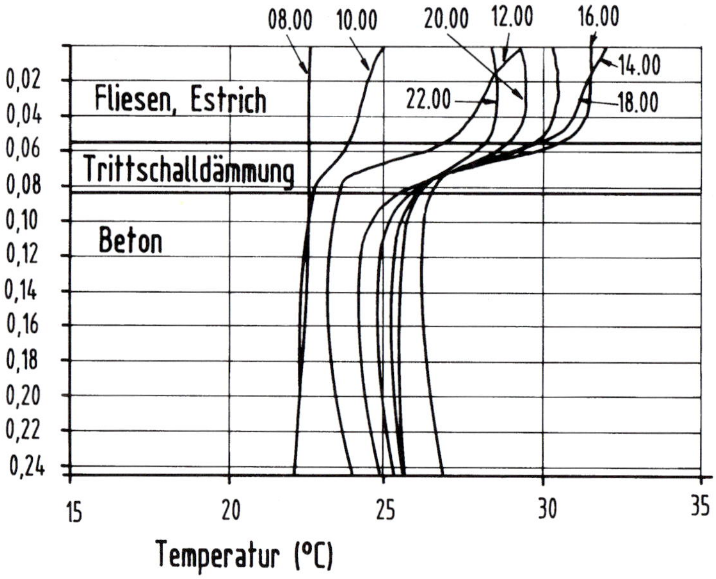

Bild 4.44: Einspeicherung der Sonneneinstrahlung in die Fußbodenkonstruktion [119]

bare Wärmekapazität. Daher ist bei den trägen, konventionellen Fußbodenheizungen mit einer zusätzlichen Überwärmung der südorientierten Räume und einer Verringerung des solaren Deckungsgrades zu rechnen. In der Fachliteratur wird daher die Fußbodenheizung als ein für Niedrigenergiehäuser mit hohem solaren Deckungsgrad ungeeignetes Heizsystem bezeichnet [30]. Diese Einschätzung kann sich allerdings nur auf konventionelle Fußbodenheizungen beziehen. Mit der in Bild 4.44 dargestellten Sonderkonstruktion werden die vorstehend erläuterten Nachteile der Fußbodenheizung vermieden.

Heizkörper

In Abschnitt 4.3.2 wurde nachgewiesen, dass die maximale Wärmeleistung der Raumheizeinrichtungen nahezu unabhängig von der Außentemperatur zur Gebäudeerwärmung nach Heizpausen benötigt wird. Die zur Aufheizung benötigten Leistungsreserven werden am kostengünstigsten dadurch bewirkt, dass die Vorlauftemperatur angehoben wird. Für eine Raumbeheizung mittels Heizkörpern bedeutet dies, dass das früher im Zusammenhang mit dem Einsatz von Wärmepumpen oder der Brennwertnutzung zu hörende Argument, bei mäßigeren Außentemperaturen würde die Aufwandszahl eines Wärmeerzeugers sinken bzw. der Nutzungsgrad eines Brennwertkessels oder die Leistungszahl einer Wärmepumpe steigen, fast vollständig an Bedeutung verliert.

Wenn der Wärmeerzeuger eine Brennwertnutzung zulässt, muss die Rücklauftemperatur bereits für den Auslegungszustand entsprechend niedrig gewählt werden. Damit kann die in Abschnitt 1.4 gestellte Frage nach der Dimensionierung von Heizkörpern aus praktischen Erwägungen heraus dahingehend beantwortet werden, dass möglichst niedrige Rücklauftemperaturen gewählt werden sollten. Bereits unter Auslegungsbedingungen sollte ein Brennwertbetrieb (siehe Tabelle 4.7) möglich sein.

Wandheizungen

Die Wandheizung stellt wegen der niedrigen Vorlauftemperaturen aus thermodynamischer und physiologischer Sicht ein besonders günstiges Heizsystem dar [67]:

- Es sind nur geringe Wärmeverluste von der Erzeugung über die Verteilung bis hin zur Nutzenübergabe vorhanden. Damit sinken auch die Aufwandszahlen.
- Die Wandheizung wird als besonders behaglich empfunden [38].
- Bei der Kombination mit einem Brennwertkessel bzw. einer Wärmepumpe ergeben sich besonders niedrige Aufwandszahlen bzw. entsprechend hohe Jahresnutzungsgrade.
- Bei einer Anordnung innerhalb des Innenputzes stellen sich geringe Aufheizzeiten ein, die mit den hier vorgestellten Ergebnissen zur Deckenstrahlungsheizung vergleichbar sind.

Gegen eine Wandheizung sprechen vor allem folgende, praktische Argumente:

- Die Wärmeleistung der Wandheizung kann durch eine davor angeordnete Möblierung fast bis auf Null reduziert werden [120]. Dieser Nachteil besteht im Falle der Deckenstrahlungsheizung nicht.
- Die nachträgliche Befestigung von Regalen und Bildern an der Wand ist wegen der Gefahr von Wasserschäden fast nicht möglich.
- Wenn Heizflächen in Außenwände integriert werden, können sich zusätzliche Wärmeverluste ergeben. Für eine Heizmitteltemperatur von 30 °C, einer mittleren Außentemperatur von 6 °C und einem Wärmedurchgangskoeffizient von $U = 0{,}15\ \mathrm{W/(m^2K)}$ betragen die zusätzlichen Wärmeverluste 71 %.

▶ Zusammenfassung für Querleser

Neben der Deckenstrahlungsheizung stellen Heizkörper eine für Gebäude mit niedrigem Heizwärmebedarf ideale Form der Raumheizeinrichtung dar. Daneben eignen sich auch Sonderkonstruktionen für Fußbodenheizungen, die durch schnelle Aufheizzeiten gekennzeichnet sind. Bei den herkömmlichen Systemen der Fußbodenheizung besteht die Gefahr, dass der Deckungsgrad der Sonneneinstrahlung sinkt. Außerdem sind die Aufheizzeiten so groß, dass mit der Fußbodenheizung die für Niedrigenergiehäuser geforderte schnelle Regelbarkeit nicht erreicht wird. Die Wandheizung wäre bei ausschließlicher Berücksichtigung der thermodynamischen Eigenschaften ebenfalls für den Einsatz in Niedrigenergiehäusern geeignet. Gegen einen Einsatz sprechen vor allem praktische Argumente.

5 Lüftung

5.1 Systeme

Bei den Systemen zur Lüftung von Wohngebäuden unterscheidet man zwischen der natürlichen Lüftung über Fenster, Schächte und Außenwand-Luftdurchlässe einerseits und der mechanischen Wohnungslüftung mit oder ohne Wärmerückgewinnung andererseits (Bild 5.1). Eine präzise Trennung zwischen beiden Systemen, die natürliche und die mechanische Wohnungslüftung, ist nicht möglich, da beide Systeme auch kombiniert werden können. Die in Deutschland am weitesten verbreitete Kombination aus natürlicher und mechanischer Lüftung stellt die mechanische Entlüftung innenliegender Bäder und Toiletten mit Einzellüftern an Sammelschächten und die Außenluftnachströmung über natürlich belüftete Aufenthaltsräume dar.

Die Systeme der mechanischen Wohnungslüftung mit Wärmerückgewinnung unterteilen sich nochmals in entsprechende Anlagentypen (Bild 5.2). Unterscheidungskriterien sind bisher die Konstruktion der Wärmerückgewinner sowie die zentrale oder dezentrale Anordnung der Lüftungsgeräte. In Abschnitt 5.3.3.6 werden die Luftwechselzahl und die Luftführung als ein weiteres Unterscheidungsmerkmal eingeführt. Bild 5.3 zeigt die bisher in der Praxis häufig vorkommenden Anlagentypen schematisch.

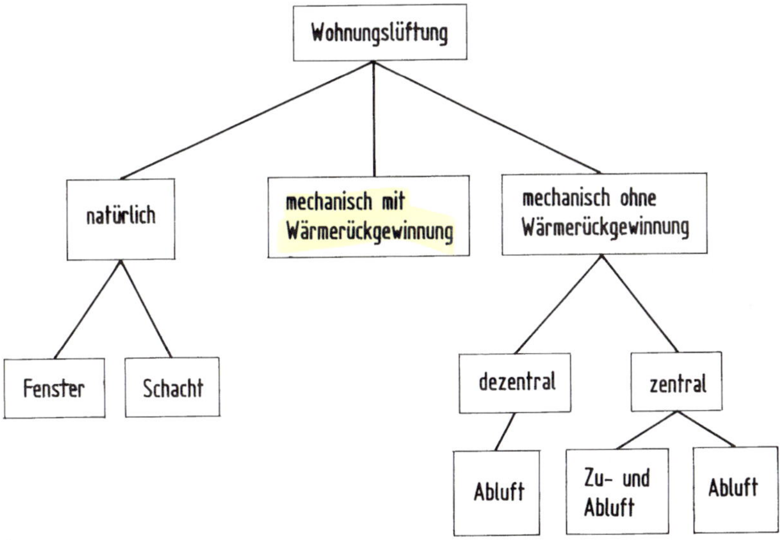

Bild 5.1: Systeme zur Wohnungslüftung (natürlich und mechanisch) [91]

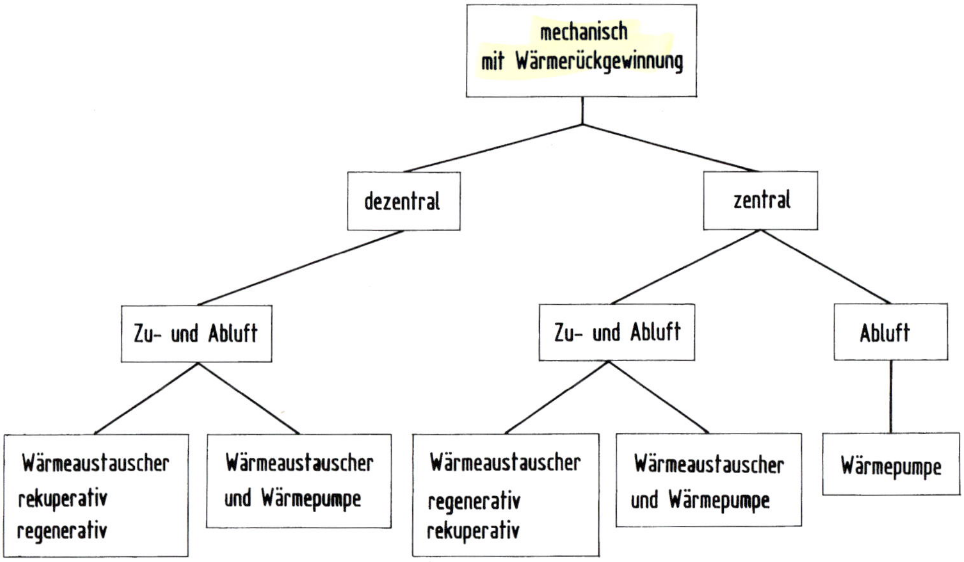

Bild 5.2: Systeme zur mechanischen Wohnungslüftung [91]

5.2 Freie Lüftung

5.2.1 Fensterlüftung

5.2.1.1 Baurechtliche Forderungen

Aufenthaltsräume in Wohngebäuden sind auf Grundlage des gültigen Baurechts mit öffenbaren Fenstern auszustatten [27]. Die Landesbauordnungen räumen damit der Fensterlüftung eine herausragende Stellung im Zusammenhang mit der Außenluftversorgung und der Lastabführung in Wohngebäuden ein. Erst bei einer davon abweichenden Gebäudenutzung erlauben die Bauordnungen der Länder eine mechanische Lüftung zur Sicherstellung des Mindest-Außenluftvolumenstroms.

5.2.1.2 Lastabführung

Die Fensterlüftung hat folgende Aufgaben:

- Durch die Raumlufterneuerung über die Fensterlüftung werden die Stofflasten aus dem Gebäudeinnern ins Freie abgeführt. Zu den Stofflasten gehören die von Menschen und Haustieren durch Ausatmen und Ausdünstungen abgegebenen chemischen Verbindungen, die von den Baustoffen und der Möblierung freigesetzten Substanzen und die bei der Gebäudenutzung an die Raumluft abgegebenen Produkte, wie z. B. beim Kochen freigesetzter Wasserdampf.

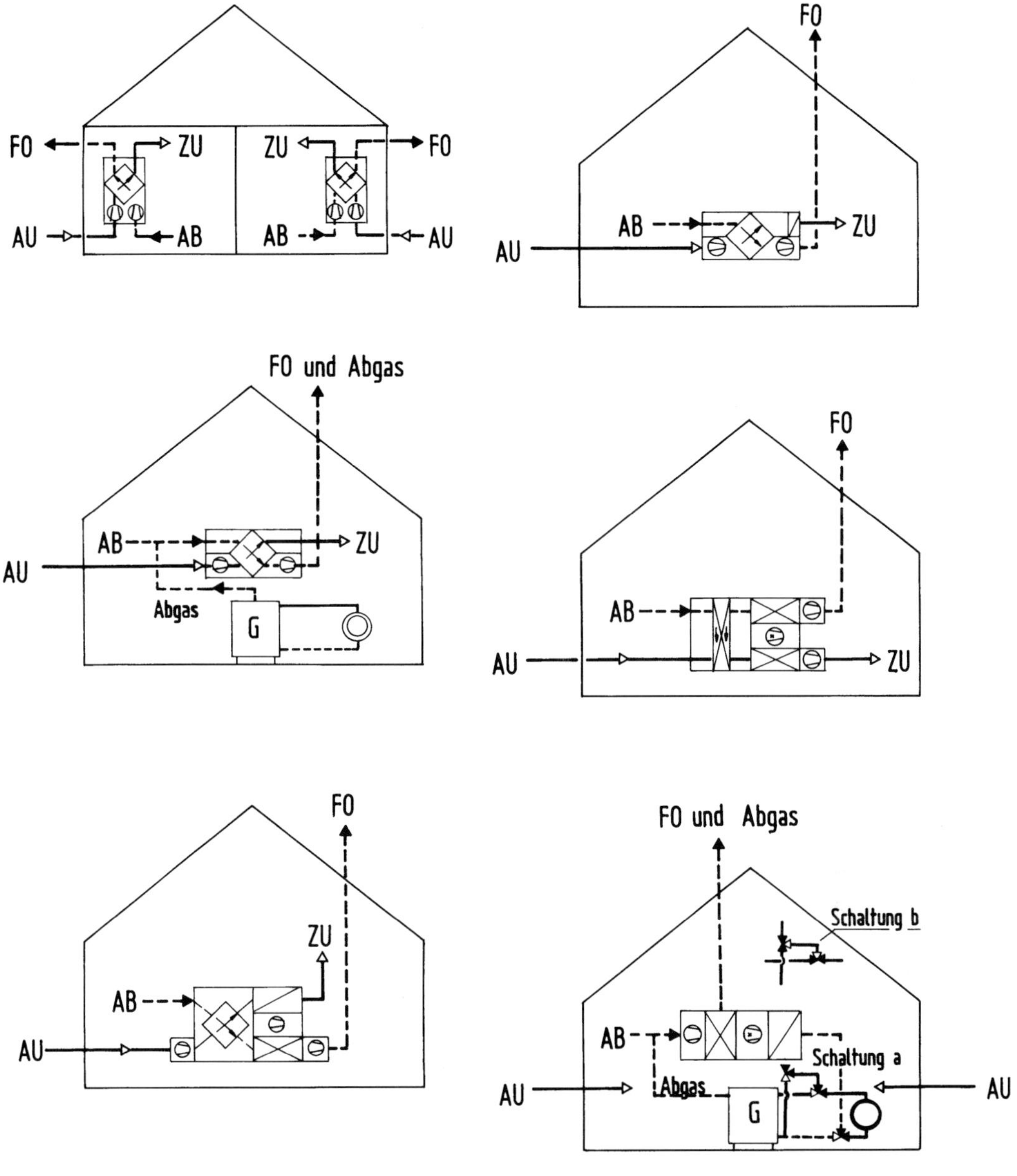

Bild 5.3: Häufig eingesetzte Systeme zur Wohnungslüftung mit Wärmerückgewinnung [91]

- Gerade in Gebäuden mit hohem Wärmedämmstandard und einer luftdichten Gebäudehülle können die inneren und äußeren Wärmegewinne im Sommer bei einer leichten Bauweise, einem fehlenden Sonnenschutz oder einem falschen Lüftungsverhalten einen Wärmestau bewirken, der sich negativ auf das thermische Raumklima auswirkt [33, 34, 106]. Durch eine intensive Fensterlüftung während der Nachtstunden kann der Wärmestau zumindest teilweise kompensiert und das thermische Raumklima verbessert werden (siehe Abschnitt 5.4.3.1). Im Winter kann bei extrem hohen inneren und äußeren Wärmegewinnen

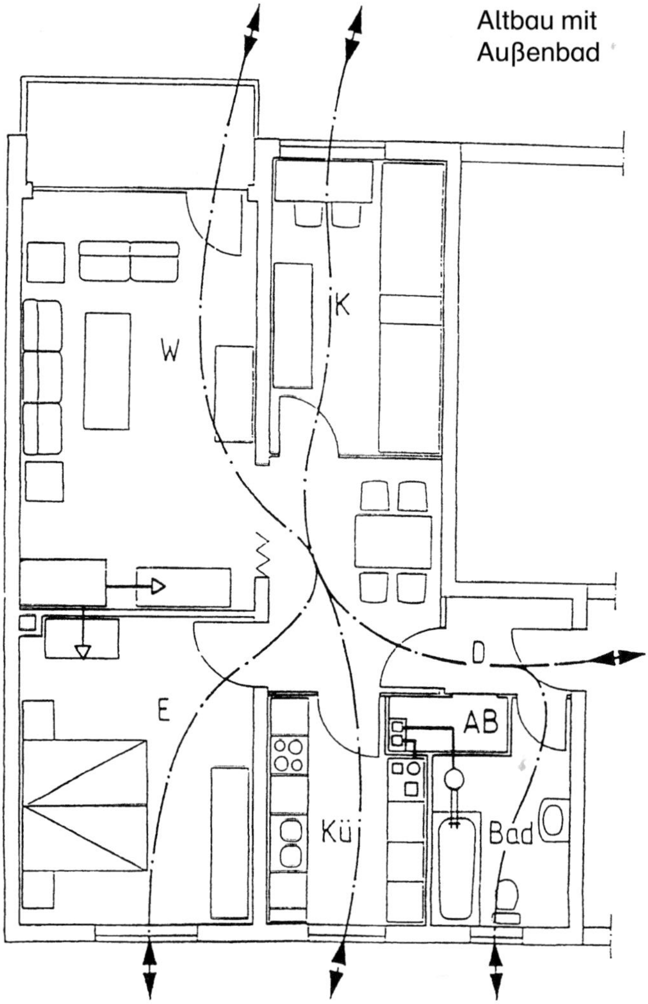

Bild 5.4: Einfluss der Windrichtung auf die Durchströmung einer natürlich belüfteten Wohnung

ebenfalls eine Erhöhung des Außenluftwechsels zur Senkung der Raumlufttemperaturen erforderlich werden [119]. Dies gilt insbesondere für südorientierte Räume mit großem Fensterflächenanteil.

Die natürliche Lüftung über die Fenster ist zum einen abhängig von der Windrichtung und der Windgeschwindigkeit (Bild 5.4). Zum anderen können sich gebäudeintern vor allem aufgrund der Schachtwirkung des Treppenhauses in Mehrfamilienhäusern zusätzliche Drücke aufbauen, die den Luftaustausch in den Wohnungen beeinflussen. Wegen der Abhängigkeit von der Windanströmung ist die Effektivität der Fensterlüftung nur eingeschränkt vom Nutzer beeinflussbar. Wenn bei ungünstigen Windrichtungen die Räume mit der Luftverschlechterung auf der Luvseite des Gebäudes liegen, können die bei der Nutzung der Küche, des Bads und der Toilette freigesetzten Stofflasten sogar in Aufenthaltsräume übertragen werden. Wegen der im Allgemeinen nicht konstanten Windrichtung stellt auch die Anordnung der Aufenthaltsräume auf der Anströmseite der Hauptwindrichtung keinen absoluten Schutz gegen eine derartige Stoff- und Geruchsübertragung dar. Die Anordnung von Bädern im Gebäudeinnern und die Ausstattung mit dezentralen oder zentralen mechanisch unterstützten Abluftanlagen bewirkt daher eine Komfortverbesserung, indem die Entlüftung der Räume mit den größten Stofflasten nicht mehr witterungs- und nutzungsabhängig erfolgt.

Die baurechtlich zu erwartenden Anforderungen an die Luftdichtheit der Gebäudehülle [5, 88] haben auch Auswirkungen auf die Lastabführung. In Schlafräumen steigt während der Nachtstunden bei geschlossenen Fenstern die CO_2-Konzentration an. In Extremfällen kann sogar der MAK-Wert der CO_2-Konzentration [7] überschritten werden [60].

▶ Zusammenfassung für Querleser

Der freien Lüftung von Wohnungen über Fenster wird im Baurecht eine zentrale Stellung eingeräumt. Die Lüftungseffektivität ist jedoch abhängig von der Windrichtung und der Windgeschwindigkeit. Die mechanische Entlüftung innenliegender Räume mit Luftverschlechterung stellt eine Maßnahme zur Erhöhung des Wohnkomforts dar. In Gebäuden mit niedrigem Heizwärmebedarf können sich wegen der luftdichten Gebäudehülle bei unzureichender natürlichen Lüftung, z. B. während der Nachtstunden, zeitweise unzulässig hohe Schadstoffkonzentrationen in der Raumluft einstellen.

5.2.2 Außenwand-Luftdurchlässe

5.2.2.1 Systeme

Bisher werden hauptsächlich folgende Außenwand-Luftdurchlässe verwendet:

- In die Außenwände werden Luftleitungen eingebaut, welche die Außenluft mit der Raumluft verbinden (Bild 5.5). Durch die zusätzliche Installation von Regelklappen in die Luftleitung ist eine selbsttätige obere Begrenzung des Volumenstroms möglich, so dass der über einen Außenwand-Luftdurchlass in ein Gebäude eindringende Außenluftvolumenstrom nahezu unabhängig von der Windrichtung und der Windgeschwindigkeit ist.
- Häufig werden die Außenwand-Luftdurchlässe auch in die Fensterrahmen integriert. Auch für diese Außenwand-Luftdurchlässe ist eine Maximalbegrenzung des Außenluftvolumenstroms möglich.

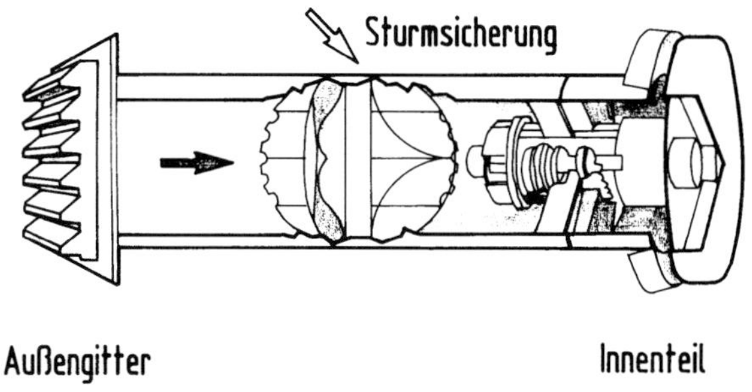

Bild 5.5: Außenwand-Luftdurchlass für den Wandeinbau [30]

In [25, 92, 112] wird eine Neukonstruktion vorgestellt, die nicht nur den Fensterrahmen, sondern das gesamte Fenster für die Außenluftnachströmung nutzt (Bild 5.6). Hierzu wird ein Verbundfenster verwendet, das nach außen eine zweischeibige Wärmeschutzverglasung und raumseitig eine Einfachverglasung aufweist. Die angesaugte Außenluft gelangt durch die obere Nachströmöffnung innerhalb des Fensterrahmens in den Spalt zwischen der inneren und der mittleren Scheibe der Verbundverglasung. Im unteren Teil der dem Raum zugewandten Seite des Rahmens befinden sich Bohrungen, durch die die Außenluft aus dem Luftspalt zwischen den Glasscheiben über den Rahmen in den Raum nachströmen kann. Bei der Durchströmung des Luftspalts wird die Außenluft an der inneren Scheibe erwärmt.

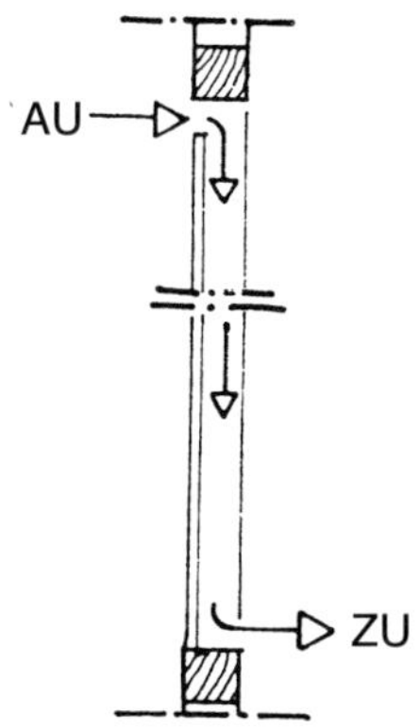

Zuluftfenster

Bild 5.6: Zuluftfenster als Außenwand-Luftdurchlass

5.2.2.2 Zugerscheinungen

Das Problem bei den Außenwand-Luftdurchlässen besteht darin, dass ohne zusätzliche Maßnahmen zwangsläufig Zugerscheinungen im Bereich um die Luftdurchlässe auftreten. Zur Vermeidung der Zugerscheinungen werden folgende Maßnahmen empfohlen:

- Die Außenwand-Luftdurchlässe sind hinter oder oberhalb von Heizkörpern zu installieren [61]. Der Nachteil dieser Anordnung besteht darin, dass die Heizkörper insbesondere während der Nachtabsenkung bei abgeschalteter Heizungsumwälzpumpe einfrieren können. Bei der Kombination mit einer Entlüftungsanlage kann der Frostgefahr dadurch vorgebeugt werden, dass der Ventilatorbetrieb mit der Heizungsumwälzpumpe verriegelt wird. Außerdem werden durch den Heizkörper nur dann Zugerscheinungen wirksam verhindert, wenn die Gebäudeheizung auch betrieben wird. Gerade Gebäude mit niedrigem Heizwärmebedarf zeichnen sich jedoch durch lange Bereitschaftszeiten aus, währenddessen die Raumheizeinrichtungen nicht benötigt werden. Während dieser Bereitschaftszeiten werden Zugerscheinungen auch dann unvermeidbar sein, wenn die Außenwand-Luftdurchlässe im Bereich von Heizkörpern angeordnet werden.
- In der Außenwand sind mehr Luftdurchlässe zu installieren als zur Deckung des hygienisch bedingten Mindest-Außenluftvolumenstroms benötigt werden. Ein Außenwand-Luftdurchlass, der momentan Zugerscheinungen auslöst, kann dann ohne Beeinträchtigungen in der Außenluftversorgung geschlossen werden. Mit dieser Lösung sind jedoch optische Beeinträchtigungen der Fassade verbunden. Nach der Wärmeschutz- und der Energieeinsparverordnung (EnEV) müssen derartige Öffnungen in der Außenwand auch verschließbar sein.

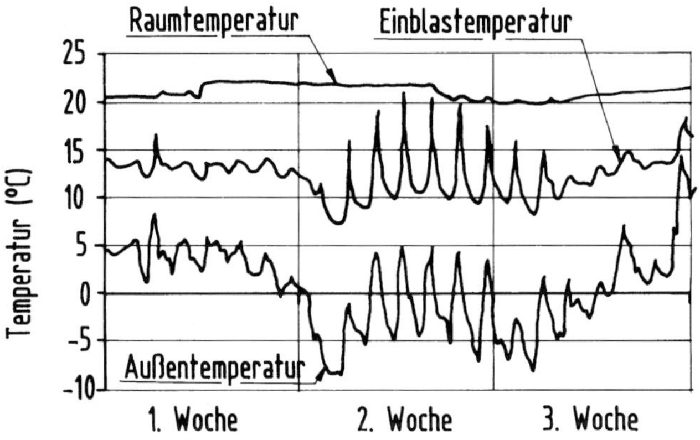

Bild 5.7: Anhebung der Temperatur der nachströmenden Außenluft durch das Zuluftfenster

Wenn das gesamte Fenster zur Außenluftnachströmung genutzt wird, werden die Zugerscheinungen durch die Außenluft wesentlich abgemildert. Bild 5.7 zeigt die Einblastemperaturen als Funktion der Außentemperatur bei einem Volumenstrom zwischen 10 und 20 m^3/h. Die Abmessungen des Fensterflügels betrugen 0,8 × 2,0 m. Bemerkenswert ist das Ansteigen der Einblastemperatur fast bis auf Raumtemperatur an strahlungsreichen Tagen (2. Woche). Dieser Effekt beruht auf der Absorption eines Teils der Sonneneinstrahlung in den Fensterscheiben. Trotz der Wärmeübertragung auf die angesaugte Außenluft liegt an strahlungsreichen Tagen die mittlere Oberflächentemperatur der inneren Glasscheibe der Verbundverglasung alleine wegen der Sonneneinstrahlung knapp unterhalb der Raumtemperatur.

Durch die Wärmeübertragung von der inneren Scheibe der Verbundverglasung auf die angesaugte Außenluft wäre eigentlich eine Unterschreitung der raumseitigen Taupunkttemperatur zumindest im oberen Scheibenbereich zu erwarten gewesen. In der Praxis wurden bisher keine Probleme mit einer Kondensation von Wasserdampf auf der Scheibenoberfläche beobachtet. Hierfür kommen folgende Erklärungen in Betracht:

Die Raumluftfeuchte ist während der Heizperiode so gering, dass die Taupunkttemperatur nicht unterschritten wurde.

Durch die Sonneneinstrahlung wird die Scheibenoberflächentemperatur am Tag über die Taupunkttemperatur angehoben. Hierdurch wird zum einen eine Kondensation verhindert. Zum anderen kann das möglicherweise über Nacht angefallene Tauwasser wieder verdampfen.

Durch die ebenfalls vorhandene Deckenstrahlungsheizung wird die raumseitige Oberflächentemperatur über die Taupunkttemperatur angehoben. Zusätzliche Wärmeverluste sind hiermit jedoch nicht verbunden, da die von der Deckenstrahlungsheizung an die Verglasung abgegebene Wärme auf den angesaugten Luftstrom übertragen wird.

▶ Zusammenfassung für Querleser

Durch den Einsatz von Außenwand-Luftdurchlässen können die mit einer ausschließlichen Fensterlüftung verbundenen Nachteile im Zusammenhang mit der Schadstoffabführung gemildert werden. Während der Heizperiode besteht jedoch die Gefahr von Zugerscheinungen. Insoweit muss sich die Anordnung der Außenwand-Luftdurchlässe entweder im Bereich der Heizkörper erfolgen oder es sind Sonderkonstruktionen erforderlich. Eine Sonderkonstruktion stellt das Zuluftfenster dar, bei dem die angesaugte Außenluft vor dem Eintritt in den Raum vorgewärmt wird.

5.2.3 Schachtlüftung

Die auf dem natürlichen Auftrieb beruhende Schachtlüftung [65, 81] innenliegender Räume wird heute nicht mehr ausgeführt. Zum einen verringern sich die Auftriebskräfte bei ansteigenden Außentemperaturen. Im Sommer kann es unter extremen Bedingungen sogar zur Umkehrung der Luftströmung kommen. Zum anderen haben sich an Sammelschächte angeschlossene Einzellüfter als preiswerte Alternative erwiesen.

Man unterscheidet zwischen folgenden Systemen:

- Kölner Lüftung (DIN 18017, Teil 1 [15.1], Bilder 5.8 und 5.9)
- Dortmunder Lüftung (nicht genormt, Bilder 5.10 und 5.11)

Das Prinzip der Luftführung der Dortmunder Lüftung, bestehend aus einer Außenluftnachströmung in den Fluren und einer Abluftableitung aus den Räumen mit Luftverschlechterung, stellt den Ausgangspunkt des in Abschnitt 5.3.3.6 dargestellten mechanischen Wohnungslüftungssystems mit Wärmerückgewinnung zur Optimierung des Außenluftwechsels dar.

▶ Zusammenfassung für Querleser

Schachtlüftungen werden wegen der damit verbundenen Nachteile heute nicht mehr eingesetzt. Der Hauptnachteil der Schachtlüftung besteht in der Umkehrung der Lüftungsfunktion an extrem heißen Tagen im Sommer.

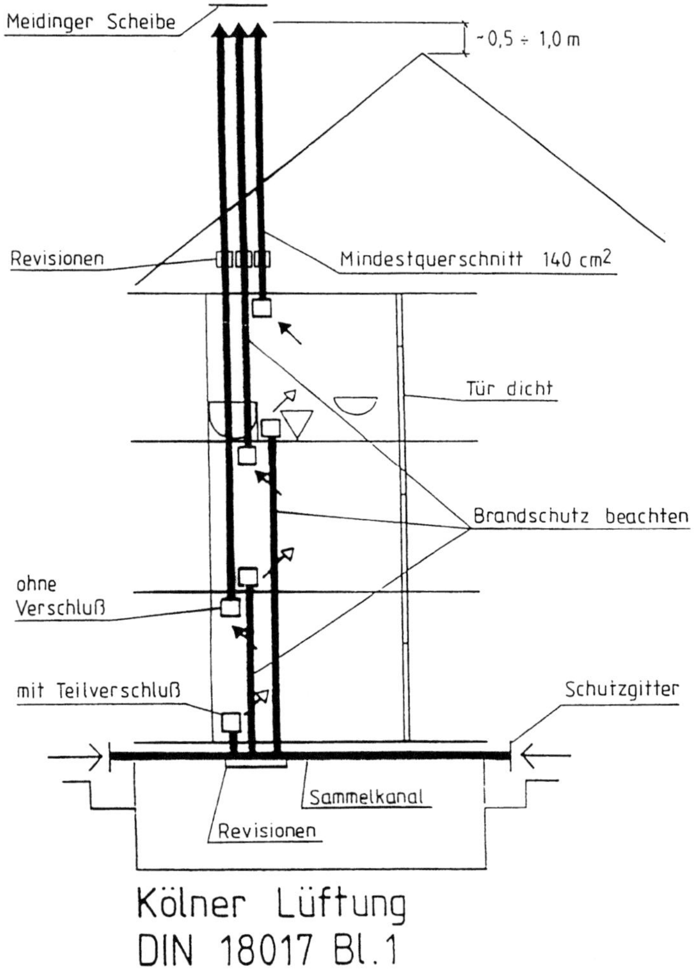

Bild 5.8: Kölner Lüftung

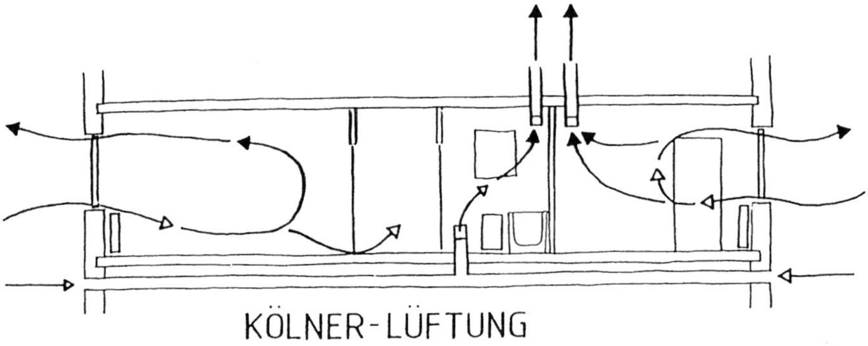

Bild 5.9: Kölner Lüftung

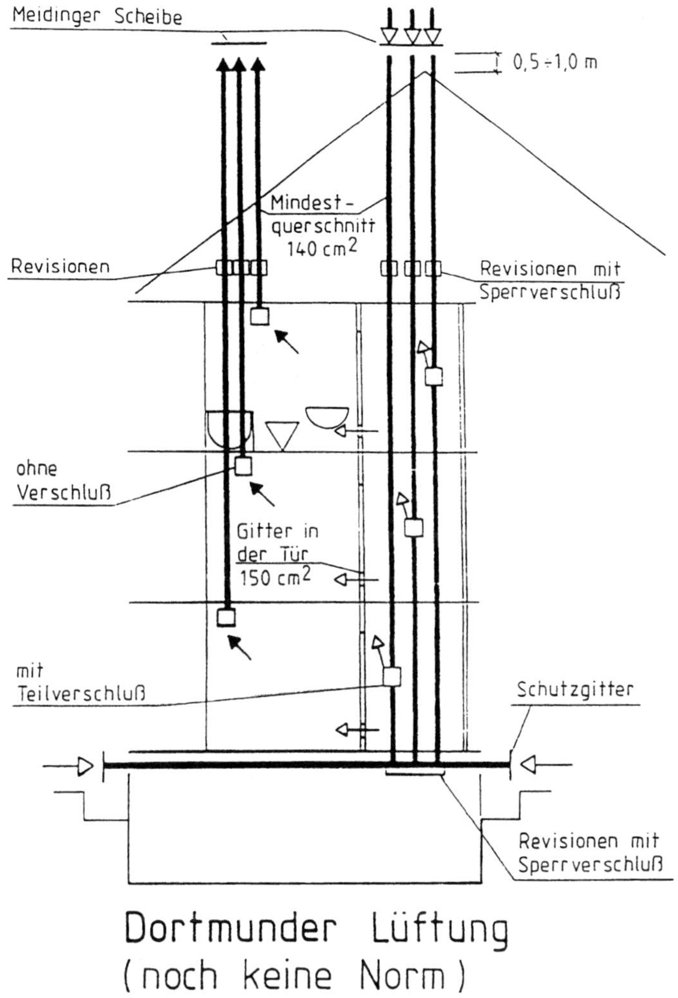

Bild 5.10: Dortmunder Lüftung

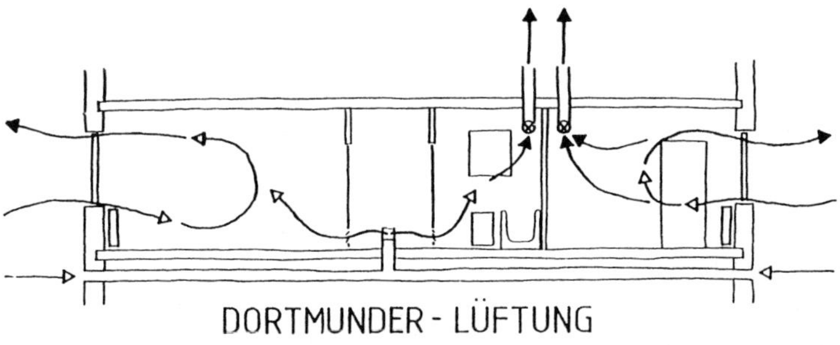

Bild 5.11: Dortmunder Lüftung

5.3 Mechanische Lüftung

5.3.1 Erfordernis und Aufgaben

5.3.1.1 Argumente pro mechanische Wohnungslüftung

Die Auffassungen zum Erfordernis und Nutzen einer mechanischen Lüftung von Wohnungen sind in der Fachliteratur zweigeteilt. Von den Verfechtern der mechanischen Wohnungslüftung werden vor allem folgende Argumente vorgetragen, die für die Installation von Wohnungslüftungsanlagen in Gebäuden mit niedrigem Heizenergiebedarf sprechen:

- Durch die Wärmerückgewinnung ist ein großes Einsparpotenzial gegeben. Bei modernen Wohnungslüftungsanlagen mit Wärmerückgewinnung beträgt das Verhältnis aus dem Wärmegewinn zur aufgewendeten elektrischen Energie mehr als 4 [23].
- Bei einer dichten Gebäudehülle kann durch eine Wohnungslüftungsanlage der aus hygienischer Sicht notwendige Luftwechsel nicht immer sichergestellt werden. Dies gilt insbesondere in Schlafzimmern, wo während der Nacht bei geschlossenen Fenstern der Kohlendioxidgehalt über den MAK-Wert hinaus ansteigen kann [60].
- Durch die Wohnungslüftungsanlage wird das allergene Potenzial von Hausstaub gesenkt.
- Der Polleneintrag wird durch die in die Lüftungsgeräte integrierten Luftfilter fast vollständig verhindert [91].
- Zur Vermeidung von Bauschäden als Folge einer Unterschreitung der Taupunkttemperatur an Außenbauteilen insbesondere im Bereich geometrischer und konstruktiver Wärmebrücken ist ein bauphysikalisch bedingter Mindest-Außenluftvolumenstrom erforderlich (Grundlüftung). Bei einer dichten Gebäudehülle kann dieser Mindestaußenluftvolumenstrom mit einer Wohnungslüftungsanlage gesichert werden [111].
- Mit mechanischen Wohnungslüftungsanlagen, in die ein Erdwärmeaustauscher integriert ist, kann die Außenluft im Sommer angekühlt und getrocknet werden. Hierdurch wird das thermische Raumklima wesentlich verbessert [23, 105, 106].
- Die Raumluftqualität wird verbessert, ohne dass zusätzliche Belastungen wie erhöhte Schallimissionen bei geöffneten Fenstern auftreten [87].
- Durch die Vorwärmung über die Wärmerückgewinnung, bzw. eine möglicherweise vorhandene Nacherwärmung, wird die Zuluft zugfrei eingeblasen. Bei einer Fensterlüftung sind dagegen Beeinträchtigungen in der thermischen Behaglichkeit während der Fensteröffnungszeiten beobachtbar.

- Die natürliche Gebäudelüftung ist zum Teil von Faktoren abhängig, die nicht beeinflusst werden können. Hierzu gehören die Windrichtung und die Windgeschwindigkeit. In Extremfällen werden die bei der Nutzung von Küchen, Bädern und Toiletten freigesetzten Stofflasten sogar bis in die Aufenthaltsräume übertragen.
- Innenliegende, mechanisch entlüftete Bäder beeinflussen die Wärmebilanz eines Gebäudes positiv und stellen eine Maßnahme zur Erhöhung des Wohnkomforts dar.

5.3.1.2 Argumente contra mechanische Wohnungslüftung

Der Nutzen und das Einsparpotenzial der mechanischen Wohnungslüftung sind nicht unumstritten. Gegen die mechanische Wohnungslüftung werden die folgenden Argumente ins Feld geführt:

- In Niedrigenergiehäusern kann davon ausgegangen werden, dass wegen der erhöhten Wärmedämmung eine Unterschreitung der Taupunkttemperatur auf der raumseitigen Bauteiloberfläche nicht erfolgt, wenn beim Gebäudeentwurf konstruktive Maßnahmen zur Verhinderung von Wärmebrücken berücksichtigt werden [30]. Insoweit ist in Gebäuden mit niedrigem Heizwärmebedarf gerade nicht mit einem Schimmelpilzbefall als Folge einer Taupunktunterschreitung an Außenbauteilen zu rechnen.
- Voraussetzung für eine effiziente Energieeinsparung mit einer Wohnungslüftungsanlage ist zum einen eine dichte Gebäudehülle mit einem n_{50}-Wert kleiner 1,0 h^{-1}. Zum anderen muss das Nutzerverhalten der Wohnungslüftungsanlage angepasst werden. In diesem Zusammenhang ist die natürliche Lüftung bei Vorhandensein einer Lüftungsanlage während der Heizperiode fast vollständig zu vermeiden. Beide Voraussetzungen werden in der Praxis nicht erfüllt. Luftdichte Gebäude mit einem n_{50}-Wert kleiner 1,0 h^{-1} sind sehr selten. Untersuchungen zum Lüftungsverhalten zeigen, dass bei gemäßigten Außentemperaturen in Gebäuden ohne Lüftungsanlage und in Gebäuden mit Lüftungsanlage vergleichbare Luftwechselzahlen erreicht werden [30].
- Messungen aus der Praxis belegen, dass die prognostizierte Energieeinsparung nicht unbedingt auch zutreffen muss. Durch einen hohen Stromverbrauch der Ventilatoren in Kombination mit einem falschen Nutzungsverhalten kann sich der Primärenergiebedarf sogar vergrößern [93].
- In der EN 832 wird bei der Berechnung des Lüftungswärmebedarfs für Wohnungen mit Lüftungsanlagen die natürliche Lüftung durch Öffnen der Fenster bzw. durch Gebäudeundichtheiten nicht berücksichtigt [35]. Hierdurch ist der

Heizwärmebedarf von Gebäuden mit Lüftungsanlagen theoretisch niedriger als der Heizwärmebedarf natürlich belüfteter Gebäude. Messungen in Gebäuden mit niedrigem Heizwärmebedarf haben aber ergeben, dass durch die zusätzliche Fensterlüftung in Gebäuden mit Lüftungsanlagen trotz der Wärmerückgewinnung ein höherer Lüftungswärmebedarf gegeben ist.

- Damit überhaupt eine Verbesserung der Raumluftqualität erzielt wird, sind Instandhaltungsmaßnahmen erforderlich. Hieraus ergeben sich zusätzliche betriebsgebundene Aufwendungen. Bei einer natürlichen Lüftung erübrigen sich derartige Maßnahmen.

5.3.1.3 Notwendige Wohnungslüftungsanlagen

Bei der Diskussion um den Nutzen der Wohnungslüftung wird häufig übersehen, dass einfache Anlagen zur Wohnungslüftung in Mehrfamilienhäusern mittlerweile zum Stand der Technik gehören. Aufgrund der heute in Deutschland fast nicht mehr vermeidbaren, verdichteten Bauweise werden fast ausschließlich innenliegende Bäder und Toiletten geplant und ausgeführt. Für die Be- und Entlüftung der innenliegenden Sanitärräume sind mechanische Abluftanlagen, in der Regel als Einzelventilatoren, installiert, die an eine gemeinsame Sammelleitung angeschlossen sind. Die Außenluftnachströmung erfolgt über Außenwand-Luftdurchlässe, geöffnete Fenster und Türen sowie über Gebäudefugen.

Die Anordnung von Bädern im Gebäudeinnern ist auch für freistehende Einfamilien-, Doppel- und Reihenhäuser sinnvoll, da außenliegende Bäder aufgrund einer höheren Raumtemperatur auch eine höhere Heizlast, bzw. einen höheren Heizwärmebedarf als die übrigen Räume einer Wohnung aufweisen. Wenn die Sanitärräume aus energetischen Gründen im Gebäudeinnern angeordnet werden, dann ist jedoch mindestens eine Entlüftungsanlage für diese Räume vorzusehen.

5.3.1.4 Energetischer Nutzen der mechanischen Wohnungslüftung

Bei Gebäuden mit niedrigem Jahres-Heizwärmebedarf ist der Lüftungswärmebedarf mittlerweile größer als der Transmissionswärmebedarf. Eine weitere, nennenswerte Verringerung des Heizwärmebedarfs ist, dies wurde an den bestehenden und in der Praxis erprobten Passivhäusern nachgewiesen [39, 62], nur durch eine Senkung des Lüftungswärmebedarfs möglich. Hierzu sind zwei grundsätzliche Verfahrensweisen bei der Dimensionierung der Wohnungslüftungsanlage und der Luftverteilung möglich:

- Die Wohnungslüftungsanlage wird, wie es die derzeit gültigen Regeln der Technik fordern, auf die Bedarfslüftung ausgelegt. Die Zuluftverteilung und

Abluftabsaugung orientiert sich an den aus hygienischen Gründen notwendigen Grenzwerten. Um mit derartigen Systemen eine signifikante Energieeinsparung zu erzielen, ist zum einen eine optimierte Anlagentechnik zur Reduzierung des Stromverbrauchs erforderlich. Zum anderen muss sich das Nutzerverhalten in Bezug auf die Fensterlüftung der Anlagentechnik unterordnen.

- Mit der Wohnungslüftungsanlage wird lediglich die Grundversorgung eines Gebäudes mit Außenluft in Form einer Grundlüftung sichergestellt. Hierbei unterscheidet man zwischen kombinierten Zu- und Abluftanlagen einerseits und reinen Abluftanlagen mit natürlicher Außenluftnachströmung andererseits. Die Bedarfslüftung erfolgt weiterhin als natürliche Lüftung über Fenster. In [54] wird ausgeführt, dass eine lediglich auf die Grundlüftung ausgelegte Wohnungslüftungsanlage energetisch günstiger ist als ein Niedrigenergiehaus mit natürlicher Lüftung und bewusstem, d. h. an die Gebäudekonstruktion angepasstem Lüftungsverhalten.

5.3.1.5 Einsatz der Wohnungslüftung zur Gebäudebeheizung

Wohnungslüftungsanlagen können auch zur Gebäudebeheizung eingesetzt werden. Das beste Beispiel hierfür stellen die Passivhäuser dar, die auf Wohnungslüftungsanlagen mit Wärmerückgewinnung unbedingt angewiesen sind.

Aber auch in Gebäuden mit einem höheren Heizwärmebedarf als in Passivhäusern kann die Wohnungslüftungsanlage zur Gebäudebeheizung genutzt werden. Die mit Abluftanlagen abgesaugte Raumluft kann als Wärmequelle für Kompressions- oder Absorptionswärmepumpen genutzt werden [109]; derartige Systeme werden mittlerweile von einer Reihe von Herstellern angeboten. Hierfür ist nicht unbedingt die zusätzliche Installation einer Zuluftanlage notwendig, sondern die Zuluftnachströmung kann natürlich über Außenwand-Luftdurchlässe erfolgen. Die Kombination aus einer Abluftanlage und einer Wärmepumpe stellt einen Teil des Wärmeerzeugers für eine Warmwasserzentralheizung oder die Trinkwassererwärmung dar. Das Nutzerverhalten in Bezug auf die Dauer der Fensteröffnungen während der Heizperiode ist in Bezug auf die Reduzierung des Lüftungswärmebedarfs vernachlässigbar, da die Wärme aus der Abluft nicht auf die Zuluft, sondern über die Wärmepumpe auf die Warmwasserzentralheizung übertragen wird.

▶ Zusammenfassung für Querleser

Theoretisch ist durch Wohnungslüftungsanlagen eine Energieeinsparung bei gleichzeitiger Verbesserung der Raumluftqualität gegeben. In der Praxis zeigt sich jedoch, dass der Luftwechsel der Lüftungsanlage durch einen natürlichen, auf dem individuellen, nutzungsbedingten Lüftungsverhalten beruhenden Luftwechsel überlagert wird. Wärmeeinsparungen sind daher unabhängig vom Nutzerverhalten nur dann möglich, wenn der Luftwechsel der Wohnungslüftungsanlage auf die aus bauphysikalischen Gründen notwendige Grundlüftung reduziert wird.

5.3.2 Mechanische Wohnungslüftung ohne Wärmerückgewinnung

Mechanische Wohnungslüftungsanlagen ohne Wärmerückgewinnung werden hauptsächlich als Abluftanlagen nach DIN 18017, Teil 3, [15.2] zur Entlüftung innenliegender Sanitärräume ausgeführt. Hierbei stellen Einzellüfter, die an eine gemeinsame Sammelleitung angeschlossen sind, das zum Zeitpunkt der Niederschrift dieser Arbeit am weitesten verbreitete System dar.

Daneben müssen auch innenliegende Küchen mit mechanischen Wohnungslüftungsanlagen ohne Wärmerückgewinnung ausgerüstet werden. Die Abluftanlage ist hierbei meistens in die Dunstabzugshaube integriert. Die Größe der Abluftvolumenströme wird durch Verordnungen auf Landesebene geregelt. Für die Zuluftnachströmung müssen Außenwand-Luftdurchlässe oder Schächte vorgesehen werden.

In außenliegenden Küchen, die eigentlich nicht mechanisch entlüftet werden müssten, wird die Dunstabzugshaube trotzdem häufig mit einem Außenluftanschluss versehen. Für einen Außenluftanschluss spricht zum einen eine Komforterhöhung, da die Zugerscheinungen bei geöffneten Fenstern wegfallen. Zum anderen ist hierdurch auch dann eine Küchenentlüftung gesichert möglich, wenn die Küche sich auf der Luvseite des Gebäudes befindet.

5.3.3 Mechanische Wohnungslüftung mit Wärmerückgewinnung

5.3.3.1 Außenluftansaugung

Die Anforderungen an die Konstruktion von Außenluftansaugungen für Wohnungslüftungsanlagen unterscheiden sich nicht grundsätzlich von den Anforderungen an andere Raumlufttechnische Anlagen. Die Strömungsgeschwindigkeit in der Ansaugung sollte 4 bis 5 m/s nicht überschreiten, um den Eintrag von Verunreinigungen und Regenwasser gering zu halten [64]. Die Höhe der Außenluftansaugung sollte 3 m über Erdgleiche liegen. Bei freistehenden Einfamilien- und Doppelhäusern ist hierbei zu beachten, dass die Anordnung der Außenluftansaugung angrenzende Garagendächer überragen sollte.

5.3.3.2 Erdwärmeaustauscher

Funktion

Bei dem Erdwärmeaustauscher handelt es sich um eine der Außenluftansaugung nachgeschaltete Lüftungsleitung, die in dem Erdreich verlegt ist und die im Keller in das Gebäude eingeführt ist. In Abhängigkeit von der Nähe zu Wohngebäuden unterscheidet man zwischen

- dem Erdwärmeaustauscher im ungestörten Erdreich und
- dem Erdwärmeaustauscher in der Nähe der Kellerwand.

Während der Heizperiode wird die Außenluft im Erdwärmeaustauscher dadurch vorgewärmt, dass das Erdreich eine höhere Temperatur als die Außenluft aufweist (Bilder 5.12 bis 5.14). Im Sommer erfolgt eine Ankühlung und Trocknung der

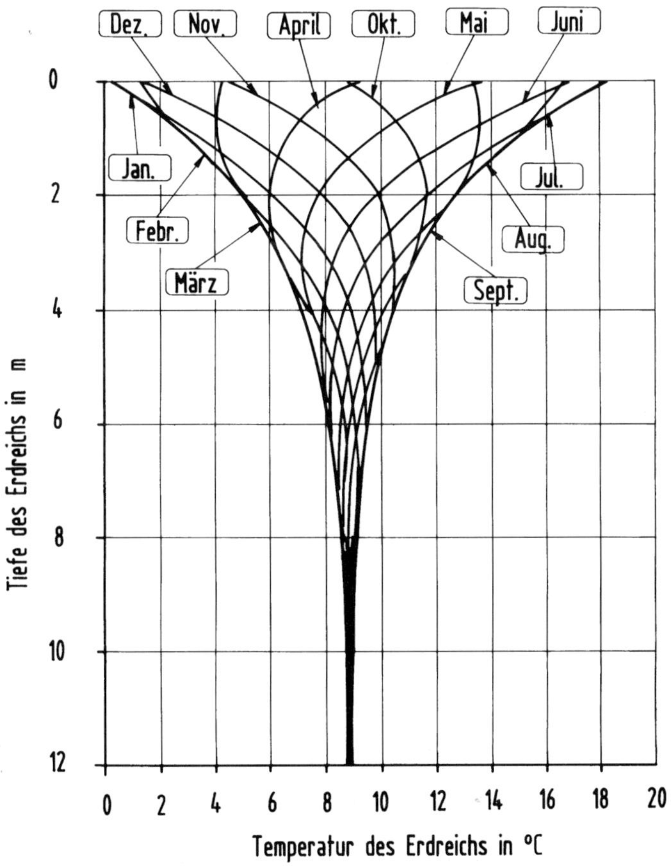

Bild 5.12: Temperaturverlauf im ungestörten Erdreich [23]

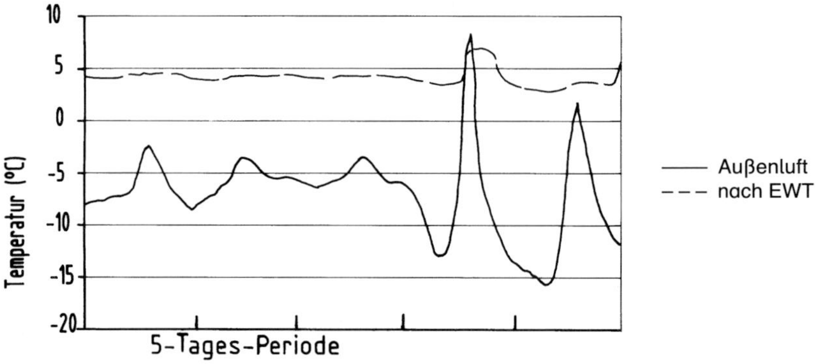

Bild 5.13: Zeitlicher Verlauf der Außenlufttemperatur und der Lufttemperatur nach dem Erdwärmeaustauscher (Winterfall)

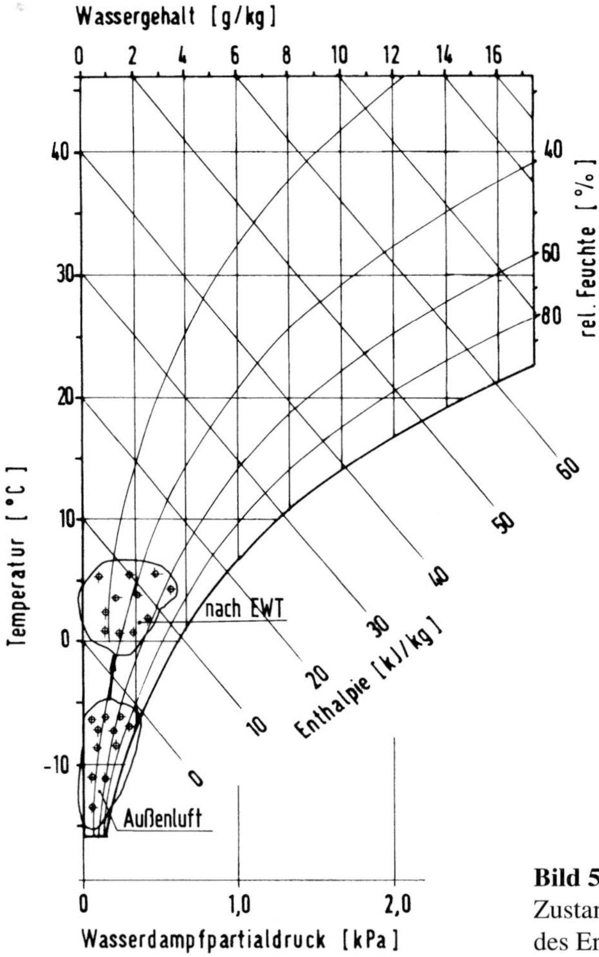

Bild 5.14:
Zustandsänderung beim Durchströmen des Erdwärmeaustauschers (Winterfall)

Außenluft (Bilder 5.12, 5.15 und 5.16). Die thermodynamische Luftbehandlung im Erdwärmeaustauscher geschieht ungeregelt. Alleine mit einem Erdwärmeaustauscher ohne eine weitere thermodynamische Luftbehandlung können Soll-Raumtemperaturen für Daueraufenthaltsräume, wie sie z. B. in der DIN 1946, Teil 2 [8.2], der DIN 4701 [11] oder den Arbeitsstättenrichtlinien [6] gefordert werden, nicht garantiert werden.

Aus Kostengründen wird am häufigsten der Erdwärmeaustauscher in der Nähe der Kellerwand ausgeführt. Die Luftleitung des Erdwärmeaustauschers wird dann in der Baugrube in Fundamenthöhe installiert. Der Nachteil des Erdwärmeaustauschers in der Nähe einer Kellerwand besteht darin, dass im Winter Wärme aus dem Keller auf die Luft im Erdwärmeaustauscher übertragen wird. Hierdurch wird zwar die Wärmeleistung des Erdwärmeaustauschers erhöht. Dabei handelt es sich jedoch nicht um zusätzliche Wärmegewinne, weil Wärme lediglich aus dem Keller auf den Erdwärmeaustauscher übertragen und anschließend dem Gebäude wieder zugeführt wird.

Im Sommer ist die Temperatur im Erdreich um das Gebäude größer als die Temperatur im ungestörten Erdreich. Insoweit ist die Kälteleistung des Erdwärmeaustauschers im ungestörten Erdreich größer [23].

Die Vorwärmung der Außenluft beim Durchströmen des Erdwärmeaustauschers ist in den Bildern 5.13 und 5.14 dargestellt. Durch den Erdwärmeaustauscher kann die Außenlufttemperatur während der Heizperiode über 0 °C angehoben werden, wenn gewisse konstruktive Anforderungen erfüllt sind, auf die noch einzugehen sein wird. Insoweit kann der Erdwärmeaustauscher das Vereisen des nachgeschalteten Wärmeaustauschers verhindern, so dass auf weitere Maßnahmen zum Schutz des Wärmeaustauschers vor Frosteinwirkung verzichtet werden kann.

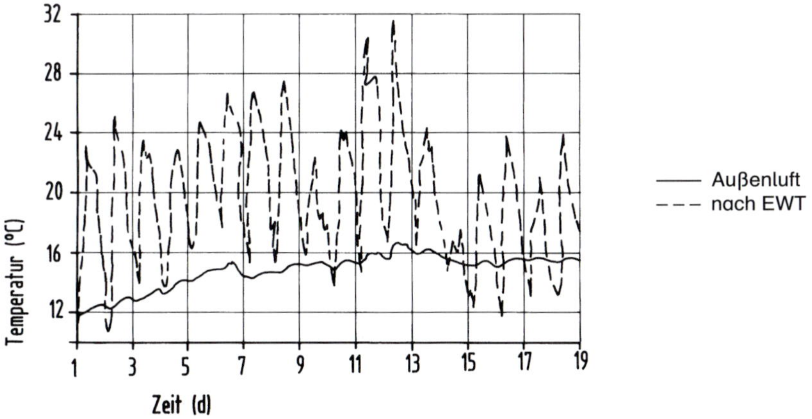

Bild 5.15: Zeitlicher Verlauf der Außenlufttemperatur und der Lufttemperatur nach dem Erdwärmeaustauscher (Sommerfall)

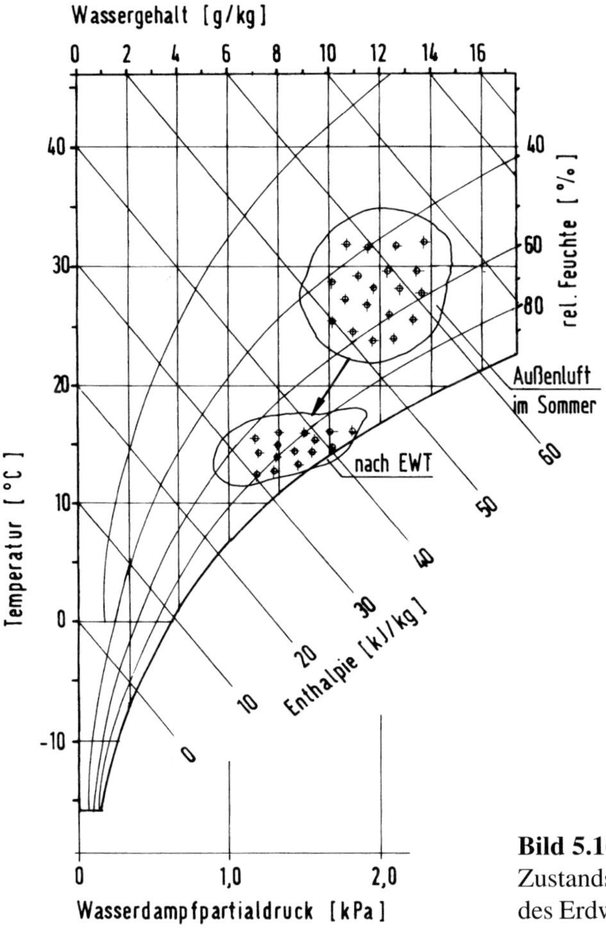

Bild 5.16:
Zustandsänderung beim Durchströmen des Erdwärmeaustauschers (Sommerfall)

Im Sommer wird die Zulufttemperatur im Erdwärmeaustauscher auf ca. 15 °C abgekühlt (siehe Bilder 5.15 und 5.16). Gleichzeitig erfolgt eine Entfeuchtung auf ungefähr 11 g/kg. Die Antrocknung der Zuluft bewirkt insbesondere in Klimaten mit extrem hoher Außenluftfeuchte sowie in Gebäuden mit geringer Wärme- bzw. Feuchtespeicherfähigkeit eine wesentliche Verbesserung des thermischen Raumklimas [38, 85]. Hierauf wird im Abschnitt 5.4.4.3 noch eingegangen. Für den Sommerbetrieb wurden Arbeitszahlen von 6,6 nach [23] bzw. 13 im Versuchshaus für die trockene Ankühlung der Zuluft gemessen (Bild 5.17). Die Arbeitszahlen für die Ankühlung und die Antrocknung der Zuluft schwanken zwischen 9 und 18. Die im Vergleich zu den Messungen von Albers [23] erhöhten Leistungszahlen im Versuchshaus sind auf eine geringere Leistungsaufnahme der Ventilatoren zurückzuführen. Im Versuchshaus wurden jedoch noch Wechselstrommotoren für den Antrieb der Ventilatoren eingesetzt, so dass beim Einsatz geregelter Gleichstrommotoren von einer weiteren Erhöhung der Leistungszahlen auszugehen ist.

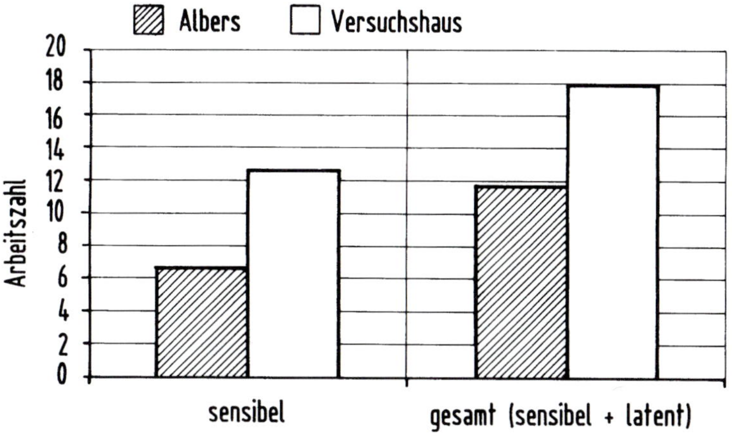

Bild 5.17: Vergleich der Leistungszahlen des Erdwärmeaustauschers mit den von Albers gemessenen Leistungszahlen

Konstruktion

Die grundlegenden Kriterien für die Planung und Ausführung von Erdwärmeaustauschern wurden von Albers in [23] erarbeitet. Im Einzelnen gelten folgende Auslegungskriterien:

- Die Querschnittsfläche des Erdwärmeaustauschers wird auf eine Strömungsgeschwindigkeit von ungefähr 3 m/s ausgelegt.
- Die Mindesttiefe eines Erdwärmeaustauschers sollte 2 m betragen. Für den optimalen Wärme- bzw. Kältegewinn ist eine Verlegetiefe von 4,5 m erforderlich.
- Die Länge eines Erdrohres muss ca. 45 m betragen, wenn während der Heizperiode eine Temperaturerhöhung auf über 0 °C gewährleistet sein soll.

Die vorstehenden Auslegungskriterien beziehen sich auf einen feuchten Lehmboden mit einer Wärmeleitfähigkeit von λ = 1,45 W/(mK), einer Dichte von ρ = 1.800 kg/m^3 und einer spezifischen Wärmekapazität von ca. 1.400 J/(kgK). Für wassergesättigte Sand- oder Lehmböden ist eine Erhöhung der Wärme- bzw- Kälteleistung zu erwarten. Dasselbe gilt für die Verlegung des Erdwärmeaustauschers in einer grund- oder schichtenwasserführenden Erdschicht. Für die Dimensionierung des Erdwärmeaustauschers können bei bekannten Stoffdaten unter Vernachlässigung der Wärmeabgabe an das Grundwasser die von Albers erarbeiteten Kriterien herangezogen werden [23].

Soll zusätzlich der Effekt des Grund- oder Schichtenwassers auf die Wärmebilanz des Erdwärmeaustauschers berücksichtigt werden, müssen finite Differenzenverfahren zur Auslegung des Erdwärmeaustauschers im Einzelfall herangezogen werden. Das Grundwasser beeinflusst insbesondere die Kälteleistung im Sommerfall günstig, da durch die Wasserströmung die der Außenluft entzogene Wärme besser abtransportiert werden kann. Gerade in Flussebenen muss man jedoch mit starken Schwankungen des Grundwasserspiegels rechnen. Insoweit sind für die Dimensionierung des Erdwärmeaustauschers mit finiten Differenzenverfahren langjährige Beobachtungen des Grundwasserspiegels heranzuziehen. Da im Extremfall der Grundwasserstand sehr weit absinken kann, ist gerade für die Berechnung der Kälteleistung im Sommer der niedrigste registrierte Wasserstand anzunehmen.

Die Trocknung der Außenluft im Sommerfall ist von einer Ausscheidung von Kondensat aus der Außenluft im Erdwärmeaustauscher begleitet. Das Kondensat muss abgeleitet werden, damit der freie Querschnitt der Lüftungsleitungen im Erdreich nicht unnötig reduziert wird. Hierzu sind die Lüftungsleitungen im Gefälle zum Gebäude hin zu verlegen. Innerhalb des Gebäudes ist das Kondensat über einen Geruchsverschluss frei der Gebäudeentwässerung zuzuführen [9]. Da sich die Wanddurchführung der Lüftungsleitung im Regelfall im Keller befindet, ist die Rückstauproblematik zu berücksichtigen [9].

Hygienische Beeinträchtigungen aufgrund der Kondensatausscheidung innerhalb des Erdwärmeaustauschers im Sommerbetrieb sind nicht zu befürchten. Hierzu wurden zwei Untersuchungen durchgeführt [43, 99]. In beiden Untersuchungen konnte keine Zunahme der Pilz- oder Bakterienkonzentration in der Zuluft im Vergleich zur Außenluft festgestellt werden. Die Zuluft ist immer keimärmer als die Außenluft. Dies ist auf die Rückhaltung der Keime aus der Außenluft in den Filtern der Lüftungsgeräte zurückzuführen. Hierbei sind Grobfilter üblicher Wohnungslüftungsgeräte ausreichend.

5.3.3.3 Wärmeaustauscher

Konstruktionen

Die Wärmerückgewinnung aus der Abluft ist durch folgende Wärmeaustauscherkonstruktionen möglich (Bild 5.18) [91]:

- **Regenerative Wärmaustauscher**
  Ein regenerativer Wärmeaustauscher besteht aus einer Speichermasse, die alternierend von der Ab- und der Außenluft durchströmt wird. Die Speichermasse nimmt hierbei einen Teil des Wärmeinhalts der Abluft auf und überträgt diese auf die Zuluft. Die regenerative Wärmerückgewinnung zeichnet sich durch eine hohe Rückfeuchtezahl, d. h. einer Übertragung von Wasserdampf aus der Abluft auf die Zuluft, aus. Die Rückfeuchtezahl kann durch spezielle hygroskopische Beschichtungen noch erhöht werden.

Benennung	Funktion	Feuchte-austausch
Rekuperator oder Trennflächen-Wärmetauscher z. B. Platten-Wärmetauscher	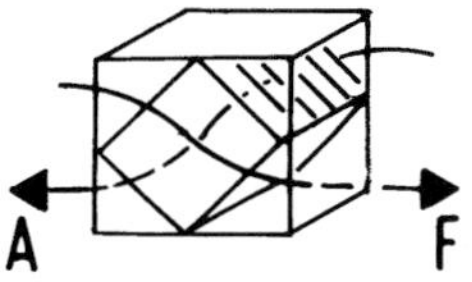	nein
Kreislaufverbund-Wärmetauscher	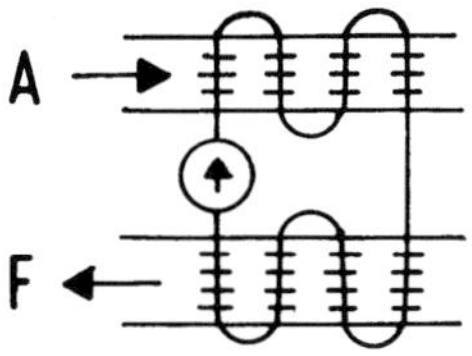	nein
Wärmerohr-Wärmetauscher	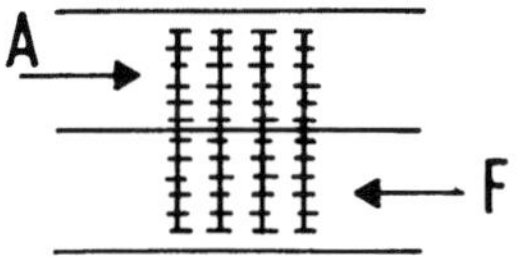	nein
Rotations-Wärmetauscher 1. Sorptions-Wärmetauscher mit hygroskopischer Speichermasse 2. Kondensations-Wärmetauscher ohne hygroskopische Speichermasse	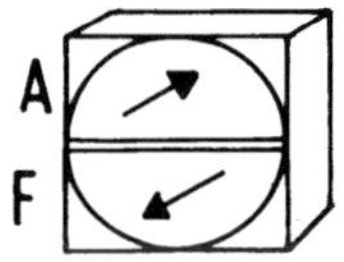	ja gering
Wärmepumpe	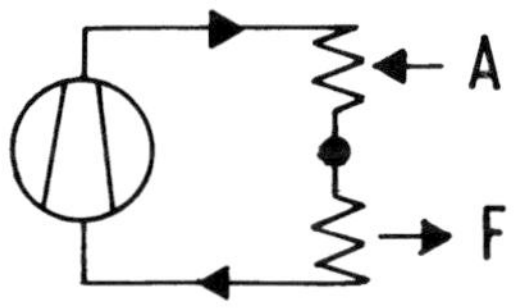	nein

Bild 5.18: Wärmeaustauscher-Konstruktionen [91]

- **Rekuperative Wärmeaustauscher**
  Die Außen- und die Abluft durchströmen einen Wärmeaustauscher, in dem beide Luftströme konstruktiv voneinander getrennt sind („Trennflächenwärmeaustauscher"). Von der Abluft wird hauptsächlich die sensible Wärme auf die Außenluft durch Wärmeleitung über die Trennflächen übertragen. Bei niedrigen Außenlufttemperaturen erfolgt zusätzlich eine partielle Rückgewinnung des latenten Wärmeinhalts der Abluft durch Kondensation.

- **Kreislaufverbundsysteme**
  Beim Kreislaufverbundsystem durchströmen die Abluft und die Zuluft jeweils eigene Wärmeaustauscher. Die Wärmeaustauscher sind durch ein Rohrnetz

miteinander verbunden. Mittels eines Wärmeträgers, hierbei handelt es sich um Glykol-Wassergemisch bzw. Wasser, das beide Wärmeaustauscher nacheinander durchströmt, wird aus der Abluft Wärme an die Außenluft übertragen.

- **Wärmepumpe**
  Die Wärmepumpe als Wärmerückgewinnung ist hinsichtlich der Funktion mit dem Kreislaufverbundsystem vergleichbar. Als Wärmeträger wird ein Kältemittel verwendet. Durch die Ausnutzung eines Kälteprozesses (Verdampfung – Verdichtung – Kondensation – Entspannung) wird die Rückwärmzahl erhöht.
- **Wärmerohr**
  Das Wärmerohr besteht aus einem Wärmeaustauscher, der im oberen Bereich von der Außenluft und im unteren Bereich von der Abluft durchströmt wird. Beide Stoffströme sind apparatetechnisch getrennt. Als Wärmeträger wird Wasser, ein Kältemittel oder ein Alkohol verwendet, der infolge der Wärmeaufnahme aus der Abluft verdampft und bis in den Außenluftteil der Wärmerückgewinnung aufsteigt. Dort wird ein Teil der Wärme an die Außenluft unter Kondensation abgegeben. Das Kondensat strömt in den Abluftteil des Wärmerohres zurück.

Kennzahlen

Die Effizienz eines Wärmeaustauschers wird auf Grundlage des Temperaturänderungsgrades („Rückwärmzahl") bzw. des Enthalpieänderungrades beurteilt. Die Definition beider Größen ist in Tabelle 5.1 dargestellt. Daneben ist auch die von Banck eingeführte Definition der Primärenergieeinsparung in die Tabelle aufgenommen [26].

Tabelle 5.1: Definition des Temperatur- und des Enthalpieänderungsgrades sowie der Primärenergieeinsparung

Bezeichnung	Formel
Temperaturänderungsgrad	$$\eta_\vartheta = \frac{\vartheta_{ZU} - \vartheta_{AU}}{\vartheta_{AB} - \vartheta_{AU}} \quad (5.1)$$
Enthalpieänderungsgrad	$$\eta_h = \frac{h_{ZU} - h_{AU}}{h_{AB} - h_{AU}} \quad (5.2)$$
Primärenergieeinsparung	$$\Delta PE = \frac{Q_{\mathrm{PE,Einsparung}}}{Q_{\mathrm{PE,Lüftung}}} = \eta'_h \frac{e_{\mathrm{fossil}} - \dfrac{e_{\mathrm{elektrisch}}}{\varepsilon_{\mathrm{elektrisch}}}}{e_{\mathrm{fossil}}} \quad (5.3)$$ $$\eta'_h = \frac{Q_{AB} - Q_{FO}}{Q_{\mathrm{Sensibel}}} = \frac{h_{AB} - h_{FO}}{h(\vartheta_{AB}, x_{AU}) - h_{AU}} \quad (5.4)$$

Die in Tabelle 5.1 verwendeten Formelzeichen haben folgende Bedeutung:

$e_{elektr.}$	[1]	Aufwandszahl zur Erzeugung von elektrischem Strom
e_{fossil}	[1]	Aufwandszahl der Heizöl- oder Erdgasgewinnung
h_{AU}	[J/(kgK)]	Enthalpie der Außenluft
h_{ZU}	[J/(kgK)]	Enthalpie der Zuluft
h_{AB}	[J/(kgK)]	Enthalpie der Abluft
ΔPE	[1]	Primärenergieeinsparung
$\varepsilon_{elektr.}$	[1]	Arbeitsziffer des Lüftungsgerätes
η_t	[1]	Temperaturänderungsgrad
η_h	[1]	Enthalpieänderungsgrad
η'_h	[1]	auf die Außenfeuchte bezogener Enthalpieänderungsgrad
ϑ_{AU}	[°C]	Außenlufttemperatur
ϑ_{ZU}	[°C]	Zulufttemperatur
ϑ_{AB}	[°C]	Ablufttemperatur
x_{AU}	[g/kg]	absoluter Wasserdampfgehalt der Außenluft

Die Definition der Primärenergieeinsparung war vor dem Hintergrund erforderlich, dass rekuperative Wärmeaustauscher in Wohnungslüftungsanlagen vergleichsweise geringe Enthalpieänderungsgrade in der Größenordnung zwischen 0,4 und 0,7 aufweisen. Insoweit könnte man zu der Auffassung gelangen, dass die Wärmerückgewinnung in Wohnungslüftungsanlagen wenig effizient ist. Hierbei bleibt jedoch unberücksichtigt, dass rekuperative Wärmeaustauscher nach dem Gegenstromprinzip sogar Temperaturänderungsgrade > 0,9 erreichen können. Die Differenz zwischen den Temperatur- und den Enthalpieänderungsgraden beruht auf dem teilweise durch Kondensation wirksamen latenten Wärmeinhalt der Abluft. Durch die Übertragung latenter Wärme wird die Außenluft beim Durchströmen des Wärmeaustauschers zusätzlich erhöht. Hiermit ist auch eine Vergrößerung des Temperaturänderungsgrades verbunden. Beim Enthalpieänderungsgrad werden dagegen lediglich die Wärmeinhalte verglichen, so dass die Übertragung latenter Wärme keine Auswirkung auf die Größe des Enthalpieänderungsgrades aufweist. Um Missverständnisse zwischen dem Temperatur- und dem Enthalpieänderungsgrad vorzubeugen, wurde die Primärenergieeinsparung definiert, die eine Kenngröße für das mit einer Wohnungslüftungsanlage verbundene Einsparpotenzial darstellt.

Für die unterschiedlichen Wärmeaustauscherkonstruktionen sind die Temperaturänderungsgrade in Tabelle 5.2 dargestellt; ebenfalls wird auf die Möglichkeit einer Feuchte- bzw. Geruchsübertragung eingegangen.

Für Wärmepumpen wird keine Rückwärmzahl angegeben. Durch den thermodynamischen Kreislaufprozess einer Wärmepumpe im Vergleich zur Wärmeübertragung in herkömmlichen Wärmeaustauschern wird die Zuluft zusätzlich erwärmt. In Wohnungslüftungsgeräte integrierte Wärmepumpen erreichen im praktischen Betrieb Arbeitszahlen größer 4 [23].

Tabelle 5.2: Vergleich der unterschiedlichen Systeme zur Wärmerückgewinnung [91]

Bezeichnung	Feuchte-austausch	Geruchs-übertragung	Temperatur-änderungsgrad
Regenerativer Wärmeaustauscher	Nein	Gering	60–90 %
Rekuperativer Wärmeaustauscher • Sorptionswärmeatauscher • Kondensationswärmeaustauscher	 Ja Gering	 Gering Gering	 70–90 %
Kreislaufverbundsystem	Nein	Nein	40–70 %
Wärmerohr	Nein	Gering	50–70 %
Wärmepumpe	Nein	Nein	

Messungen des Temperaturänderungsgrades

In dem Versuchshaus wird bewusst auf eine aufwändige Technik zur Wärmerückgewinnung verzichtet. Die Wohnungslüftungsanlage besteht aus einem Kreuzstromwärmeaustauscher mit einem Temperaturänderungsgrad von 0,75. Wird zusätzlich der Erdwärmeaustauscher bei der Berechnung des Temperaturänderungsgrades berücksichtigt, steigt der Temperaturänderungsgrad auf Werte zwischen 0,8 und 0,85 für Außentemperaturen kleiner 0 °C an (Bild 5.19). Bei höheren Außentemperaturen sinkt der unter Berücksichtigung des Erdwärmeaustauschers berechnete Temperaturänderungsgrad. Dies ist auf folgende Effekte zurückzuführen:

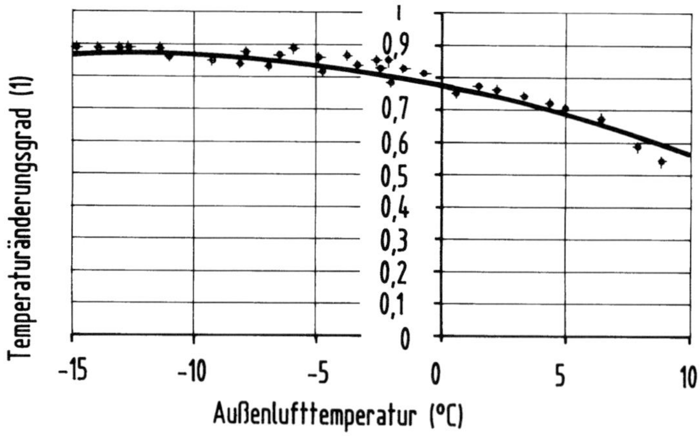

Bild 5.19: Zusammenhang zwischen dem Temperaturänderungsgrad und der Außenlufttemperatur

- Der Temperaturänderungsgrad einer Wärmerückgewinnung ist abhängig von der Wärmeübergangszahl auf der Außenluft- und der Abluftseite. Mit abnehmender Temperaturdifferenz zwischen der Außenluft und der Abluft sinken die Wärmeübergangszahlen und damit auch der Temperaturänderungsgrad.
- Die Nutzung des Erdwärmeaustauschers ergibt bei Temperaturen größer 5 °C wenig Sinn. Die angesaugte Außenluft wird gar nicht bzw. nur geringfügig erwärmt. In Extremfällen wird die Außenluft vom Erdreich sogar abgekühlt. Hierdurch wird der Temperatur-Änderungsgrad zusätzlich reduziert.
- Je niedriger die Außenlufttemperatur ist, desto größer ist die im Erdwärmeaustauscher auf die Außenluft übertragene Wärme.
- Mit sinkenden Außentemperaturen verringert sich die Oberflächentemperatur im Wärmerückgewinner; d. h. der latente Wärmegewinn durch die Kondensation des in der Abluft enthaltenen Wasserdampfs ist bei niedrigen Außentemperaturen besonders groß.

Um den negativen Einfluss des Erdwärmeaustauschers auf den Temperaturänderungsgrad bei gemäßigten Außentemperaturen zu vermeiden, ist es notwendig, die Zuschaltung des Erdwärmeaustauschers in Abhängigkeit von der Außentemperatur zu steuern. Der Erdwärmeaustauscher muss bei Außentemperaturen größer 5 °C außer Betrieb genommen werden. Hierzu ist die Außenluft über einen Bypass anzusaugen.

Messung des Enthalpieänderungsgrades

Der in Bild 5.20 dargestellte Enthalpieänderungsgrad ist zahlenmäßig kleiner als der Temperaturänderungsgrad in Bild 5.19. Dies ist auf die unterschiedliche Definition der beiden Kenngrößen zurückzuführen. In dem Temperaturänderungsgrad wird der latente Wärmegewinn durch den aus Abluft kondensierenden Wasserdampf nicht berücksichtigt. Dadurch, dass die Außenlufttemperatur kleiner als die Taupunkttemperatur des Wasserdampfs in der Abluft ist, muss in der Praxis von einer Kondensation des Wasserdampfs beim Durchströmen des Wärmerückgewinners ausgegangen werden. Durch die Übertragung der bei der Kondensation freiwerdenden latenten Wärme wird die Temperatur der Außenluft beim Durchströmen des Wärmerückgewinners zusätzlich angehoben. Dagegen ist die Übertragung latenter Wärme in der Definition des Enthalpieänderungsgrads bereits implizit enthalten, da nicht die Temperaturen, sondern die Wärmeinhalte der ein- bzw. austretenden Luftströme miteinander verglichen werden.

Mit zunehmender Außenlufttemperatur verringert sich der latente Wärmegewinn aus der Abluft. Insoweit nähern sich beide Kenngrößen, der Temperatur- und der Enthalpieänderungsgrad, mit steigender Außenlufttemperatur einander an.

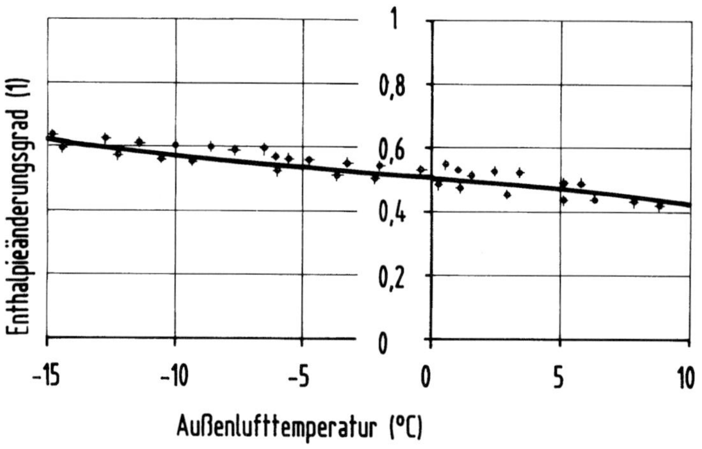

Bild 5.20: Zusammenhang zwischen dem Enthalpieänderungsgrad und der Außenlufttemperatur

Der latente Wärmegewinn aus der Abluft ist auch der Grund für den unterschiedlichen Verlauf des Temperatur- und des Enthalpieänderungsgrades mit zunehmender Außenlufttemperatur. Ein Vergleich des Temperaturänderungsgrades mit dem Enthalpieänderungsgrad ergibt, dass der Temperaturänderungsgrad mit steigender Außenlufttemperatur hyperbolisch und der Enthalpieänderungsgrad nahezu linear absinken. Der abnehmende Gradient beim Temperaturänderungsgrad muss ausschließlich auf den bei steigenden Außenlufttemperaturen zurückgehenden latenten Wärmegewinn aus der Abluft zurückgeführt werden (Bild 5.21), da in der ungleichen Behandlung des latenten Wärmegewinns aus der Abluft der einzige Unterschied in der Definition der beiden Kenngrößen besteht.

Leistungszahlen

Die Abhängigkeit der Kenngrößen eines Wärmeaustauschers von der Außenlufttemperatur hat auch Auswirkungen auf den Wärmerückgewinn und die sich daraus berechnende Leistungszahl. Die Leistungszahl der Wärmerückgewinnung wird als Quotient aus dem Wärmegewinn und dem Stromverbrauch definiert:

$$\varepsilon_{\text{elektr.}} = \frac{\dot{Q}_{\text{WRG}} + \dot{Q}_{\text{V}}}{P_{\text{elektr.}}} = \frac{\dot{V} \cdot \rho \cdot c \cdot (\vartheta_{\text{ZU}} - \vartheta_{\text{AU}})}{P_{\text{elektr.}}} \tag{5.6}$$

Hierin bedeuten:

c	[J/(kgK)]	spezifische Wärme
$P_{\text{elektr.}}$	[W]	elektrische Leistungsaufnahme des Lüftungsgerätes

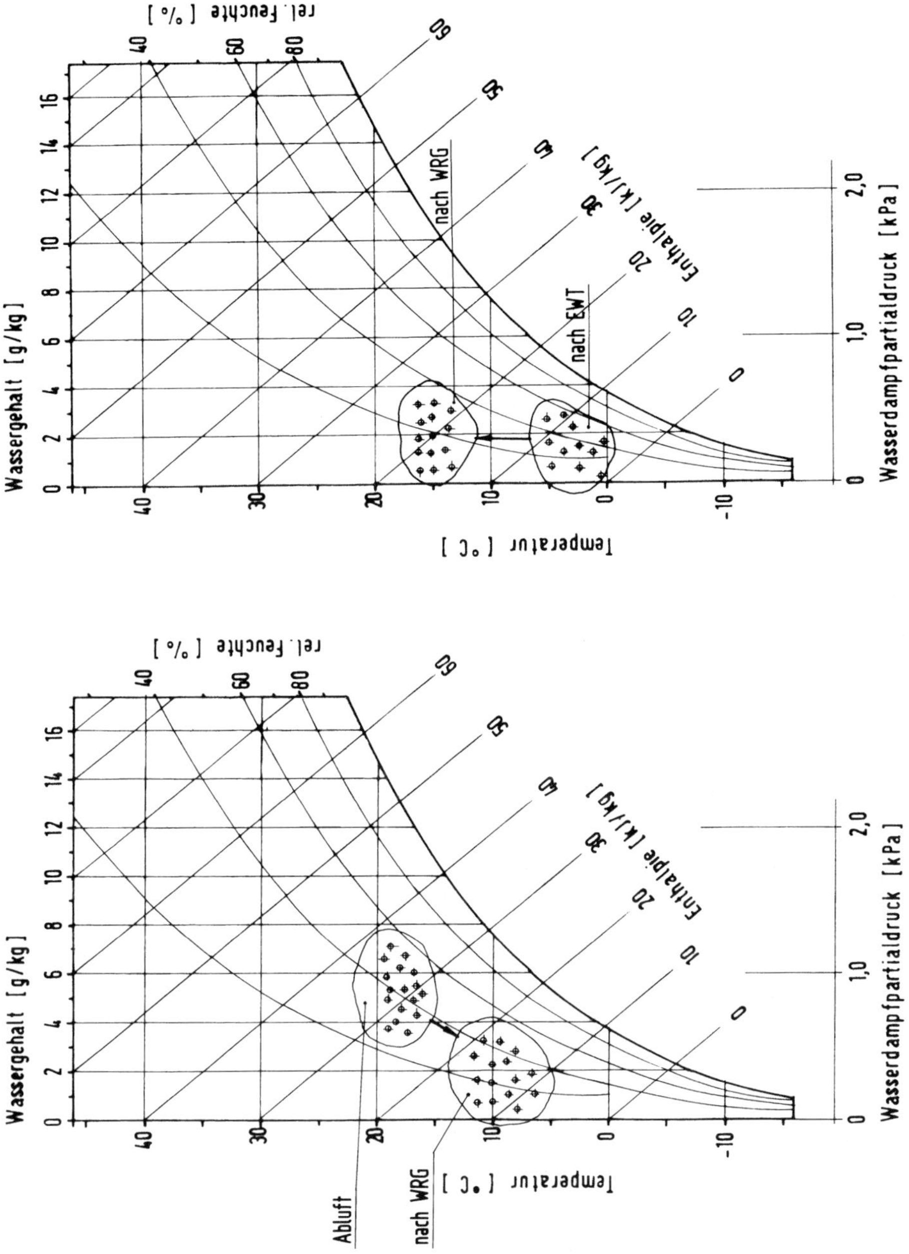

Bild 5.21: Darstellung der Zustandsänderungen im Wärmeaustauscher

$\dot{Q}_{WRG}$	[W]	Wärmerückgewinn
$\dot{Q}_{V}$	[W]	Wärmeabgabe des/der Ventilatoren und ggf. des Kompressors einer Wärmepumpe
$\dot{V}$	[m³/s]	Volumenstrom
$\varepsilon_{elektr.}$	[1]	Leistungszahl
ρ	[kg/m³]	Dichte
ϑ_{ZU}	[°C]	Zulufttemperatur
ϑ_{AU}	[°C]	Außenlufttemperatur

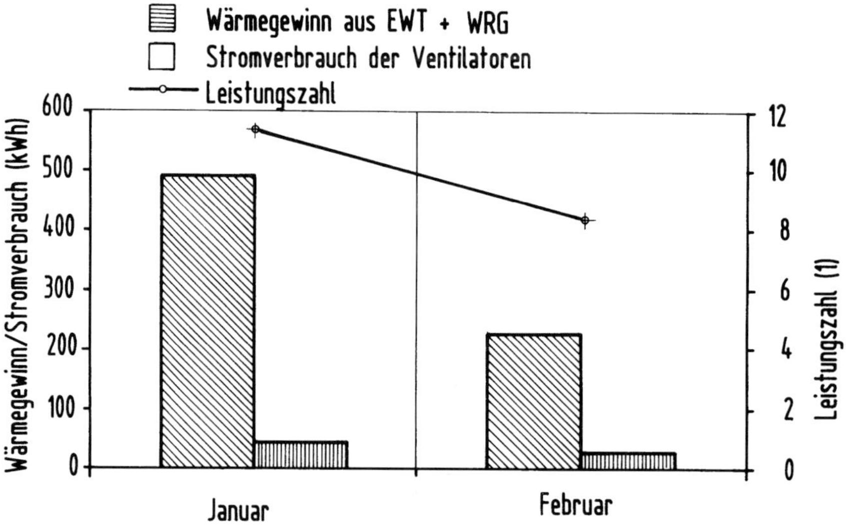

Bild 5.22: Wärmerückgewinn, elektrische Leistungsaufnahmen und Leistungszahlen

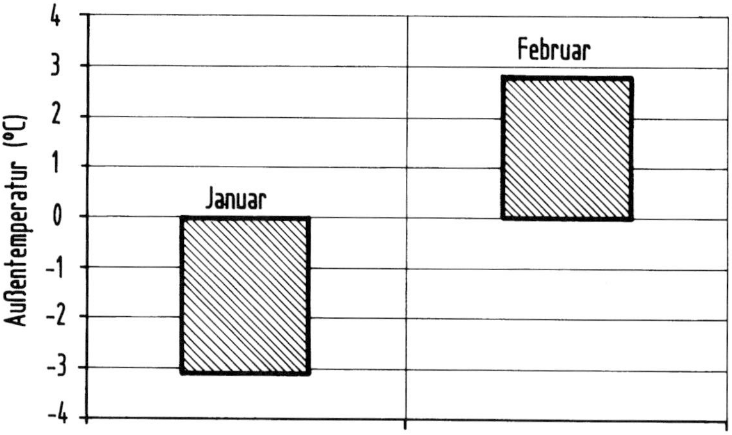

Bild 5.23: Außentemperaturen zu Bild 5.22

Die Bilder 5.22 und 5.23 zeigen den Wärmerückgewinn, den Stromverbrauch, die daraus berechnete Leistungszahl und die Außenlufttemperatur für die Monate Januar und Februar 1997. Da sich bei niedrigen Außenlufttemperaturen ein hoher Temperatur- und Enthalpieänderungsgrad einstellt, vergrößert sich auch der Wärmerückgewinn. Der Stromverbrauch ist dagegen unabhängig von der Außenlufttemperatur. Insoweit sinkt die Leistungszahl der Wärmerückgewinnung mit steigender Außenlufttemperatur.

Berechnung der Primärenergieeinsparung

Die Primärenergieeinsparung kann nicht unmittelbar gemessen, sondern muss aus Messwerten entsprechend der Vorgaben nach Gleichung 5.4 berechnet werden. Das Berechnungsergebnis ist in Bild 5.24 dargestellt. Bis zu einer Außentemperatur von 5 °C muss für das in dem Versuchshaus installierte Wohnungslüftungsgerät mit einer Primärenergieeinsparung zwischen 50 und 65 % gerechnet werden. Bei modernen Wohnungslüftungsgeräten mit Gegenstromwärmeaustauscher und geregelten Gleichstrommotoren zur Luftförderung sind noch größere Primärenergieeinsparungen erzielbar [115]. Dies verdeutlicht das mit einer mechanischen Wohnungslüftungsanlage mit Wärmerückgewinnung verbundene Einsparpotenzial. Wenn in der Praxis dieses Einsparpotenzial nicht umgesetzt werden kann, so ist das darauf zurückzuführen, dass der mechanische Luftwechsel noch nutzungsabhängig von einem natürlichen Luftwechsel überlagert wird [35]. Hieraus stellt sich das Erfordernis an die Konstruktion von Wohnungslüftungsanlagen, das mögliche Einsparpotenzial unabhängig von dem Nutzerverhalten zu ermöglichen.

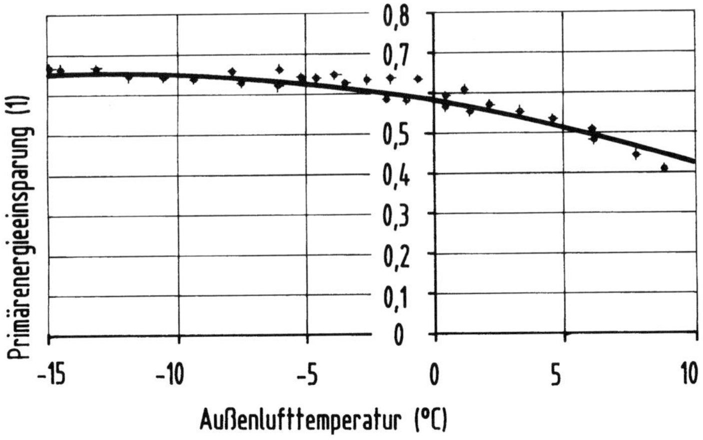

Bild 5.24: Zusammenhang zwischen der Primärenergieeinsparung und der Außenlufttemperatur

Wie im Falle des Temperatur- und des Enthalpieänderungsgrades ist auch bei der Primärenergieeinsparung eine Abhängigkeit von der Außenlufttemperatur gegeben. Die Ursachen für die Abhängigkeit der Kenngrößen von der Außenlufttemperatur wurden bereits bei der Diskussion der Messergebnisse zum Temperaturänderungsgrad genannt.

5.3.3.4 Nacherwärmung

Funktion

In Raumlufttechnischen Anlagen wird unter dem Nacherwärmer ein Lufterhitzer verstanden, der nach dem Luftkühler bzw. dem Umlaufsprühbefeuchter die Zuluft auf die gewünschte Einblastemperatur erwärmt. In Lüftungsanlagen für Gebäude mit niedrigem Heizwärmebedarf sind im Regelfall keine Luftkühler bzw. Umlaufsprühbefeuchter vorhanden. Der Nacherwärmer ist bei diesen Anlagen im Lüftungsgerät oder dezentral in den Luftkanälen bzw. in den Luftdurchlässen, in Strömungsrichtung nach der Wärmerückgewinnung angeordnet. Der Nacherwärmer hat folgende beiden Aufgaben:

- Vermeidung von Zugerscheinungen
- Teilweise oder vollständige Deckung der Transmissionsheizlast

Vermeidung von Zugerscheinungen

Durch die Wärmerückgewinnung wird die Außenluft nicht vollständig bis auf das Niveau der Raumlufttemperatur erwärmt. Selbst unter optimalen Bedingungen, d. h. bei einem Temperaturänderungsgrad von 0,9 oder bei Einsatz eines Erdwärmeaustauschers, liegt die Lufttemperatur nach dem Wärmeaustauscher unterhalb der Raumlufttemperatur (vgl. Bilder 5.21 und 5.25). Dies ist auch darauf zurückzuführen, dass in dem Wärmeaustauscher lediglich die mittlere Ablufttemperatur aller Räume wirksam wird. Sobald einige Räume eingeschränkt mit abgesenkter Lufttemperatur beheizt werden, stellen sich vor dem Wärmeaustauscher Ablufttemperaturen zwischen 15 und 18 °C ein. Mit diesen Ablufttemperaturen kann die Außenluft ohne Wärmepumpe oder Nacherwärmung alleine durch den Wärmeaustauscher nicht auf eine Zulufttemperatur von 20 °C erhitzt werden.

In Wohnungslüftungsanlagen werden hauptsächlich Tellerventile als Wand- oder Deckenauslässe und Steggitter als Wandauslässe eingesetzt. Mit diesen Zuluftdurchlässen kann die Zuluft in Daueraufenthaltsräumen nur isotherm eingeblasen werden [64]. Dasselbe gilt für Durchlässe die, bei einer Anordnung der Luftkanäle in der Fußbodenkonstruktion, in den Fußboden integriert sind. Bei einer

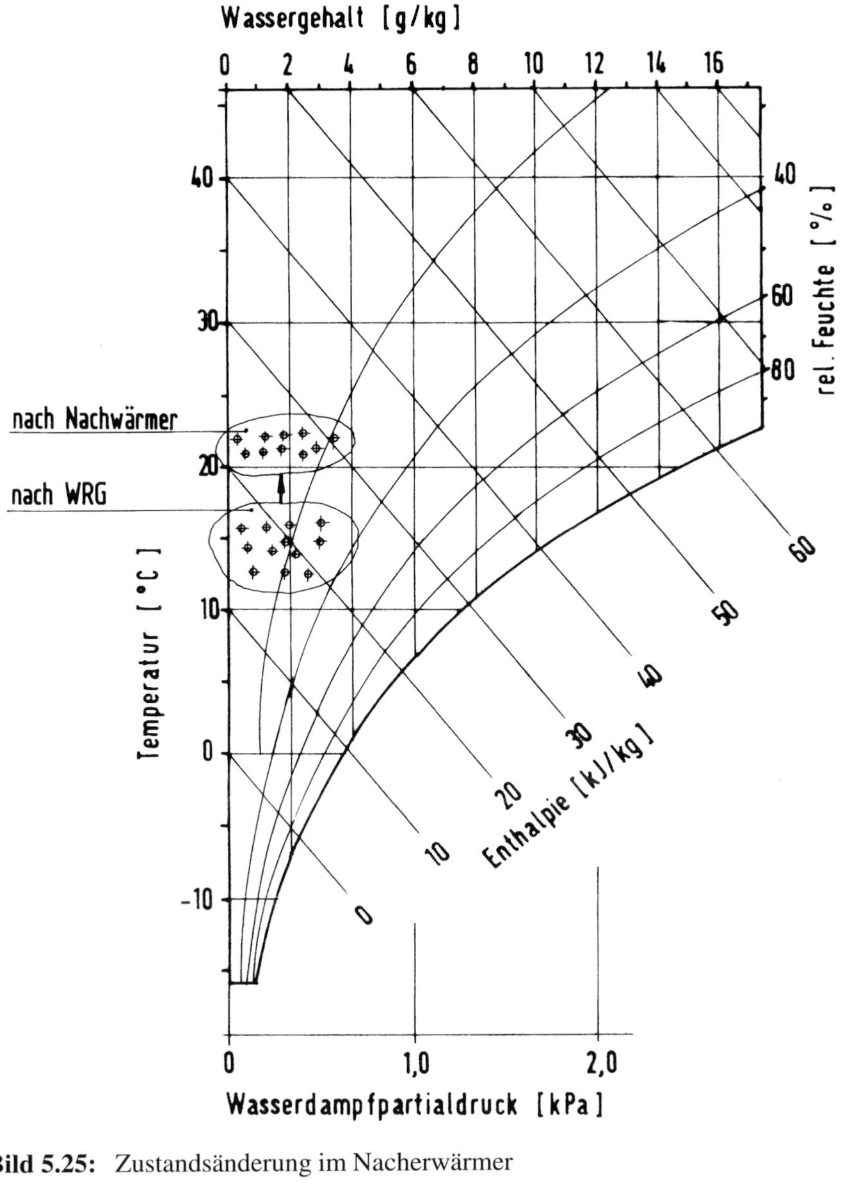

Bild 5.25: Zustandsänderung im Nacherwärmer

Anordnung der Zuluftdurchlässe in Daueraufenthaltsräumen könnten daher ohne Nacherwärmer Zugerscheinungen nicht völlig ausgeschlossen werden. Die Gefahr von Zugerscheinungen ist insbesondere bei der konventionellen Nutzenübergabe gegeben, bei der die Zuluft gerade in die Daueraufenthaltsräume eingeblasen wird.

Teilweise oder vollständige Deckung der Transmissionsheizlast

Wenn von der Lüftungsanlage auch die Transmissionsheizlast gedeckt werden soll, muss die Zuluft über die Raumlufttemperatur erwärmt werden. Die Wärmeleistung der Lüftungsanlage berechnet sich dann nach folgender Gleichung:

$$\dot{Q} = \dot{V} \cdot \rho \cdot c \cdot (\vartheta_{ZU} - \vartheta_{RL}) \qquad (5.7)$$

Hierin bedeuten:

$\dot{Q}$	[W]	Wärmeleistung der Lüftungsanlage zur Deckung der Transmissionsheizlast
$\dot{V}$	[m³/s]	Volumenstrom
ρ	[kg/m³]	Dichte
c	[J/(kgK)]	spezifische Wärme
ϑ_{ZU}	[°C]	Zulufttemperatur
ϑ_{RL}	[°C]	Raumlufttemperatur

In Passivhäusern ist eine dezentrale Anordnung von meist elektrisch beheizten Nacherwärmern für eine Gebäudebeheizung ausreichend. Die dezentrale Anordnung der Nacherwärmer bietet hier die zusätzliche Möglichkeit einer Einzelraumregelung, wie diese in der Heizungsanlagenverordnung und der Einergieeinsparverordnung verlangt wird.

5.3.3.5 Verteilung

Strömungsgeschwindigkeit und Dimensionierung

Bei dezentralen Lüftungsanlagen stellt sich naturgemäß nicht die Frage nach der Anordnung von Verteilkanälen und Stichleitungen. Dagegen erhält die Anordnung und Dimensionierung in zentralen Abluftanlagen sowie kombinierten Zu- und Abluftanlagen mit oder ohne Wärmerückgewinnung eine entscheidende Bedeutung. Durch die Leitungsführung und -dimensionierung werden die Anlagenwiderstände und damit auch die Anlagenkennlinie abschließend festgelegt. Aus dem Schnittpunkt der Anlagenkennlinie mit der Ventilatorkennlinie ermittelt sich der eigentliche Arbeitspunkt des Ventilators (Bild 5.26). Hierbei muss zum einen der Gesamtwiderstand des Rohrnetzes so niedrig wie möglich gehalten werden, da der Druckverlust mit dem Quadrat des Volumenstroms und die Leistungsaufnahme eines Ventilators mit der dritten Potenz des Volumenstroms ansteigen; d. h. mit einem niedrigen Druckverlust sinkt auch die Leistungsaufnahme des Ventilators und damit auch dessen Stromverbrauch. Zum anderen muss der Arbeitspunkt als Schnittpunkt der Anlagenkennlinie mit der Ventilatorkennlinie in einem Bereich mit einem möglichst hohen Wirkungsgrad des Ventilators zusammen fallen.

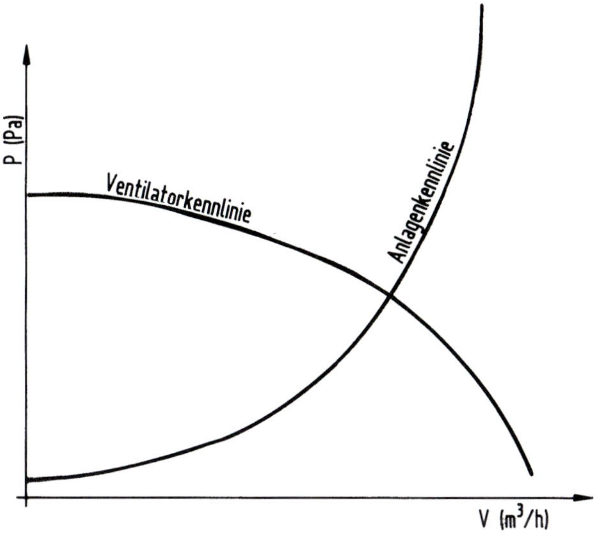

Bild 5.26: Anlagen- und Ventilatorkennlinie

In Tabelle 5.3 sind die Empfehlungen aus [64] und [91] den projektierten Strömungsgeschwindigkeiten für das Versuchshaus gegenübergestellt. Man erkennt deutlich, dass durch entsprechend große Leitungsquerschnitte die Strömungsgeschwindigkeiten und damit auch die Rohrreibung gesenkt werden. Bei niedrigen Strömungsgeschwindigkeiten erhält man eine sehr flache Anlagenkennlinie mit einem niedrigen Strömungswiderstand bzw. Strömungsverlust im Betriebspunkt.

Die Verringerung der Strömungsgeschwindigkeiten in den Luftleitungen ist insbesondere beim Einsatz eines Erdwärmeaustauschers wichtig. In den Luftleitungen des Erdwärmeaustauschers ergibt sich ein zusätzlicher Strömungswiderstand. Wenn der Strömungswiderstand des hausinternen Kanalnetzes gesenkt

Tabelle 5.3: Gegenüberstellung der in der Fachliteratur empfohlenen Strömungsgeschwindigkeiten mit den zur Projektierung der Lüftungsanlage in dem Versuchshaus verwendeten Strömungsgeschwindigkeiten

Leitungsart	Fachliteratur		Versuchshaus
	[91]	[64]	
Horizontale Verteilleitung	3–4 m/s	3 m/s	2,5 m/s
Vertikale Leitung im Schacht	3–4 m/s	3 m/s	1,8 m/s
Stichleitung	3–4 m/s	3–5 m/s	0,7–2,1 m/s

wird, kann hierdurch der zusätzliche Strömungswiderstand des Erdwärmeaustauschers kompensiert werden. Außerdem ist die Förderleistung und die Gesamtdruckerhöhung eines Lüftungsgerätes begrenzt. Wenn daher das Kanalnetz optimiert wird, kann man auf den früher unbedingt notwendigen Schubventilator zur Kompensation der Druckverluste im Erdwärmeaustauscher verzichten.

Konstruktion

Bei der Planung und Ausführung des Kanalnetzes sind neben dem Strömungswiderstand auch hygienische Aspekte zu berücksichtigen. Vor und nach dezentralen, wartungsbedürftigen Komponenten, wie z. B. Klappen oder dezentralen Heizregistern, müssen Revisionsöffnungen angeordnet werden. Außerdem sollten die gesamten Zuluftkanäle reinigbar sein, da ein Staubeintrag durch die in Wohnungslüftungsanlagen verwendeten Luftfilter der Klassen G3 bis F5 [8.3] nicht vollumfänglich vermieden werden kann. Dasselbe gilt streng genommen auch für die Abluftkanäle, da sich bei abgeschalteter Abluftanlage die Strömungsrichtung in Abhängigkeit von der Thermik im Gebäude und der Windanströmung umdrehen kann. Insoweit kann ein Eintrag von Verunreinigungen aus dem Abluftnetz in ein Gebäude nicht völlig ausgeschlossen werden.

Das Problem bei dem Herstellen der Zugänglichkeit von Luftkanälen besteht in der Minimierung der hierfür notwendigen Revisionsöffnungen innerhalb der Decken- und Wandkonstruktionen, hinter denen die eigentlichen Lüftungskanäle angeordnet sind. In dem Versuchshaus wird dieses Problem dadurch gelöst, dass die Abluftkanäle geschossweise in Sammelkästen zentral im Flur zusammengefasst werden. Über eine Revisionsöffnung in der Zwischendecke waren die Sammelkästen zugänglich. Die Anordnung eines Sammelkastens innerhalb einer Zwischendecke im Flur hat den Vorteil, dass es sich bei dem Flur nicht um einen Aufenthaltsraum handelt. Insoweit können die baurechtlichen Mindestvorgaben an die lichte Geschosshöhe unterschritten werden, so dass eine Installation des Sammelkastens innerhalb der Zwischendecke möglich ist.

5.3.3.6 Nutzenübergabe

Konventionelles System zur mechanischen Be- und Entlüftung

Die Luftführung in Wohnungslüftungsanlagen mit mechanischer Be- und Entlüftung beruhte bisher auf der Einteilung einer Wohnung bzw. eines Gebäudes in drei Zonen (Bild 5.27):

- Zuluftzone
- Überströmzone
- Abluftzone

Die Zuluft wird in den Aufenthaltsräumen (Zuluftzonen) eingeblasen. Von dort strömt die Zuluft über die Flure (Überströmzonen) den Räumen mit den Stofflasten zu. In den Türen, welche die Zuluftzonen von den Überströmzonen und die Überströmzone von den Abluftzonen trennen, sind Überström-Luftdurchlässe zu installieren, oder die Türblätter sind entsprechend zu kürzen. Zu den Abluftzonen gehören alle Räume mit erhöhten Stofflasten wie die Küche, das Bad und das WC. In diesen Räumen erfolgt die Abluftabsaugung.

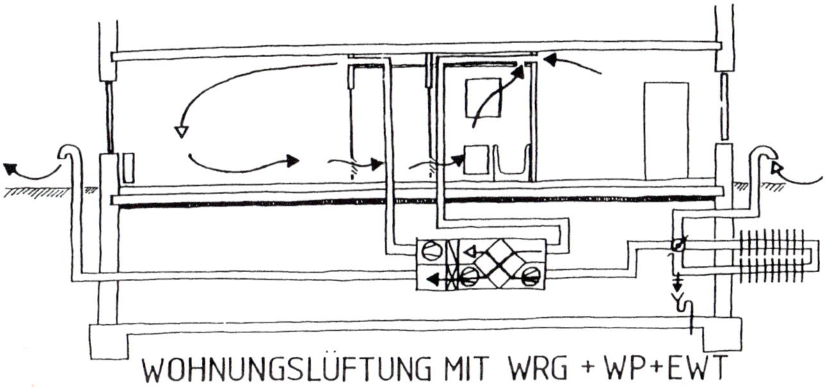

Bild 5.27: Konventionelle Nutzenübergabe für die mechanische Gebäudebe- und -entlüftung

Die Höhe der Außen- und Abluftvolumenströme für die vorstehende, konventionelle Luftführung wird durch die DIN 1946, Teil 6 [8.3] vorgegeben (siehe Tabellen 5.4 und 5.5). Zusätzlich muss bei der Bemessung der Außenluftvolumenströme berücksichtigt werden, dass personenspezifische Grenzwerte für den Außenluftvolumenstrom nicht unterschritten werden. Beim Einatmen nimmt ein Mensch Sauerstoff auf und gibt CO_2 ab. Ohne Lüftung würde daher die CO_2-Konzentration in einem Raum ansteigen. Als Grenzwert der aus physiologischen Gründen noch zulässigen CO_2-Konzentration wird in der Fachliteratur häufig die Pettenkoffer-Zahl mit 0,1 Vol-Prozent oder 1.000 ppm genannt [91]. Mit dem Ziel einer Verringerung des personenspezifischen Außenluftvolumenstroms wird eine Anhebung dieses Grenzwertes auf 1.500 ppm zugelassen, ohne dass hygienische Beeinträchtigungen zu erwarten sind [84]. Hierdurch wird der Wärme- und Kältebedarf zur Erwärmung bzw. Abkühlung der Außenluft reduziert. Der MAK-Grenzwert (**m**aximale **A**rbeitsplatz **K**onzentration) beträgt 5.000 ppm [7].

Tabelle 5.4: Außenluftvolumenströme nach DIN 1946, Teil 6 [8.3]

Wohnungsgruppe	Wohnungsgröße	Geplante Belegung Personen	Planmäßige Außenluftvolumenströme	
			Freie Lüftung	Maschinelle Lüftung
I	< 50 m^2	bis 2	60 m^3/h	60 m^3/h
II	> 50 m^2 < 80 m^2	bis 4	90 m^3/h	120 m^3/h
III	> 80 m^2	bis 6	120 m^3/h	180 m^3/h

Tabelle 5.5: Abluftvolumenströme nach DIN 1946, Teil 6 [8.3]

Raum	Planmäßiger Abluftvolumenstrom	
	Betriebsdauer > 12 h/d	Beliebige Betriebsdauer
Küche (Grundlüftung)	40 m^3/h	60 m^3/h
Küche (Intensiv- oder Bedarfslüftung)	200 m^3/h	200 m^3/h
Kochnische	40 m^3/h	60 m^3/h
Bad (auch mit WC)	40 m^3/h	60 m^3/h
WC	20 m^3/h	30 m^3/h

Für eine leichte, vorwiegend sitzende Tätigkeit beträgt der zur Einhaltung eines Grenzwertes von 1.000 ppm CO_2 notwendige, personenspezifische Außenluftvolumenstrom 30 m^3/h [91]. Dieser Grenzwert wurde auch in die Normung für Raumlufttechnische Anlagen übernommen [8.2]. Bei einer geringeren Aktivität (z. B. Schlafen) kann man den aus hygienischen Gründen erforderlichen Außenluftvolumenstrom senken. Für eine erhöhte Aktivität (z. B. im Kinderzimmer) muss der Außenluftvolumenstrom angehoben werden.

Bezogen auf die Gebäudeaufteilung bzw. die Geschossgrundrisse des Versuchshauses sind die erforderlichen personenspezifischen Außenluftvolumenströme auf Grundlage der DIN 1946, Teil 6 [8.3] in der Tabelle 5.6 dargestellt. Hierbei wurde für Kinderzimmer wegen der erhöhten Aktivität ein spezifischer Volumenstrom von 40 m^3/h angesetzt. Im Schlafzimmer wurde der personenspezifische Außenluftvolumenstrom um 10 m^3/h auf 20 m^3/h gesenkt. In derselben Tabelle sind die in DIN 1946, Teil 6 [8.3] geforderten Abluftvolumenströme und die sich aus der

Tabelle 5.6: Volumenströme und Luftwechsel für die konventionelle mechanische Be- und Entlüftung von Wohnungen

Raum	Zuluft	Abluft	Luftwechsel
Wohnen, EG	60 m^3/h	0 m^3/h	0,6 h^{-1}
Arbeiten	30 m^3/h	0 m^3/h	1,4 h^{-1}
Küche, EG	0 m^3/h	60 m^3/h	2,5 h^{-1}
WC, EG	0 m^3/h	30 m^3/h	5,9 h^{-1}
Schlafen, DG	40 m^3/h	0 m^3/h	1,1 h^{-1}
1. Kind, DG	40 m^3/h	0 m^3/h	1,3 h^{-1}
2. Kind, DG	40 m^3/h	0 m^3/h	1,3 h^{-1}
Bad, DG	0 m^3/h	60 m^3/h	2,9 h^{-1}

Raumgeometrie ergebenden Luftwechselzahlen eingetragen. Für das Versuchshaus wird ein Außenluftvolumenstrom von 210 m^3/h benötigt, der einen Luftwechsel von 0,63 h^{-1}, bezogen auf das Gebäudevolumen, bewirkt. Der auf Grundlage der DIN 1946, Teil 6 [8.3] geforderte Abluftvolumenstrom in den Räumen mit Luftverschlechterung ist mit 150 m^3/h geringer als Außenluftvolumenstrom. Für eine ausgeglichene Volumenstrombilanz muss daher der Abluftvolumenstrom angehoben werden. Im vorliegenden Fall wäre der Abluftvolumenstrom für die Küche und das Bad auf 90 m^3/h zu erhöhen.

Der Vorteil der konventionellen Luftverteilung besteht darin, dass in den Daueraufenthaltsräumen, den Zuluftzonen, die gesamte Außenluft eingeblasen wird. Hierdurch stellt sich in diesen Räumen ein größerer Luftwechsel als für das gesamte Gebäude ein, so dass die Raumluftqualität in diesen Räumen verbessert wird. Auch in den Räumen mit möglichen Beeinträchtigungen in der Raumluftqualität, den sog. Abluftzonen, wird der Raumluftwechsel erhöht, indem in diesen Räumen die gesamte Abluft abgesaugt wird. Aufgrund des erhöhten Raumluftwechsels in den Abluftzonen werden die Schadstoffe in der Raumluft schneller abgesaugt. Der Nachteil der konventionellen Luftführung bei der Wohnungslüftung besteht in den großen, erforderlichen Außenluftvolumenströmen, der sich allein auf Grundlage der personenspezifischen Grenzwerte ergibt.

Das Problem bei der konventionellen Luftführung liegt darin, dass die Volumenströme von Wohnungslüftungsanlagen bisher nicht geregelt wurden. Streng genommen handelt es sich bei Wohnungslüftungsanlagen im Sinne der DIN 1946, Teil 1 um ein Nur-Luft-System mit konstantem Volumenstrom. Damit alle mechanisch belüfteten Räume ausreichend mit Außenluft versorgt werden, muss jeder

Raum mit dem Soll-Außenluftvolumenstrom beaufschlagt werden. Hieraus ergibt sich ein großer Außenluftvolumenstrom, der am Beispiel des Versuchshauses ca. 210 m^3/h beträgt. Hiermit werden 90 m^3/h mehr Außenluft eingeblasen, als zur Außenluftversorgung eines Vier-Personenhaushalts auf Grundlage der CO_2-Bilanz nach Pettenkoffer erforderlich wären. Durch den erhöhten Außenluftvolumenstrom einer konventionellen Nutzenübergabe wird einerseits die Raumluftqualität erhöht [55, 87]. Andererseits ist mit dem erhöhten Außenluftvolumenstrom ein Heizenergiemehrverbrauch verbunden. Dieser Heizenergiemehrverbrauch resultiert daraus, dass insbesondere in der Übergangszeit zusätzlich zur mechanischen Lüftung auch noch die Fenster geöffnet werden [35, 93].

Eine Volumenstromregelung einer Lüftungsanlage mit konventioneller Luftführung hätte sowohl in den Zuluftkanälen als auch in den Abluftkanälen motorisch gesteuerte Klappen zur Anpassung des Volumenstroms an den Bedarf in den einzelnen Räumen erfordert. Hierdurch werden nicht nur die investitionsgebundenen Kosten wegen der zusätzlich erforderlichen Volumenstromregelungen erhöht, sondern es entstehen zusätzliche Stromkosten aufgrund des Strömungswiderstandes der Klappensteuerungen. Außerdem müssen Volumenstromregler regelmäßig gewartet werden [22].

System mit reduziertem Außenluftvolumenstrom

Eine Reduzierung des Außenluftvolumenstroms erfordert eine Änderung der Luftführung bzw. der Nutzenübergabe, um mit einfachen anlagentechnischen Maßnahmen den Luftwechsel in den einzelnen Räumen den momentanen Erfordernissen (Grund- oder Bedarfslüftung) anpassen zu können. Hierzu muss die Zuluft zentral in den Wohnungsfluren eingeblasen werden (Bild 5.28). In den zu belüftenden Räumen werden Abluftdurchlässe angeordnet. Der Unterschied zur konventionellen Luftführung besteht darin, dass nicht nur in der Küche, dem Bad und dem WC, sondern auch in Wohn-, Schlaf-, Arbeits- und Kinderzimmern Abluft abgesaugt wird. Die Aufenthaltsräume gehören damit zu der Abluftzone. Die Luftführung von den Fluren in die Räume der Abluftzone ist mit der Dortmunder Schachtlüftung (siehe Abschnitt 5.2.3) vergleichbar.

Eine Anpassung des Luftwechsels an die Belastung der Raumluft mit Schadstoffen ist durch steuerbare Klappen in den Abluftdurchlässen mit vergleichsweise geringem anlagentechnischen Aufwand möglich. Der Zuluftvolumenstrom bleibt konstant. Hierdurch wird der Luftwechsel derjenigen Räume erhöht, in denen nutzungsbedingt eine höhere Belastung durch Schadstoffe gegeben ist. In den übrigen unbelasteten Räumen verringert sich der Luftwechsel entsprechend. Die Zuluft- und Abluftvolumenströme für das unter Abschnitt 2.1 vorgestellte Versuchshaus sind in Tabelle 5.7 dargestellt.

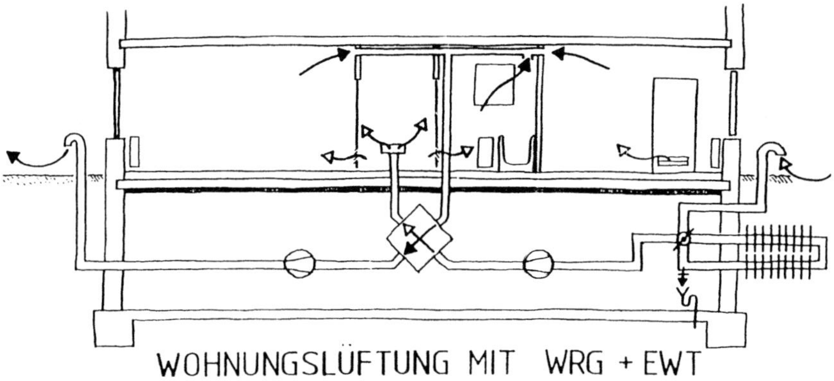

Bild 5.28: Modifizierte Nutzenübergabe für die mechanische Gebäudebe- und -entlüftung

Tabelle 5.7: Volumenströme und Luftwechsel für das System mit reduziertem Außenluftvolumenstrom

Raum	Zuluft	Abluft		Luftwechsel	
		Grund-lüftung	Bedarfs-lüftung	Grund-lüftung	Bedarfs-lüftung
Flur EG	30 m³/h	0 m³/h	–	0,9 h⁻¹	–
Wohnen, EG	40 m³/h	20 m³/h	60 m³/h	0,4 h⁻¹	0,6 h⁻¹
Arbeiten	0 m³/h	15 m³/h	–	0,7 h⁻¹	–
Küche, EG	0 m³/h	20 m³/h	60 m³/h	0,8 h⁻¹	2,5 h⁻¹
WC, EG	0 m³/h	15 m³/h	–	3,0 h⁻¹	–
Flur DG	70 m³/h	0 m³/h	–	5,7 h⁻¹	–
Schlafen, DG	0 m³/h	20 m³/h	–	0,6 h⁻¹	–
1. Kind, DG	0 m³/h	15 m³/h	–	1,0 h⁻¹	–
2. Kind, DG	0 m³/h	15 m³/h	–	1,0 h⁻¹	–
Bad, DG	0 m³/h	20 m³/h	60 m³/h	1,0 h⁻¹	2,9 h⁻¹

Für das Bad, die Küche und das Wohnzimmer ist eine Erhöhung des Abluftvolumenstroms in Form einer Bedarfslüftung möglich. Im Bad und in der Küche wird die Luftverschlechterung von einer Erhöhung des Wasserdampfgehaltes begleitet. Als Kenngröße für die Regelung des Abluftvolumenstroms wird daher der über einen Hygrostaten gemessene Wasserdampfgehalt der Raumluft herangezogen. Im Wohnzimmer stellt der Wasserdampfgehalt der Raumluft keine ideale Regelgröße für die Bedarfslüftung dar, da sich nutzungsbedingt, z. B. infolge einer erhöhten CO_2-Konzentration oder aufgrund der Ausdünstungen von Menschen und Haustieren, die Raumluftqualität verschlechtern kann, ohne dass hierbei der Wasserdampfgehalt signifikant ansteigt. Insoweit bietet sich für derartige Aufenthaltsräume die Regelung des Abluftvolumenstroms über einen CO_2- oder einen Mischgassensor an.

Die eigentliche Regelung des Abluftvolumenstroms erfolgt über Klappen in den Abluftdurchlässen, den sog. Wandfortluftautomaten. Während der Grundlüftung verschließt die Klappe den Abluftdurchlass vollständig. Lediglich über eine kreisrunde kleine Öffnung in der Klappe gelangt die Abluft bei der Grundlüftung von dem Abluftdurchlass in den Abluftkanal. Sobald von den Sensoren eine Verschlechterung der Raumluftqualität in Form eines erhöhten Wasserdampfgehaltes bzw. eines erhöhten Mischgasanteils gemeldet wird, wird die Klappe vollständig geöffnet. Hierdurch wird für die Bedarfslüftung ein erhöhter Querschnitt freigegeben, mit dem die Absaugung eines größeren Abluftvolumenstroms möglich ist.

Das vorstehend erläuterte System zur Luftverteilung sieht für die Aufenthaltsräume bis auf das Wohnzimmer lediglich eine Grundlüftung vor. Die Zuluftvolumenströme sind so klein, dass damit eine ausreichende personenspezifische Außenluftversorgung bzw. eine Begrenzung des CO_2-Gehaltes nicht mehr unbedingt, d. h. bezogen auf die Pettenkofferzahl, sichergestellt werden kann. Dies ist mit der vorhandenen Luftverteilung auch nicht beabsichtigt. Vielmehr wird in dem Schlaf- und den Kinderzimmern lediglich der aus bauphysikalischen Gründen erforderliche Mindest-Außenluftvolumenstrom zur Vermeidung von Bauschäden abgesaugt. Die Bedarfslüftung dieser Räume soll weiterhin natürlich durch Stoßlüftung erfolgen.

Während der Zeiträume, in denen aus den Räumen mit steuerbaren Abluftdurchlässen ein erhöhter Volumenstrom als Bedarfslüftung abgesaugt wird, verringern sich gleichzeitig die Abluftvolumenströme in den übrigen Räumen. Die Auswirkungen des reduzierten Abluftvolumenstroms auf die Lufterneuerung der hiervon betroffenen Räume sind jedoch vernachlässigbar, da die Bedarfslüftung zum einen zeitlich begrenzt ist. Zum anderen stellt die nutzungsbedingte Erhöhung des Abluftvolumenstroms im Wohnzimmer, in der Küche und im Bad ein Zeichen dafür dar, dass sich in diesen Räumen gerade Menschen aufhalten und dass insoweit in diesen Räumen ein höherer personenspezifischer Außenluftbedarf benötigt wird.

Im besonderen Fall des Versuchshauses wird in der Toilette im EG lediglich ein Abluftvolumenstrom von 15 m^3/h abgesaugt. Insoweit werden die Anforderungen der DIN 1946, Teil 6 [8.3] um 25 % unterschritten. Die Unterschreitung der Normwerte war im vorliegenden Fall noch tolerierbar, da es sich bei der Toilette um einen sehr kleinen Raum handelte, so dass auch bei einem geringeren Abluftvolumenstrom, als dieser in den Regeln der Technik gefordert wird, immer noch ein ausreichender Luftwechsel erzeugt wurde.

Die Luftwechselzahl bezogen auf das gesamte Gebäude beträgt 0,4 h^{-1}. Damit ist der Luftwechsel ausreichend, um den aus bauphysikalischen Gründen notwendigen Außenluftbedarf sicherzustellen. Außerdem kann in den Räumen mit nutzungsbedingter Luftverschlechterung der Außenluftvolumenstrom angehoben werden.

In [93] wird nachgewiesen, dass auch in Gebäuden mit mechanischer Wohnungslüftung nutzungsbedingt eine zusätzliche natürliche Lüftung über geöffnete Fenster stattfindet. Der hieraus resultierende Luftwechsel wird in der DIN 4108, Teil 6 [10.3] mit 0,2 h^{-1} angesetzt. Für das vorstehend vorgestellte Wohnungslüftungssystem mit reduziertem Außenluftvolumenstrom würde dies bedeuten, dass der Gesamt-Luftwechsel 0,6 h^{-1} beträgt. Damit liegt der Luftwechsel in einem für Niedrigenergiehäuser sehr günstigen Bereich [10.3]. Der Vorteil des Wohnungslüftungssystems mit reduziertem Außenluftvolumenstrom im Vergleich zu einem Gebäude mit ausschließlich natürlicher Lüftung besteht jedoch darin, dass der von dem Wohnungslüftungsgerät eingeblasene Außenluftvolumenstrom durch die Wärmerückgewinnung vorgewärmt wird. Hierbei können Primärenergieeinsparungen über 50 % erzielt werden.

Mit der Anordnung der Zuluftdurchlässe in den Fluren ist ein weiterer Vorteil verbunden, da Zugerscheinungen vermindert werden. Bei den Fluren handelt es sich nicht um Aufenthaltsräume, so dass in Fluren geringere Anforderungen an die thermische Behaglichkeit bestehen. Da die Regeln der Technik für Flure lediglich eine Raumtemperatur von 15 °C vorschreiben [11.2], könnte man sogar auf die ansonsten erforderliche Nacherwärmung verzichten. Durch den Erdwärmeaustauscher und die Wärmerückgewinnung würde die Zuluft in die Flure nahezu isotherm eingeblasen werden. Wegen der untergeordneten Nutzung der Flure ist im Sommerfall auch ein begrenzter Einsatz der Wohnungslüftungsanlage zur Gebäudekühlung möglich. Wenn gekühlte Raumluft in die Flure eingeblasen wird, dann ist dort aus nicht mit Zugerscheinungen zu rechnen. Dagegen ist bei der konventionellen Luftführung zwangsläufig mit Beeinträchtigungen in der thermischen Behaglichkeit zu rechnen, wenn im Sommer gekühlte Luft in die Aufenthaltsräume eingeblasen werden würde, weil sich die für die Wohnungslüftung verwendeten Luftdurchlässe nicht für einen Kühlbetrieb eignen. Auf die Einsatzmöglichkeiten einer Wohnungslüftungsanlage zur Gebäudekühlung wird in Abschnitt 5.4 noch eingegangen.

In dem Versuchshaus musste von der vorstehend erläuterten Luftführung geringfügig abgewichen werden. Bei der Küche handelt es sich um einen gefangenen Raum, der nur über das Wohn-/Esszimmer betreten werden kann. Um eine ausreichende Zuluftversorgung der Küche sicherzustellen, wurde daher ein weiterer Zuluftdurchlass im Wohnzimmer angeordnet.

Mechanische Abluftabsaugung mit natürlicher Zuluftnachströmung

Früher gehörten zu den Räumen, die an eine Abluftanlage anzuschließen waren, innenliegende Bäder, WC's und Küchen. In Ausnahmefällen wurden auch außenliegende Küchen mit einer Dunstabzugshaube ausgerüstet, deren Fortluft ins Freie ausgeblasen wurde. Die Zuluftnachströmung erfolgte entweder über natürlich belüftete Nachbarräume, Zuluftschächte oder Außenwand-Luftdurchlässe.

Wegen der hohen Luftdichtheit moderner Gebäude mit niedrigem Heizwärmebedarf ist eine lediglicher Entlüftung innenliegender Räume mit nutzungsbedingter Luftverschlechterung nicht mehr ausreichend. Vielmehr muss auch in Aufenthaltsräumen bei einer unzureichenden Fensterlüftung mit einer Erhöhung der Schadstoffkonzentration gerechnet werden. Hiervon sind insbesondere die Schlafzimmer betroffen. Während der Nachtstunden kann sich bei geschlossenen Fenstern der CO_2-Gehalt signifikant erhöhen. In Extremfällen wird der MAK-Wert der CO_2-Konzentration erreicht bzw. sogar überschritten. Wenn in Gebäuden mit geringem Heizwärmebedarf auf eine mechanische Be- und Entlüftung verzichtet wird, sollte daher zur Sicherstellung einer ausreichenden Raumluftqualität eine Abluftanlage angeordnet werden.

Die Luftführung einer mechanischen Gebäudeentlüftung basiert auf demselben Konzept wie die mechanische Be- und Entlüftung mit reduziertem Außenluftvolumenstrom. In den Räumen, in denen mit einer Belastung der Raumluft bei der Nutzung zu rechnen ist, werden Abluftdurchlässe angeordnet, die an eine zentrale Abluftanlage angeschlossen sind (Bild 5.29). Die Steuerung des Abluftvolumenstroms erfolgt über die Raumluftqualität (Wasserdampf, CO_2, Mischgase). An Stelle der zentralen Abluftanlage ist auch die Installation mehrerer dezentraler Abluftventilatoren möglich. Bei einer dezentralen Abluftabsaugung ist technisch in der Regel jedoch keine Wärmerückgewinnung mehr möglich. An Stelle einer mechanischen Belüftung erfolgt eine natürliche Zuluftnachströmung über Außenwand-Luftdurchlässe (siehe Abschnitt 5.2.2).

Da bei einer zentralen Abluftanlage der Wärmeinhalt der Abluft naturgemäß nicht auf die Zuluft übertragen werden kann, erfolgt die Wärmerückgewinnung entweder auf den Wärmeträger der Gebäudeheizung, d. h. das Heizwasser der Warmwasser-Zentralheizung, oder auf das Trinkwasser im Trinkwassererwärmer. Von Trümper stammt der Vorschlag zur Nutzung einer Absorptionswärmepumpe [109, 112]. Bisher bestand der Nachteil derartiger Techniken darin, dass die Nutzwärme einer Abluft-Wärmepumpe wegen des hohen Heizwärmebedarfs im Gebäudebestand nicht nennenswert zu dessen Deckung beitrug. In Passivhäusern ist jedoch die von einer Abluft-Wärmepumpe bereitgestellte Heizwärme zur Deckung des Bedarfs fast ausreichend. Für Niedrigenergie- und Ultrahäuser wird neben der Abluftwärmepumpe ein weiterer Wärmeerzeuger benötigt. Mittlerweile gehören

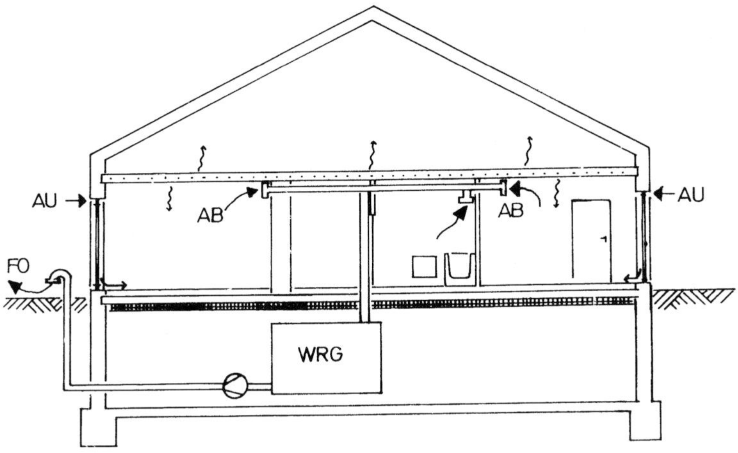

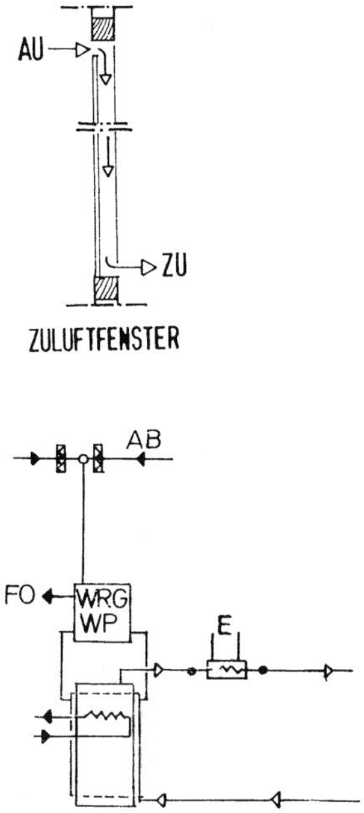

Bild 5.29: Modifizierte Nutzenübergabe für die mechanische Gebäudeentlüftung

Abluftanlagen mit Wärmerückgewinnung über eine Wärmepumpe zum Stand der Technik [63].

▶ Zusammenfassung für Querleser

Wegen der erhöhten Gebäudedichtheit ist auch für natürlich lüftbare Aufenthaltsräume in Wohnungen zumindest eine mechanische Abluftanlage notwendig, wenn eine Schadstoffanreicherung gesichert vermieden werden soll. Die Abluftabsaugung sollte in den Räumen mit planmäßiger Luftverschlechterung regelbar erfolgen. Als Regelgrößen kommt die Wasserdampfkonzentration sowie der CO_2- und der Mischgasgehalt in Frage. Eine über die mechanische Entlüftung hinausgehende Komforterhöhung ist nur durch eine mechanische Belüftung möglich. Wenn gleichzeitig durch die Wärmerückgewinnung der Heizwärmebedarf unabhängig vom Nutzerverhalten gesenkt werden soll, muss sich die Leistung der Lüftungsanlage an der aus bauphysikalischen Gründen erforderlichen Grundlüftung orientieren. Dies erfordert eine von bisherigen Wohnungslüftungsanlagen abweichende Luftführung.

5.4 Sommerlicher Wärmeschutz und Raumkühlung

5.4.1 Kühlbedarf in Wohngebäuden

5.4.1.1 Sommerlicher Wärmeschutz

Das Ziel, während der Heizperiode die Sonneneinstrahlung zur Deckung des Wärmebedarfs passiv zu nutzen, führt im Sommer zu einem Zielkonflikt. Wenn keine zusätzlichen Maßnahmen zum sommerlichen Wärmeschutz, hierzu gehören ein außenliegender Sonnenschutz, eine ausreichende Wärmespeicherfähigkeit der Raumumschließungsflächen und eine Optimierung der natürlichen Gebäudelüftung, berücksichtigt werden, kann über die für die passive Sonnenenergienutzung charakteristischen, raumhohen und nach Süden orientierten Verglasungen ein Wärmeeintrag erfolgen, der zu Beeinträchtigungen in der thermischen Behaglichkeit führt (Bilder 5.30 und 5.31):

- Durch die Fenster kann die Sonneneinstrahlung in ein Wohngebäude gelangen und die Raumlufttemperatur bzw. die Empfindungstemperatur so weit anheben, bis das thermische Raumklima nicht mehr als behaglich empfunden wird.
- Die Fenster weisen auch bei hochgedämmten Profilen sowie Dreifachverglasungen mit Edelgasfüllung und mehreren low-ε-Schichten eine höhere Wärmedurchgangszahl als die opaken Außenbauteile auf. Insoweit ist im Bereich der Verglasungen während des Sommers auch ein erhöhter Wärmestrom von außen nach innen gegeben.

5.4.1.2 Bedeutung der Speicherfähigkeit

Gebäude in Leichtbauweise reagieren auf die inneren und äußeren Lasten wesentlich flinker als Gebäude in Massivbauweise. Insoweit ist bei derartigen Gebäuden das Problem des sommerlichen Wärmeschutzes wesentlich bedeutungsvoller als bei Gebäuden in Massivbauweise (Bild 5.32). Diese Zusammenhänge sind bereits lange bekannt [58, 89, 119] und haben Eingang in die Normung gefunden. In der DIN 4108, Teil 2 [10.2], wird bei den Maßnahmen zur Verbesserung des sommerlichen Wärmeschutzes zwischen der leichten und schweren Innenbauweise unterschieden wird. Die DIN 4108 berücksichtigt lediglich die Bauweise der Innenbauteile bei der Beurteilung der Speicherfähigkeit eines Raumes oder eines Gebäudes. Hierdurch werden Wärmedämmverbundsysteme, die nachgewiesenermaßen das thermische Raumklima im Sommer positiv beeinflussen, hinsichtlich der Speicherfähigkeit der Außenbauteile vernachlässigt [31].

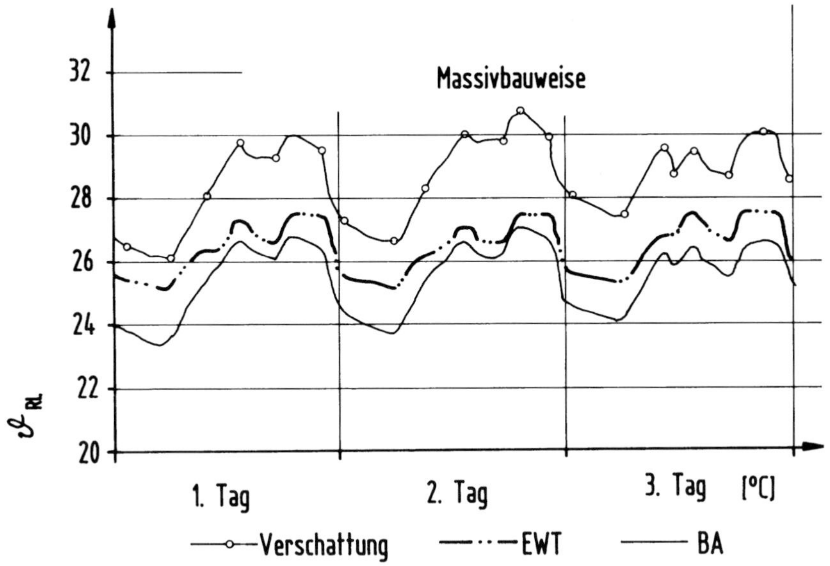

Bild 5.30: Raumlufttemperaturverlauf für den Sommerfall (Massivbauweise; BA – Bauteilaktivierung; EWT – Erdwärmeaustauscher VS-Verschattung der Fenster durch einen außenliegenden Sonnenschutz)

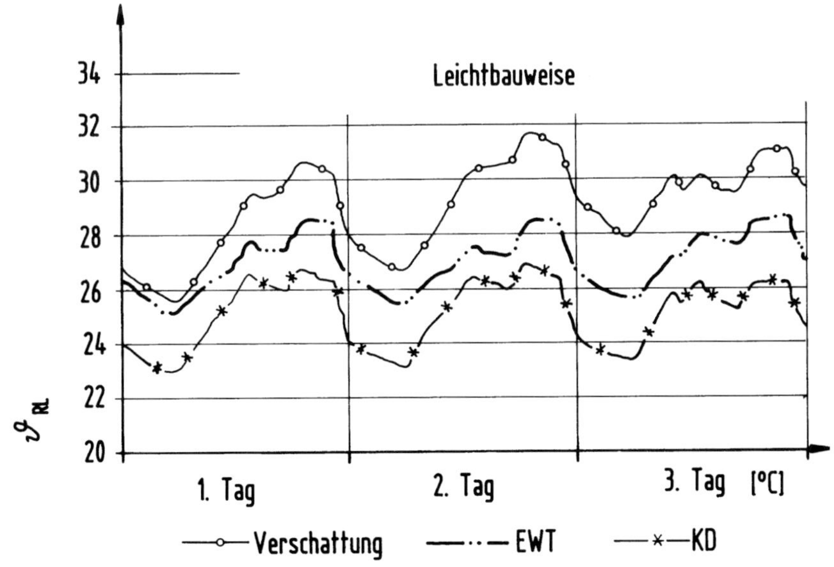

Bild 5.31: Raumlufttemperaturverlauf für den Sommerfall (Leichtbauweise; KD – Kühldecke; EWT – Erdwärmeaustauscher; VS – Verschattung der Fenster durch einen außenliegenden Sonnenschutz)

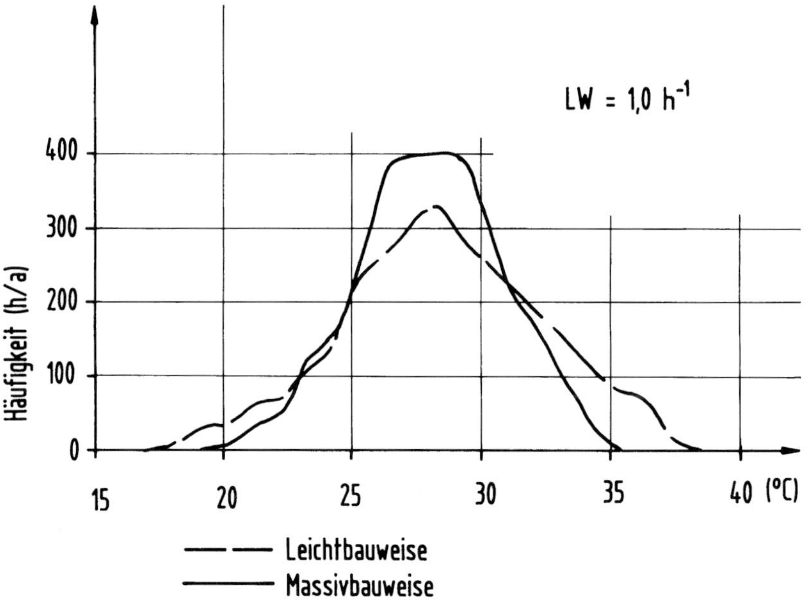

Bild 5.32: Häufigkeitsdiagramm zur Darstellung des Einflusses der Bauweise auf die Raumlufttemperatur

5.4.1.3 Zusätzliche Einflüsse auf den sommerlichen Wärmeschutz

Außer der Speicherfähigkeit der Raumumschließungsflächen kann das thermische Raumklima noch durch folgende Maßnahmen positiv beeinflusst werden:

- Außenliegender Sonnenschutz
  - Jalousien
  - Stores
  - Verschattung
- Erhöhung des Luftwechsels während der Zeiten mit niedrigen Außentemperaturen (Nachtkühlung, freie Kühlung)
- Installation einer geregelten Luftkühlung
  - Kompressionskältemaschinen
  - Absorptionskältemaschinen
  - Wärmepumpen mit Umkehrschaltung
- Nutzung des Erdwärmeaustauschers zur Ankühlung und Antrocknung der Zuluft
- Bauteilaktivierung
  - Kompressionskältemaschinen
  - Absorptionskältemaschinen

- Wärmepumpen mit Umkehrschaltung
- Fundamentspeicher
- Erdreichspeicher

▶ Zusammenfassung für Querleser

Aufgrund der verbesserten Wärmedämmung und des erhöhten Deckungsgrades der Sonneneinstrahlung an dem Heizwärmebedarf sind für den Sommerfall zusätzliche Maßnahmen zu treffen, um gesichert eine als unbehaglich empfundene Überwärmung zu vermeiden. Neben baulichen Maßnahmen, wie eine Erhöhung der Speichermassen, einem außenliegenden Sonnenschutz und der Möglichkeit der Querlüftung können hierzu auch anlagentechnische Maßnahmen eingesetzt werden.

5.4.2 Beurteilungskriterien

5.4.2.1 Kriterien

Die Effizienz der Maßnahmen zur Verbesserung des sommerlichen Wärmeschutzes bzw. der Raumkühlung im Sommer wird von den Nutzern auf Grundlage des empfundenen thermischen Raumklimas beurteilt. Ob das thermische Raumklima als behaglich bzw. unbehaglich empfunden wird, ist von folgenden Faktoren abhängig [38, 85]:

- Raumlufttemperatur
- Strahlungstemperatur
- Aktivitätsgrad
- Bekleidung
- relative bzw. absolute Feuchte der Raumluft
- Strömungsgeschwindigkeit der Raumluft
- Turbulenzgrad der Luftströmung
- Strahlungstemperaturasymmetrie

5.4.2.2 Besondere Bedeutung der Raumlufttemperatur

Von Laien wird die thermische Behaglichkeit hauptsächlich auf Grundlage der Raumlufttemperatur bewertet. Aber auch Klima- und Teilklimaanlagen werden beim Kühlbetrieb immer noch hauptsächlich nach der Raumlufttemperatur geregelt. Der Raumlufttemperatur kommt daher eine zentrale Bedeutung bei der Beurteilung des thermischen Raumklimas zu.

In Abhängigkeit von den übrigen, vorstehend genannten Faktoren schwankt der Grenzwert der noch als behaglich empfundenen Raumlufttemperaturen zwischen 20 und 28 °C im Sommer [38, 85]. In der DIN 1946, Teil 2, [8.2] wird als Grenzwert der Empfindungstemperatur oder operativen Raumtemperatur 26 °C empfohlen. In Gebäuden mit gutem Wärmeschutz und einer Verschattung der Fenster bei intensiver Sonneneinstrahlung nähern sich, wie in Abschnitt 3.2.1.5 nachgewiesen wurde, die mittlere Oberflächentemperatur der Raumumschließungsflächen und die Raumlufttemperatur einander an. Wenn daher die DIN 1946, Teil 2, zur Beurteilung der thermischen Behaglichkeit herangezogen wird, kann für die Raumlufttemperatur ein oberer Grenzwert von 26 °C angesetzt werden. Die Arbeitsstättenrichtlinien nennen für die Raumlufttemperatur ebenfalls einen Grenzwert von 26 °C, der nicht überschritten werden soll [6].

5.4.2.3 Häufigkeitsdiagramme

Die Ergebnisse der in diesem Abschnitt dargestellten thermischen Simulationsberechnungen werden in Form von Häufigkeitsdiagrammen ausgewertet. Hierzu wird auf der Abszisse die Raumlufttemperatur und auf der Ordinate die Anzahl der Stunden im Jahr, in denen sich eine bestimmte Raumlufttemperatur einstellt, aufgetragen. Je weiter das Maximum der Häufigkeit in Richtung niedrigerer Temperaturen verschoben ist, desto behaglicher wird von den Nutzern das thermische Raumklima empfunden.

5.4.2.4 Übertemperaturgradstunden

Neben den Häufigkeitsdiagrammen wird die Effizienz architektonischer und konstruktiver Maßnahmen zum sommerlichen Wärmeschutz auch auf Grundlage der Übertemperaturgradstunden beurteilt [58]. Zur Bestimmung der Übertemperaturgradstunden wird ein Grenzwert für die ohne Beeinträchtigungen in der thermischen Behaglichkeit gerade noch tolerierbare Raumlufttemperatur vorgegeben. Die Differenzen zwischen den mittels einer thermischen Gebäudesimulation berechneten Stundenmittelwerten der Raumlufttemperatur und dem aus physiologischen Gründen vorgegebenen Grenzwert der Raumlufttemperatur werden über eine Sommerperiode aufsummiert. An Stelle der mit einem Simulationsprogramm berechneten Stundenmittelwerte der Raumlufttemperatur können auch vergleichbare Messwerte verwendet werden. Der Summenwert stellt die Anzahl der Übertemperaturgradstunden bezüglich des gewählten Grenzwertes der Raumlufttemperatur dar:

$$Gh_{\vartheta} = \sum (\vartheta_{RL} - \vartheta) \tag{5.8}$$

Hierin bedeuten:

GH_{ϑ}	[Kh/a]	Übertemperaturgradstunden
ϑ_{RL}	[°C]	Stundenmittelwert der Raumlufttemperatur
ϑ	[°C]	Grenzwert der Raumlufttemperatur

Nach [58] betragen die Übertemperaturgradstunden für Gebäude, welche die Anforderungen der Wärmeschutzverordnung von 1995 [2.3] an den sommerlichen Wärmeschutz erfüllen, 4.719 h/a. Zur Verbesserung des thermischen Raumklimas wird eine Begrenzung der Übertemperaturgradstunden auf 1.000 h/a für eine Grenztemperatur von 26 °C empfohlen.

▶ Zusammenfassung für Querleser

Die Effizienz der Maßnahmen zum sommerlichen Wärmeschutz werden mit Häufigkeitsdiagrammen oder eigens hierfür definierten Kennzahlen beurteilt. Zu letzteren gehören die Übertemperaturgradstunden.

5.4.3 Maßnahmen zum sommerlichen Wärmeschutz

5.4.3.1 Natürliche Lüftung (Bild 5.33)

Die Berechnungsergebnisse (Bilder 5.34 und 5.35 sowie Tabelle 5.8) zeigen, dass theoretisch bei einem Luftwechsel von 3 h^{-1} eine Senkung der Raumlufttemperaturen auf ein Niveau möglich wäre, das fast den ganzen Sommer über eine ausreichende thermische Behaglichkeit ermöglicht.

Die in [58] angegebenen Berechnungsergebnisse liefern ein vergleichbares Ergebnis. Danach wird der Grenzwert von 1.000 Kh/a für Gebäude in massiver Bauweise bei einer zusätzlichen Nachtlüftung gesichert nicht überschritten. Für die Nachtlüftung werden Luftwechsel bis zu 10 h^{-1} vorausgesetzt. Das Problem besteht im Sommer darin, wie derart hohe Luftwechsel ohne mechanische Unterstützung realisiert werden können.

Tabelle 5.8: Häufigkeit und Übertemperaturgradstunden für einen Außenluftwechsel von 3 h^{-1}

Bauweise	Häufigkeit $\vartheta_{R,L}$ > 26 °C	Übertemperaturgradstunden
Massiv	282 h/a	531 Kh/a
Leicht	683 h/a	1.281 Kh/a

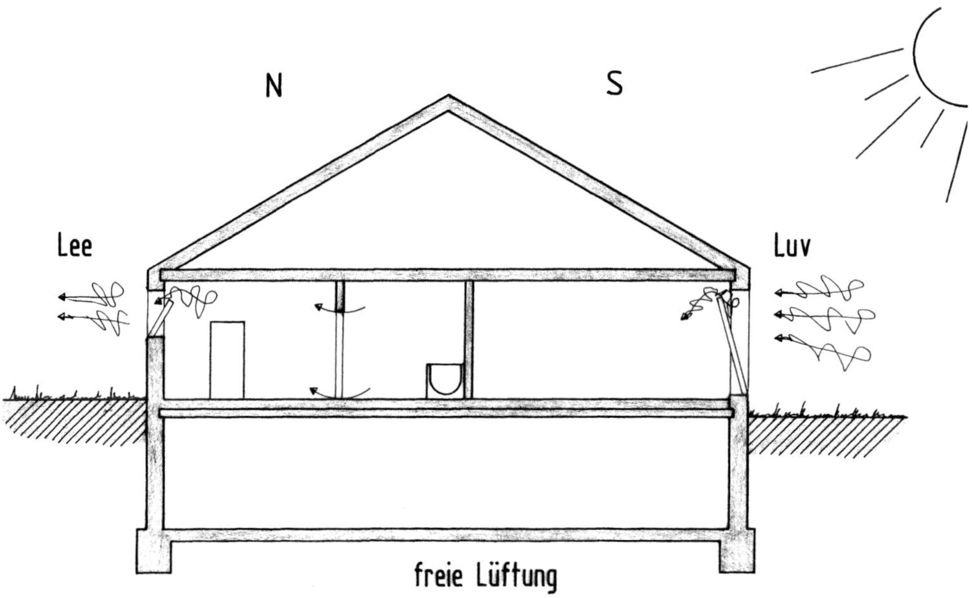

Bild 5.33: Natürliche Gebäudebelüftung

Die Nutzung der natürlichen Lüftung in Wohngebäuden zur Kompensation hoher Wärmelasten ist im Winter und während der Übergangszeit durch Öffnen der Fenster auf einfache und kostengünstige Weise möglich. Theoretisch könnte man auch im Sommer die natürliche Lüftung einsetzen. Die Effizienz der natürlichen Lüftung wird jedoch im Sommer durch folgende Effekte wesentlich eingeschränkt:

- Eine natürliche Lüftung der südorientierten Räume mit höchsten Wärmelasten setzt voraus, dass die Südfassade ständig dem Windangriff (Luv) ausgesetzt ist. Die Häufigkeit der Gebäudeanströmung aus Südosten, Süden und Südwesten liegt jedoch im Juli bundesweit unter 46 % [14].
- Während des Sommers ist nur ein geringer Temperaturgradient zwischen innen und außen gegeben. Hierdurch wird der Luftwechsel weiter reduziert.
- Fenster und Türen können aus verschiedenen Gründen, hierzu gehört der gesteigerte Pollenflug im Sommer und die erhöhte Einbruchgefahr, nicht längere Zeit offen gehalten werden.
- Eine effektive Querlüftung ist heute nur noch in Einfamilien-, Doppel-, und Reihenhäusern möglich. In modernen Mehrfamilienhäusern besteht wegen der mehrhüftigen Bauweise meist keine Möglichkeit der Querlüftung.

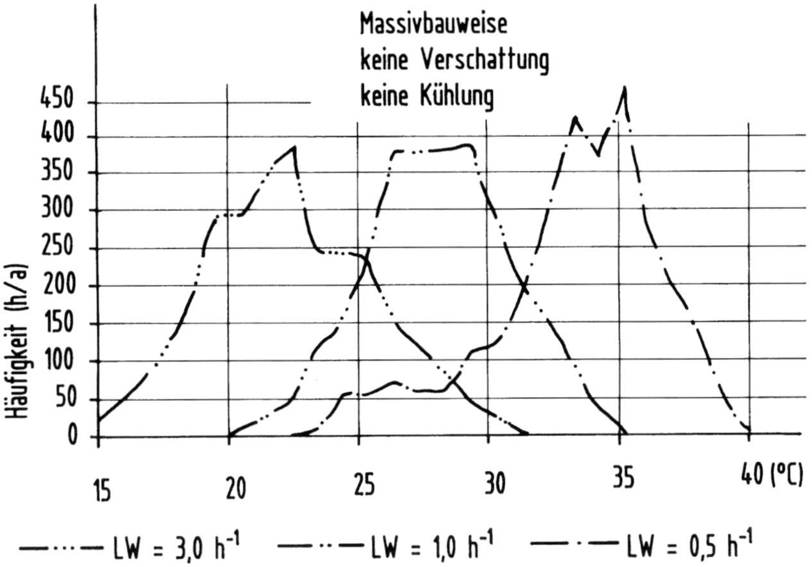

Bild 5.34: Häufigkeitsdiagramm zur Darstellung des Einflusses des Luftwechsels auf die Raumlufttemperatur (Massivbauweise, kein Sonnenschutz)

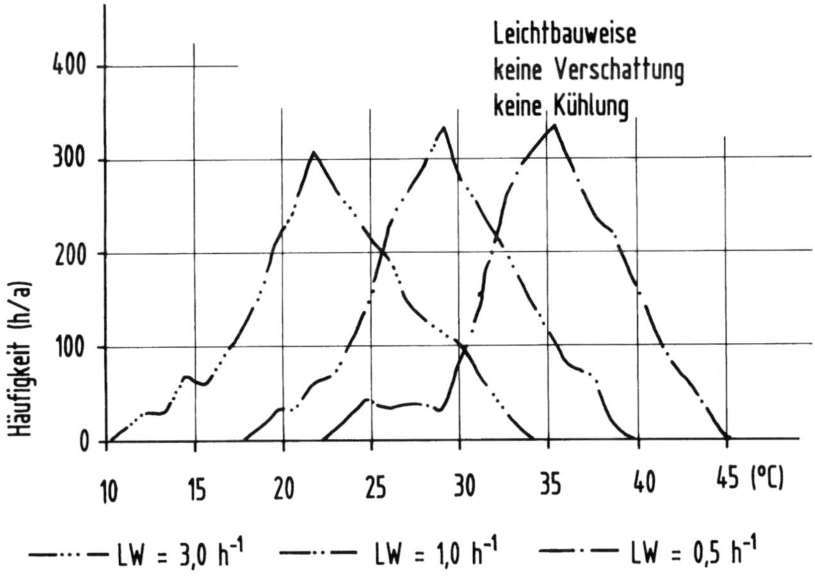

Bild 5.35: Häufigkeitsdiagramm zur Darstellung des Einflusses des Luftwechsels auf die Raumlufttemperatur (Leichtbauweise, kein Sonnenschutz)

5.4.3.2 Sonnenschutz (Bild 5.36)

Werden zusätzlich nach Süden orientierte Fenster und Türen verschattet, so wird das Maximum der Häufigkeit der Raumlufttemperaturen in Richtung behaglicherer Raumlufttemperaturen verschoben (Bilder 5.37 und 5.38 sowie Tabelle 5.9). Bei der Kombination mit einer massiven Bauweise reicht die Verschattung aus, dass während der Hälfte des Sommers noch akzeptable Raumlufttemperaturen kleiner 25 °C erreicht werden. Bei der Leichtbauweise stellen sich dagegen trotz der Verschattung an über 70 % aller Stunden eines Sommers Raumlufttemperaturen über 25 °C ein.

Für beide Fälle, Massiv- und Leichtbauweise, gilt, dass an besonders heißen Tagen der Wärmeeintrag hauptsächlich durch Infiltration und Transmission stattfindet.

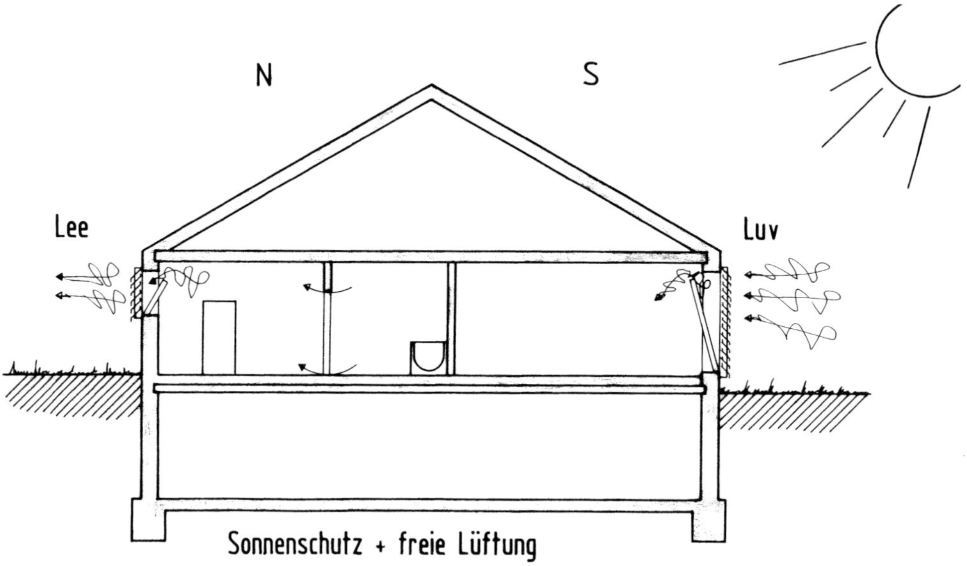

Bild 5.36: Sonnenschutz

Tabelle 5.9: Häufigkeit und Übertemperaturgradstunden der Berechnungen aus den Bildern 5.37 und 5.38

Bauweise	Häufigkeit $\vartheta_{R,L} > 26$ °C	Übertemperaturgradstunden
Massiv	1.094 h/a	2.473 Kh/a
Leicht	1.242 h/a	3.995 Kh/a

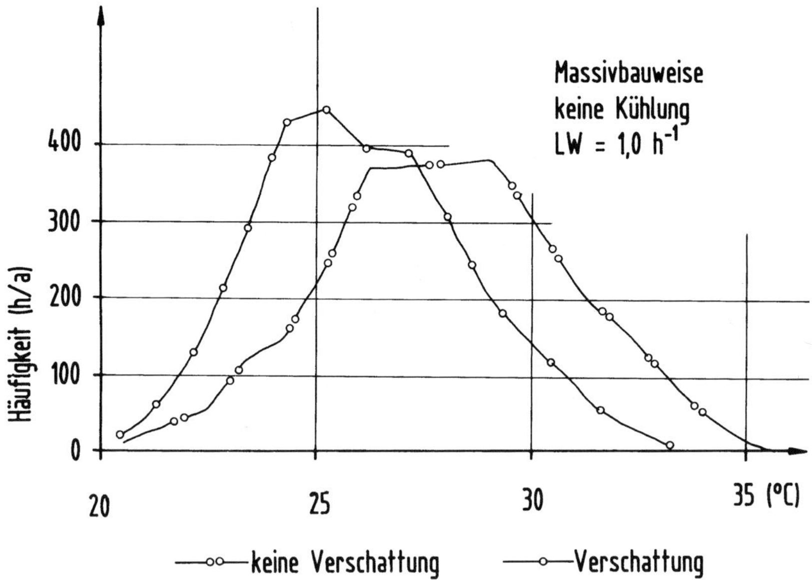

Bild 5.37: Häufigkeitsdiagramm zur Darstellung des Einflusses des Sonnenschutzes auf die Raumlufttemperatur (Massivbauweise)

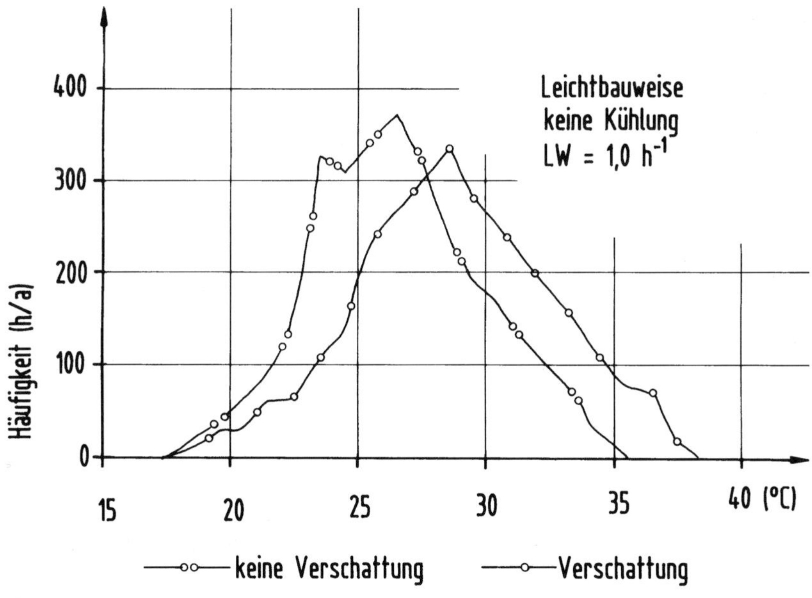

Bild 5.38: Häufigkeitsdiagramm zur Darstellung des Einflusses des Sonnenschutzes auf die Raumlufttemperatur (Leichtbauweise)

Während extremer Außenluftzustände kann man daher mit einer Verschattung keine wesentliche Verbesserung der Raumluftzustände erzielen. Ein weiterer Nachteil des sommerlichen Wärmeschutzes durch eine Verbesserung des Sonnenschutzes besteht darin, dass keine Entfeuchtung der Raumluft erfolgt. Gerade im Sommer hat die Feuchtigkeit der Raumluft einen entscheidenden Einfluss auf die thermische Behaglichkeit.

▶ Zusammenfassung für Querleser

Die wirkungsvollste Maßnahme zum sommerlichen Wärmeschutz stellt eine Nachtlüftung dar, die aber konstruktions-, nutzungs- und witterungsbedingt nicht immer möglich ist. Insoweit erfordert eine gesicherte Verbessung des thermischen Raumklimas zum einen eine Erhöhung der inneren Speichermassen und zum anderen einen außenliegenden Sonnenschutz.

5.4.4 Raumkühlung

5.4.4.1 Umluftkühlung (Bild 5.39)

Wenn in Wohngebäuden eine Luftkühlung installiert wird, handelt es sich hierbei meistens um eine Umluftkühlung. Teilklima- oder sogar Klimaanlagen mit Außenluftanschluss gelangen selten zur Ausführung. Aus den steigenden Verkaufszahlen der Hersteller von Umluftkühlanlagen kann man schließen [124], dass die Kühlung von Wohngebäuden nicht mehr nur auf komfortable Einfamilienhäuser beschränkt ist.

Sobald in einer Wohnung oder einem Wohngebäude Umluftkühlgeräte installiert werden, kann man während des ganzen Sommers behagliche Raumlufttemperaturen erzielen. Gleichzeitig wird die Raumluft entfeuchtet, wodurch das thermische Raumklima zusätzlich verbessert wird. Die einzige Voraussetzung stellt eine ausreichende Kühlleistung dar. Der Nachteil dieser Geräte besteht in den möglichen lokalen Zugerscheinungen und vor allem in dem zusätzlichen Stromverbrauch.

5.4.4.2 Bauteilaktivierung (Bild 5.40)

Bei der Bauteilkühlung muss zwischen folgenden Systemen unterschieden werden:

- Vor dem Betonieren werden in die Schalung Rohrleitungen eingelegt (Bild 4.15) [42, 44, 48]. Diese Systeme sind auf Gebäude in Massivbauweise beschränkt. Wegen des besseren Regelverhaltens eignen sich besonders Kapillarrohrmatten [48].

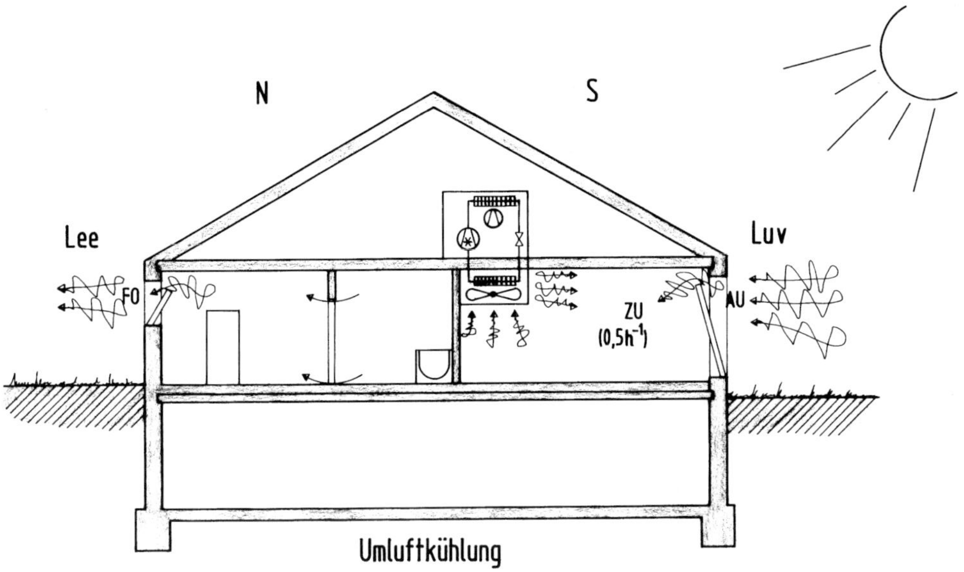

Bild 5.39: Umluftkühlung

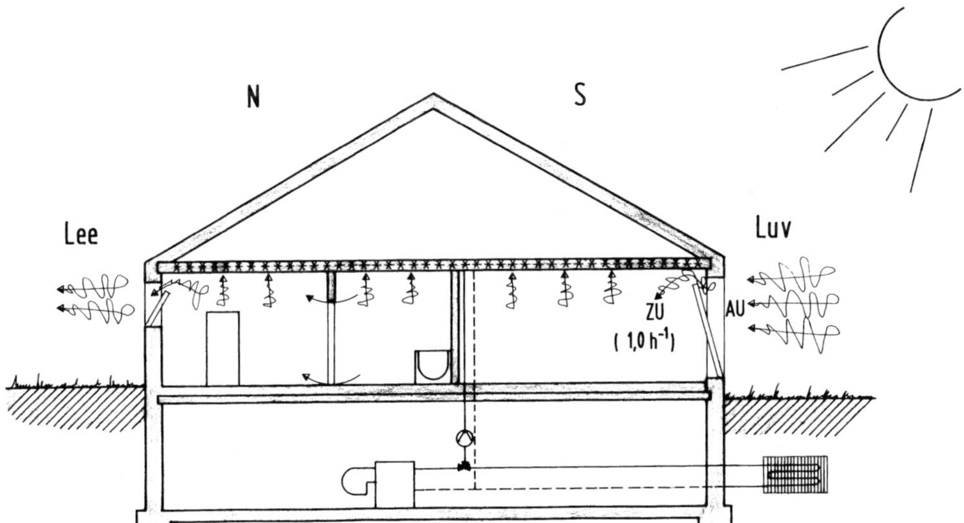

Bild 5.40: Bauteilaktivierung

- Unter der Rohdecke werden Kühldecken installiert (Bild 4.16). Wegen der geringen Geschosshöhen eignen sich für den Wohnungsbau besonders Systeme mit in den Deckenputz eingelegten Kapillarohrmatten [110].
- Fußbodenheizungen werden für Gebäudekühlung umgenutzt, indem im Sommer die Rohrleitungen mit Kaltwasser durchströmt werden. Über die Nutzung der Fußbodenheizung zur Gebäudekühlung liegen langjährige Erfahrungen vor. Besonders vorteilhaft sind Systeme mit Kapillarohrmatten direkt unterhalb des Fußbodenoberbelags. Der Nachteil der Fußbodenkühlung im Vergleich zur Deckenkühlung besteht in dem geringeren Wärmeübergangskoeffizienten. Der kleinere Wärmeübergangskoeffizient beruht auf demselben Effekt wie die niedrige Wärmeleistung der Deckenstrahlungsheizung, da die konvektive Wärmeabgabe der Fußbodenkühlung entgegen der natürlichen Raumluftströmung erfolgt. Hierdurch wird die maximale Kühlleistung beschränkt. Nach Olesen beträgt der Wärmeübergangskoeffizient einer Fußbodenkühlung maximal 5 W/(m^{2}K) [86]. Nur bei einer der direkten Sonneneinstrahlung ausgesetzten Fußbodenkühlung werden größere Wärmeleistungen erzielt.

Die Berechnungsergebnisse (Bilder 5.41 und 5.42 sowie Tabelle 5.10) zeigen, dass durch die Nutzung von Bauteilen zur Raumkühlung fast über den gesamten Sommer thermisch als behaglich empfundene Raumlufttemperaturen erreicht werden. Bei dem Vergleich der Häufigkeit und der Übertemperaturgradstunden erweist sich die Nutzung von Bauteilen zur Kühlung als sehr effektives und mit der Umluftkühlung nahezu vergleichbares System. Der Nachteil der Bauteilkühlung besteht vor allem darin, dass keine Luftentfeuchtung möglich ist. Insoweit bleibt der behaglichkeitsmindernde Einfluss einer zu hohen Raumluftfeuchte im Sommer bestehen. Gleichzeitig wird durch die Luftfeuchtigkeit auch die maximale Kaltwassertemperatur vorgegeben, da ansonsten Bauschäden infolge einer Unterschreitung der Taupunkttemperatur zu erwarten sind.

Tabelle 5.10: Häufigkeit und Übertemperaturgradstunden für einen durchgehenden Kühlbetrieb

Bauweise	Häufigkeit $\vartheta_{R,L}$ > 26 °C	Übertemperaturgradstunden
Massiv	382 h/a	419 Kh/a
Leicht	326 h/a	421 Kh/a

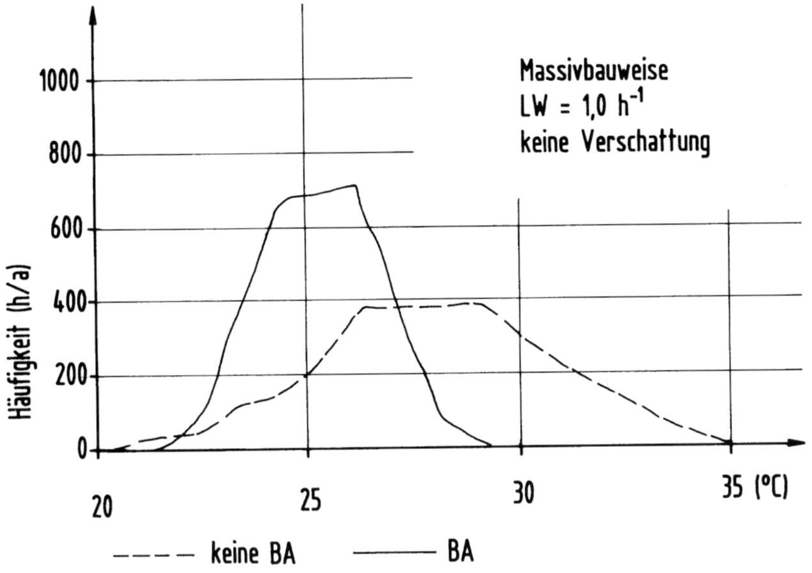

Bild 5.41: Häufigkeitsdiagramm für die Nutzung der Bauteilaktivierung zur Raumkühlung (Massivbauweise; BA – Bauteilaktivierung)

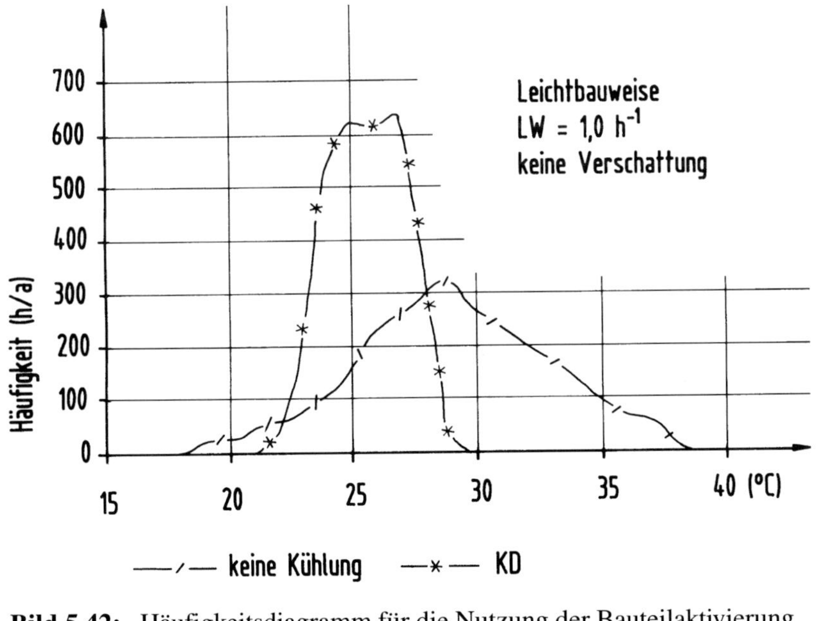

Bild 5.42: Häufigkeitsdiagramm für die Nutzung der Bauteilaktivierung zur Raumkühlung (Leichtbauweise; KD – Kühldecke)

Die Kälteerzeugung kann auf klassische Weise durch Kompressions- und Absorptionskältemaschinen erfolgen. Wegen der damit verbundenen Investitionskosten scheidet diese Art der Kälteerzeugung für Wohngebäude häufig aus. Alternativ wäre die Nutzung einer Wärmepumpe mit Umkehrschaltung möglich [110, 114]. Wenn bereits eine Wärmepumpe zur Gebäudebeheizung und erforderlichenfalls zur Trinkwassererwärmung vorhanden ist, entfallen für die Kälteerzeugung zur Gebäudekühlung nur noch die zusätzlichen Kosten der Umkehrschaltung. Durch die saisonale Wärmespeicherung während des Sommerbetriebs und die saisonale Entspeicherung während der Heizperiode ist die Wärmebilanz des Erdreichs ausgeglichen; d. h. im Sommer wird in dem Erdreich nur soviel Wärme eingespeichert werden, wie im Winter an die Atmosphäre abgegeben wird.

Eine weitere Alternative zur klassischen Kälteversorgung besteht in der Kälteerzeugung durch den Einsatz von Erdsonden. Von Zimmermann wird in [123] über die Nutzung und Dimensionierung von Erdsonden zur Bauteilkühlung ausführlich berichtet. Auch Glück berechnet die im Erdreich zur Verfügung stehende Wärmekapazität. Das Hauptproblem bei der Nutzung des Erdreichs als Wärmespeicher für die Kühlung von Gebäuden im Sommer besteht darin, dass nur geringe Wärmemengen im Erdreich gespeichert werden können. Bei Lastspitzen wird momentan soviel Wärme vom Erdreich aufgenommen, dass zum einen der Speicher erschöpft ist und die Kühlleistung sinkt. Zum anderen werden lange Regenerationsphasen erforderlich, bis die Bereiche erhöhter Temperatur im Erdreich durch Konduktion abgebaut werden. Aufgrund der begrenzten Wärmekapazität des Erdreichs werden sich die in Tabelle 5.10 für eine durchgehende Bauteilkühlung dargestellten Berechnungsergebnisse in der Praxis nicht erreichen lassen.

5.4.4.3 **Erdwärmeaustauscher** (Bild 5.43)

Über den Nutzen des Erdwärmeaustauschers zur Gebäudekühlung wurden bereits eine Reihe von Arbeiten veröffentlicht [23, 105, 106]. Der Nachteil des Erdwärmeaustauschers bei der Gebäudekühlung besteht in der begrenzten Kühlleistung [23], siehe Bilder 5.44 und 5.45, und in der ungeregelten Arbeitsweise.

Tabelle 5.11: Häufigkeit und Übertemperaturgradstunden der Berechnungen aus den Bildern 5.44 und 5.45

Bauweise	Häufigkeit $\vartheta_{R,L}$ > 26 °C	Übertemperaturgradstunden
Massiv	1.081 h/a	1.486 Kh/a
Leicht	1.544 h/a	2.947 Kh/a

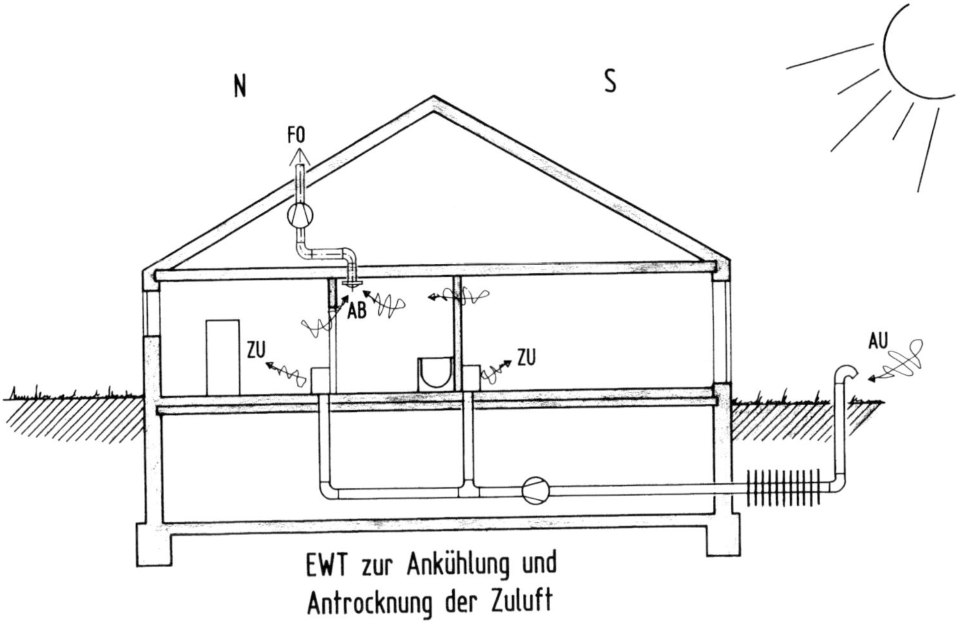

Bild 5.43: Erdwärmeaustauscher (EWT)

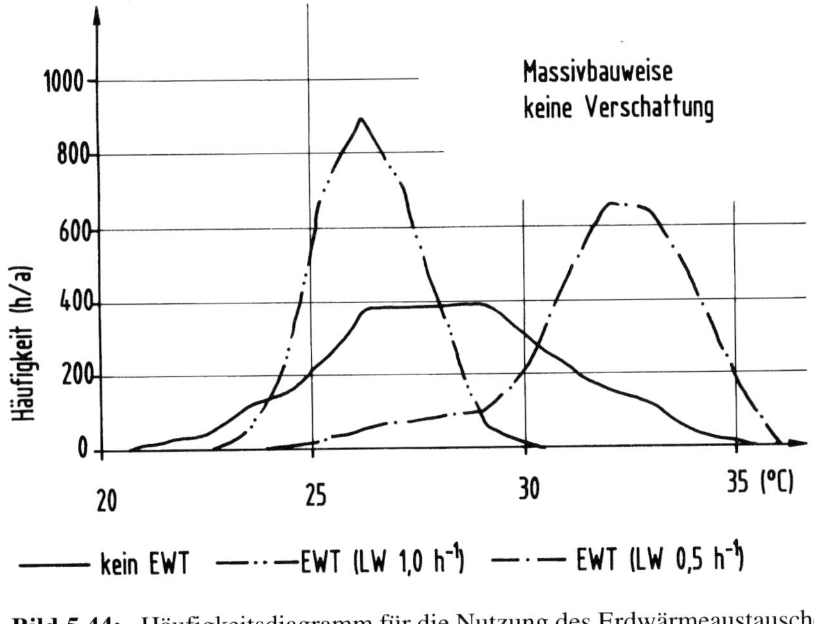

Bild 5.44: Häufigkeitsdiagramm für die Nutzung des Erdwärmeaustauschers zur Raumkühlung (Massivbauweise)

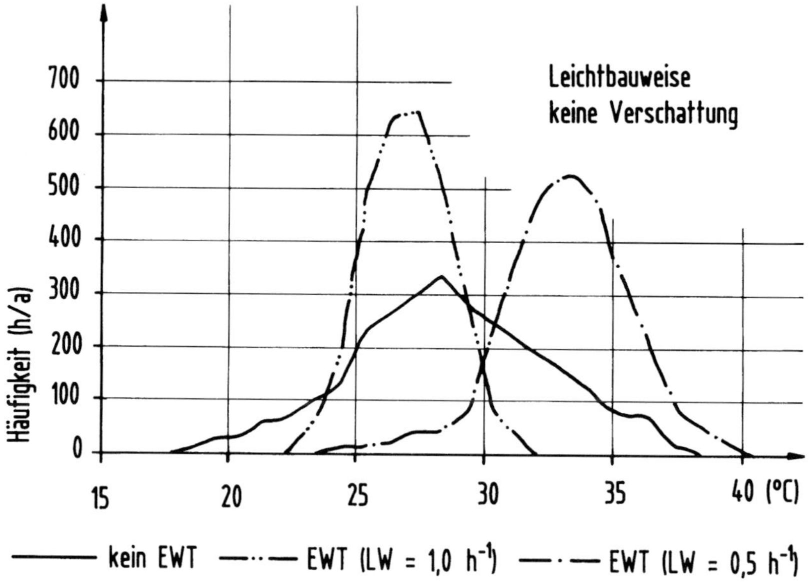

Bild 5.45: Häufigkeitsdiagramm für die Nutzung des Erdwärmeaustauschers zur Raumkühlung (Leichtbauweise)

Wenn alleine die Häufigkeitsverteilungen und Übertemperaturgradstunden betrachtet werden, stellt der Erdwärmeaustauscher ein weniger geeignetes Instrument für den sommerlichen Wärmeschutz als die bereits untersuchten Maßnahmen dar. Gleichwohl wird durch das Einblasen angekühlter und angetrockneter Zuluft das thermische Raumklima wesentlich verbessert [105, 106], indem die Raumluft nicht nur angekühlt, sondern auch getrocknet wird. Gerade in Gebäuden in Leichtbauweise, die nicht oder nur in geringem Umfang über natürliche Feuchtespeicher verfügen, macht sich die Lufttrocknung im Sommer positiv bemerkbar [106]. Zur Verdeutlichung sind in Bild 5.46 die Raumluftzustände (Lufttemperatur und Feuchte) für einen Betrieb mit und ohne Erdwärmeaustauscher gegenübergestellt. Durch die Inbetriebnahme des Erdwärmeaustauschers wird das thermische Raumklima positiv beeinflusst. Die gemessenen Raumlufttemperaturen und -feuchten liegen fast vollständig in dem Behaglichkeitsfeld der DIN 1946, Teil 2 [8.2].

Weitere Vorteile bei Einsatz eines Erdwärmeaustauschers ergeben sich durch die Kombination mit der Bauteilkühlung. Ohne zusätzliche Raumbelüftung ist die Leistung gekühlter Bauteile wegen der Gefahr einer raumseitigen Unterschreitung der Taupunkttemperatur begrenzt. Bei einer Kombination mit einem Erdwärmeaustauscher wird die Raumluftfeuchte gesenkt. In gleichem Maße kann die Kaltwassertemperatur verringert werden. Da die Kälteleistung des Erdwärmeaustauschers begrenzt und die Luftentfeuchtung ungeregelt erfolgt, ist zusätzlich die raumweise Überwachung der Luftfeuchte über einen Taupunktwächter zu empfehlen.

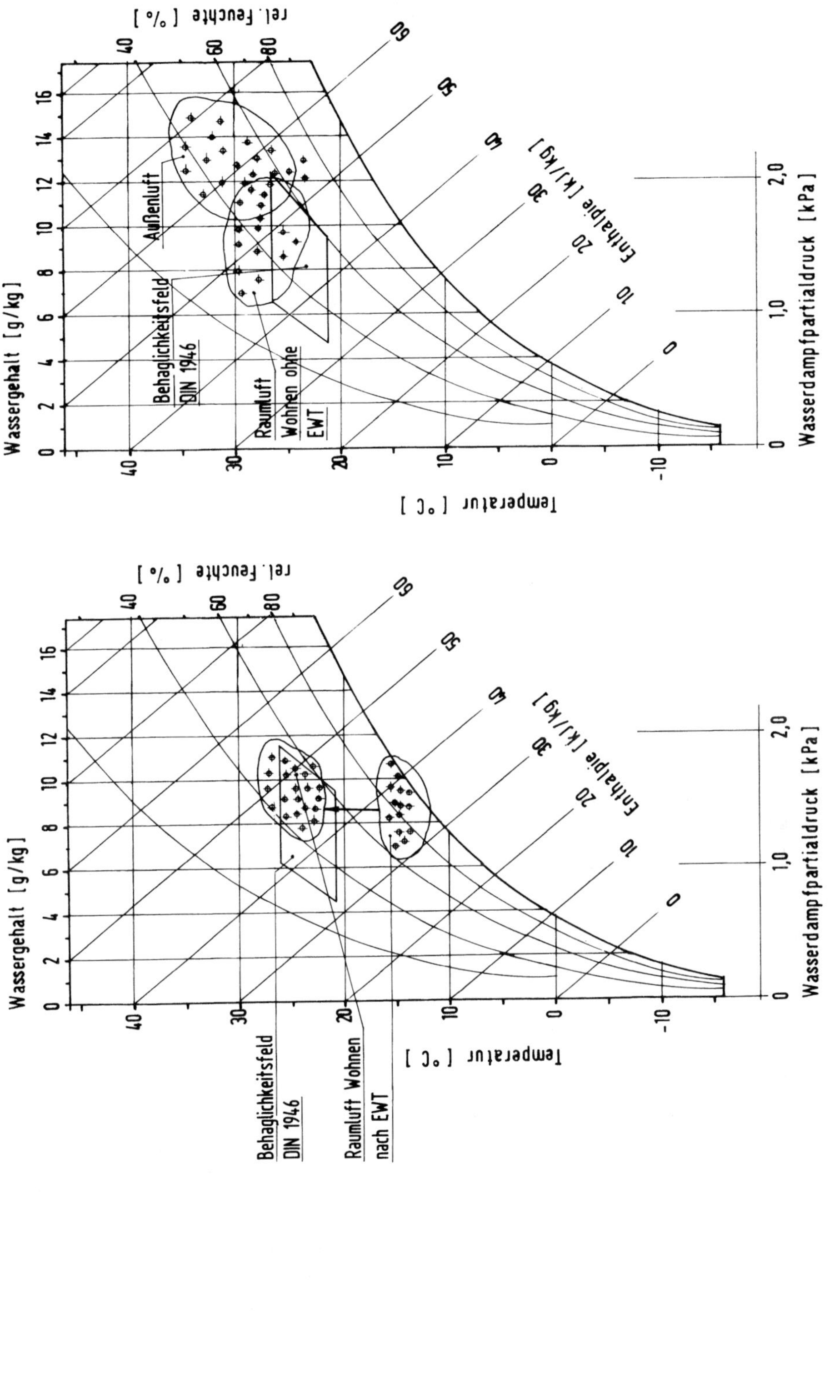

Bild 5.46: Raumlufttemperaturen und -feuchten für den Betrieb mit und ohne Erdwärmeaustauscher

Insbesondere bei kleinen Luftwechseln kann mit dem Erdwärmeaustauscher keine Verbesserung des thermischen Raumklimas bewirkt werden (siehe Bilder 5.44 und 5.45), da die Kühlleistung des Erdwärmeaustauschers begrenzt ist. Mit einer gezielten Nachtlüftung ergeben sich bessere Ergebnisse beim sommerlichen Wärmeschutz. Außerdem ist bei Außenlufttemperaturen zwischen 15 und 20 °C praktisch keine Kühlleistung mehr gegeben. Insoweit muss entweder der Luftwechsel erhöht oder aber eine entsprechende Steuerung vorgesehen werden, die den Erdwärmeaustauscher ab Außentemperaturen kleiner 20 °C außer Betrieb nimmt [105].

5.4.4.4 Wirksamkeit

Der Erdwärmeaustauscher stellt die von allen Maßnahmen zur Gebäudekühlung am wenigsten effizienteste Einrichtung dar (Bilder 5.47 und 5.48). Der Vorteil dieser Maßnahme liegt in dem geringen Strombedarf (Bild 5.17) und in der Trocknung der angesaugten Außenluft (siehe Bild 5.46). Aber auch mit der Bauteilaktivierung alleine können mit einer Umluftkühlung vergleichbare Raumluftzustände nicht erreicht werden. Insoweit kann nur eine Kombination der folgenden Maßnahmen die Umluftkühlung ersetzen:

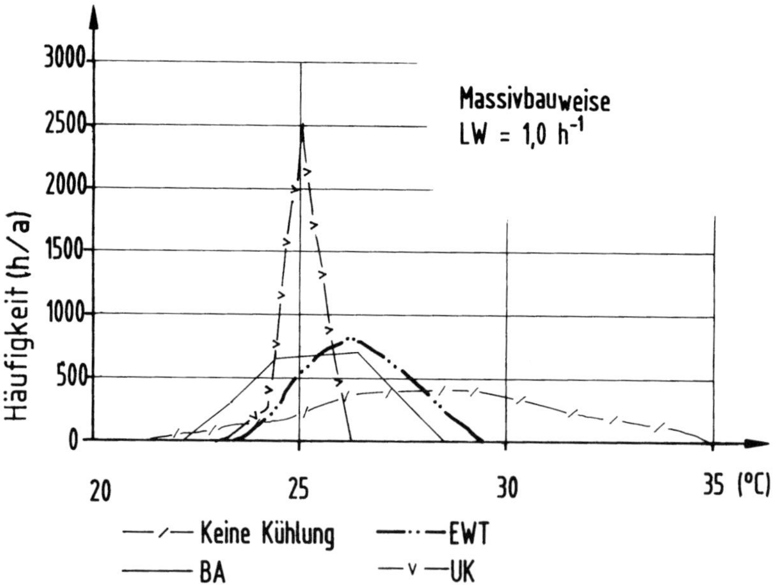

Bild 5.47: Vergleich der Wirksamkeit unterschiedlicher Maßnahmen zur Gebäudekühlung (Massivbauweise; BT – Bauteilkühlung, EWT – Erdwärmeaustauscher, UK – Umluftkühlung)

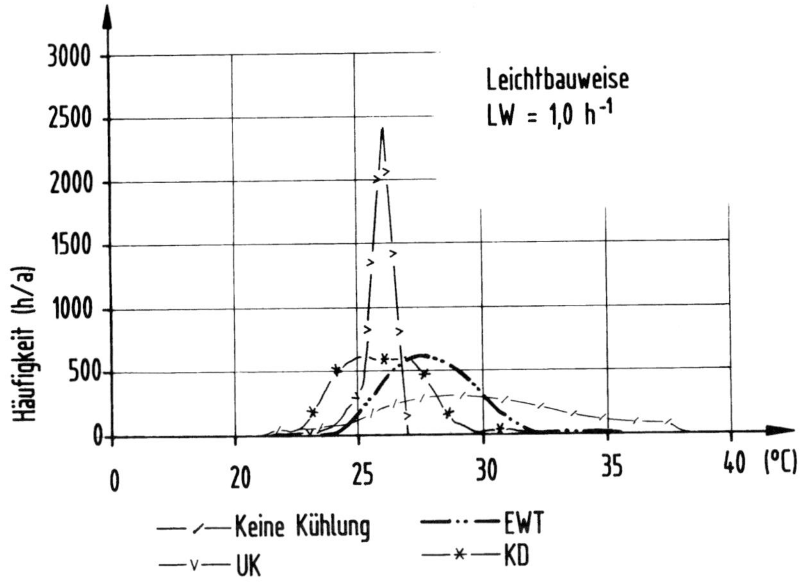

Bild 5.48: Vergleich der Wirksamkeit unterschiedlicher Maßnahmen zur Gebäudekühlung (Leichtbauweise; KD – Kühldecke, EWT – Erdwärmeaustauscher, UK – Umluftkühlung)

- massive Bauweise der Innenbauteile
- außenliegender Sonnenschutz
- Bauteilaktivierung
- Erdwärmeaustauscher

5.4.4.5 Energetischer Vergleich

Die Bilder 5.49 und 5.50 zeigen den zur Raumkühlung während einer Sommerperiode (Anfang Mai bis Ende September) benötigten Kältebedarf. Da die Umluftkühlung geregelt erfolgt und da weiter die niedrigsten Raumlufttemperaturen bei gleichzeitiger Entfeuchtung der Raumluft möglich sind, stellt sich für die Umluftkühlung der größte Kältebedarf ein. Der Kältebedarf des Erdwärmeaustauschers und der Bauteilkühlung sind ungefähr vergleichbar. Im Falle des Erdwärmeaustauschers ergeben sich geringfügig höhere Bedarfswerte, da der Erdwärmeaustauscher meistens ungeregelt betrieben wird. Hierdurch erfolgt eine Raumkühlung auch dann, wenn keine Kühllasten gegeben sind.

Der Vorteil des Erdwärmeaustauschers gegenüber der Umluftkühlung zeigt sich bei einem Vergleich des Stromverbrauchs. Die Arbeitszahl eines Erdwärmeaus-

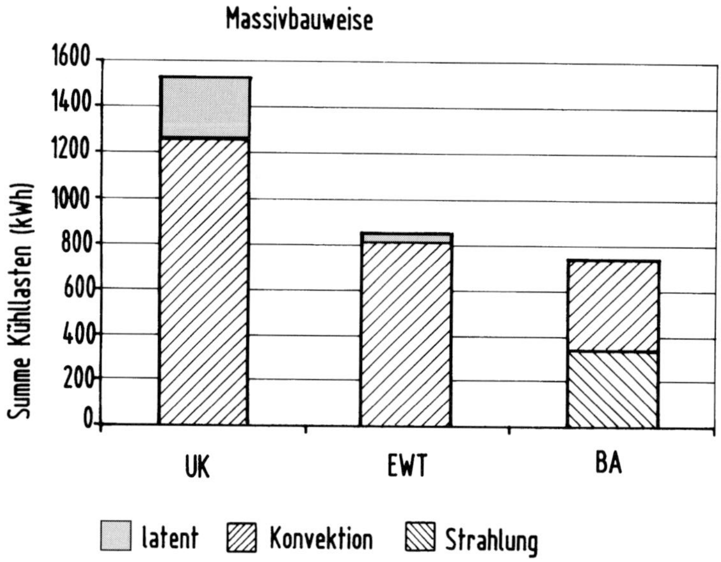

Bild 5.49: Kältebedarf (Massivbauweise; BT – Bauteilkühlung, EWT – Erdwärmeaustauscher, UK – Umluftkühlung)

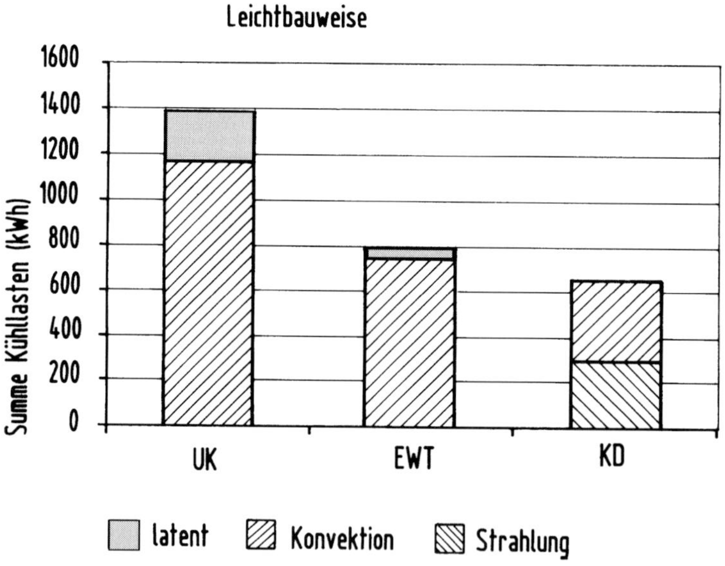

Bild 5.50: Kältebedarf (Leichtbauweise; KD – Kühldecke, EWT – Erdwärmeaustauscher, UK – Umluftkühlung)

tauschers im Sommerbetrieb schwankt zwischen 9 und 18. Dagegen liegt die Arbeitszahl einer Kompressions-Kältemaschine mit Direktverdampfung und luftgekühltem Kondensator bei 3,5 [91]. Bei der Bauteilaktivierung ergeben sich im Zusammenhang mit einer Kompressionskältemaschine günstigere Arbeitszahlen von ungefähr 6, da die Verdampfungstemperatur höher eingestellt werden kann. Wenn außerdem Wärmepumpen mit Umkehrschaltung und Erdsonde eingesetzt werden, können die Arbeitszahlen auf mehr als 8 ansteigen. Von Glück wird in [48] als weitere Möglichkeit der Fundament-Erdreich-Speicher genannt. Hierbei werden in das Betonfundament Rohrleitungen eingelegt. Der Vorteil eines Fundament-Erdreich-Speichers besteht in den geringen Kosten. Nachteilig wirken sich die geringe Leistung und die zusätzlichen Maßnahmen zur thermischen Entkopplung des Erdreichs vom Gebäude aus

▶ Zusammenfassung für Querleser

Mit einfachen anlagentechnischen Maßnahmen kann das thermische Raumklima so weit verbessert werden, dass keine Beeinträchtigungen mehr zu erwarten sind. Hierzu gehören der Betrieb eines Erdwärmeaustauschers im Sommer und die Nutzung von Flächenheizungen zur Raumkühlung. Beide Maßnahmen zeichnen sich durch einen im Vergleich zu einer geregelten Umluftkühlung reduzierten Primärenergiebedarf aus.

Einführung in die neue EnEV

Erich Cziesielski, Marc Göbelsmann, Jörg Röder
Einführung in die Energieeinsparverordnung 2002
Erläuterungen und kommentierte Beispiele
Reihe: Angewandte Bauphysik
2002. 282 Seiten mit zahlreichen Abbildungen und Tabellen
Br., € 37,90* / sFr 65,–
ISBN 3-433-01526-0

Die neue EnEV wurde im November 2001 im Bundesanzeiger veröffentlicht; sie tritt ab 1. Februar 2002 in Kraft. Architekten, Bauingenieure, Bauphysiker, Fachingenieure werden zukünftig besonders gefordert: energetische Beratung des Bauherrn, integrierte Planung von Gebäudehülle und Haustechnik sowie Wirtschaftlichkeitseinschätzung.

Effizient. Schnell berechnet. Komplett nach EnEV.

Getestet von der TU Berlin, FG Allgemeiner Ingenieurbau

Quick-EnEV 1.0
Von Hendrik Belaschk
2002. CD-ROM.
Einführungspreis bis zum 30.06.2002
€ 149,–* / sFr 250,–
Ladenpreis ab 01.07.2002
€ 199,–* / sFr 334,–
ISBN 3-433-01527-9

Systemvoraussetzungen: 64 MB RAM, Windows 98 / NT / 2000 / ME / XP

Demo-Version zum Download
www.quick-enev.de
www.ernst-und-sohn.de

Mit Baustoffkatalog komfortable Berechnung
- des Jahres-Heizenergiebedarfs u. a. mit:
  - solaren Gewinnen (inkl. Wintergärten)
  - transparenter Wärmedämmung
  - Nachtabschaltung
- des Jahres-Primärenergiebedarfs u. a. mit:
  - Solarkollektoren
  - Trinkwarmwasserbedarf
  - einer Anlagenkennzahl nach Diagramm-, Tabellen- und in diesem Programm **auch dem detaillierten Verfahren**

Ernst & Sohn
Verlag für Architektur und technische Wissenschaften GmbH

Für Bestellungen und Kundenservice:
Verlag Wiley-VCH
Boschstraße 12
69469 Weinheim
Telefon: (06201) 606-152
Telefax: (06201) 606-184
Email: service@wiley-vch.de

Ernst & Sohn
A Wiley Company
www.ernst-und-sohn.de

00922016_my Änderungen vorbehalten.

* Der €-Preis gilt ausschließlich für Deutschland

6 Systemvorschläge

6.1 Neubauten

6.1.1 Mechanische Entlüftung

Die in Bezug auf den technischen Ausstattungsumfang einfachste Systemlösung zur Belüftung und Beheizung eines Niedrigenergiehauses besteht in einer Abluftanlage zur Sicherstellung des bauphysikalisch notwendigen Mindestluftwechsels sowie einem Wärmeerzeuger (Heizkessel oder Wärmepumpe) zur Gebäudeheizung und Trinkwassererwärmung (Bild 6.1 und Tabelle 6.1). Durch sensorgesteuerte Abluftdurchlässe kann in den Räumen, in denen eine Luftverschlechterung zu erwarten ist, der Mindestluftwechsel der Grundlüftung bis zu dem aus physiologischen bzw. hygienischen Gründen erforderlichen Luftwechsel der Bedarfslüftung vergrößert werden.

Eine Verbesserung der Gesamtenergiebilanz des Gebäudes ist dadurch möglich, dass in die Abluftanlage eine Wärmepumpe zur Wärmerückgewinnung integriert wird [53] (Bild 6.2). Bisher werden hierzu lediglich Luft/Wasser-Kompressionswärmepumpen angeboten. Von Trümper wurde aber bereits 1994 eine Klein-Absorptionswärmepumpe vorgestellt, die aufgrund einer geänderten Konstruktion ohne Lösungsmittelpumpe, d. h. ohne Hilfsenergie, auskommt [109].

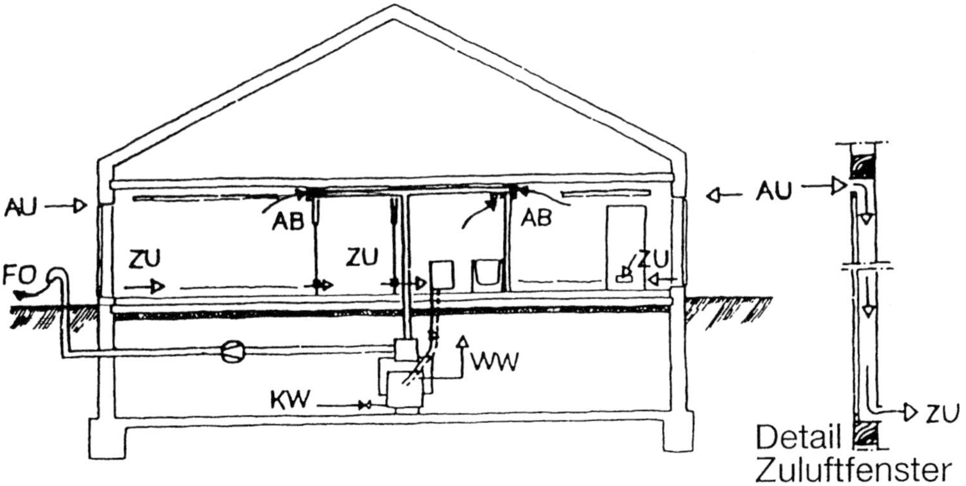

Bild 6.1: Mechanische Entlüftung.
Natürliche Lüftung mit Vorerwärmung durch ein Zuluftfenster,
Abluft wird mechanisch entfernt.
System mit Wärmerückgewinnung und Wärmepumpe

Tabelle 6.1: Gebäudebelüftung über eine mechanische Entlüftung mit natürlicher Zuluftnachströmung und Gebäudebeheizung mit einer Warmwasser-Zentralheizung

	Heizung	Lüftung
Erzeugung	• Wärmepumpe (durchgehender Heizbetrieb) – Abluft mit elektrischer Zusatzheizung – Abluft kombiniert mit Erdlanze oder Außenluft • Brennwertkessel (intermittierender Heizbetrieb) • Inhalt des Trinkwassererwärmers 300 l (Wärmepumpe), 150 l (Brennwertkessel)	• Zentrale Abluftanlage
Verteilung	• Steigleitungen innerhalb der Gebäudehülle zu zentralen Stockwerksverteilern • Anschluss der Heizkörper als Zweirohrheizung	• Zentrale Steigleitungen • Abluftsammelkästen in den Fluren
Nutzenübergabe	• Heizkörper • Fußbodenheizung • Deckenstrahlungsheizung	• Grundlüftung in allen Aufenthaltsräumen und Räumen mit Luftverschlechterung (Bad, WC) • Mischgassensor im Wohnzimmer • Feuchtsensoren im Bad, WC und Küche • CO_2-Sensoren in den Schlafzimmern

Der für eine Wärmepumpe nutzbare Wärmeinhalt aus der Abluft ist begrenzt. Für eine Leistungszahl der Wärmepumpe von 4 und einem Abluftvolumenstrom von 140 m^3/h beträgt die Wärmeleistung des Kondensators maximal 2,5 kW [63]. Für die Beheizung eines Ultra- oder Passivhauses ist diese Wärmeleistung ausreichend, wenn auf Heizpausen verzichtet wird; d. h. das Gebäude ist durchgehend zu beheizen. Außerdem muss für die Trinkwassererwärmung entweder ein ausreichend

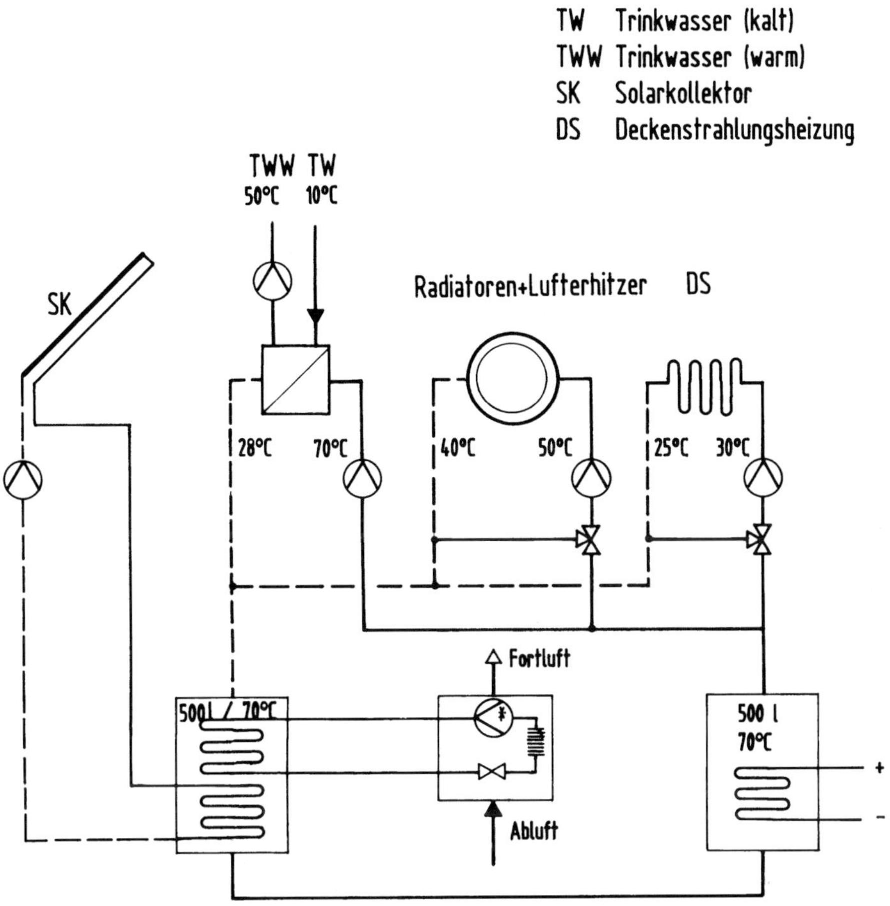

Bild 6.2: Wärmerückgewinnung aus der Abluft mittels einer Wärmepumpe

großer Speicher oder ein weiterer Wärmeerzeuger vorgesehen werden. Für eingeschränkt beheizte Ultrahäuser und für Niedrigenergiehäuser ist eine Wärmeleistung von 2,5 kW nicht ausreichend. Die Deckung der Spitzenlasten ist entweder über eine elektrische Direktheizung oder die Kombination mit einem anderen Wärmeerzeuger, z. B. einer Sole/Wasser-Wärmepumpe mit Erdlanze oder eines Heizkessels, möglich.

Der Einsatz und die Konstruktion einer Flächenheizung ist von dem vorgesehenen Heizkonzept abhängig. Bei durchgehend beheizten Gebäuden ist eine Anordnung der Heizleitungen innerhalb der tragenden Bauteilschichten möglich. Zur Raumtemperaturregelung sind dann entweder eine Zuluftanlage mit regelbaren Nacherwärmern (siehe Abschnitt 6.1.2) oder aber weitere Raumheizeinrichtungen erforderlich. Im einfachsten Fall bestehen die zusätzlichen Raumheizeinrichtungen in innerhalb des Decken- oder Wandputzes sowie unmittelbar unterhalb des Fußbodenoberbelags angeordneten Heizleitungen (Bild 6.3). Wenn der Bereich unmittelbar vor der Fassade mit erhöhten Deckenoberflächentemperaturen betrieben wird, sind keine Auswirkungen auf die thermische Behaglichkeit zu erwarten, da es sich dort nicht um einen Aufenthaltsbereich handelt [99].

Sobald in einem Gebäude nutzungsbedingt mit Heizpausen gerechnet werden muss, sind die Flächenheizungen vollständig in der Nähe der raumseitigen Bauteiloberfläche, d. h. entweder im Wand- und Deckenputz oder direkt unterhalb des Fußbodenoberbelags, anzuordnen. Hierdurch wird die Regelgeschwindigkeit der Flächenheizung erhöht.

6.1.2 Mechanische Be- und Entlüftung

6.1.2.1 Konventionelle Nutzenübergabe

Von Trümper wurde das Grundprinzip der mechanischen Be- und Entlüftung eines Passivhauses bereits 1987 vorgestellt (Bild 6.3) [113]. Als Wärmeerzeuger wurde ein Lüftungsgerät mit doppelstufiger Wärmepumpe vorgeschlagen (Bild 6.4) [103]. Auch die Trinkwassererwärmung sollte elektrisch erfolgen. Der Nachteil dieses Konzepts besteht darin, dass ohne einen hohen, apparativen Aufwand keine Einzelraumregelung möglich ist. Die Einzelraumregelung wird derzeit und auch zukünftig für Heizungsanlagen zwingend gefordert [3, 5]. Wenn diese Anforderung mit einfachen technischen Mitteln erfüllt werden soll, muss man auf die Wärmepumpe verzichten und anstelle dessen einen Wärmeaustauscher installieren, mit dem die Zuluft fast bis auf Raumtemperaturniveau erhitzt wird. Die eigentliche Nacherwärmung kann dann dezentral über elektrische Nachheizregister in den Zuluftdurchlässen erfolgen. Wegen der mit einer elektrischen Direktheizung verbundenen hohen Umwandlungsverluste [11.5] sind derartige Heizkonzepte auf einen niedrigen Transmissionswärmebedarf angewiesen.

Die Höhe des Luftwechsels der Lüftungsanlage richtet sich danach, ob außer der Lüftungsheizlast auch die Transmissionsheizlast von der Lüftungsanlage gedeckt werden soll, oder ob hierfür ein zusätzlicher Wärmeerzeuger vorgesehen wird. Wenn die Gebäudebeheizung ohne zusätzlichen Wärmeerzeuger erfolgen soll (siehe Tabelle 6.2), muss das Lüftungsgerät den aus hygienischen Gründen erforderlichen Luftwechsel sicherstellen. Ein zusätzlicher natürlicher Luftwechsel über Fenster oder Außenwand-Luftdurchlässe ist nicht mehr möglich, so dass die Bewohner das Lüftungsverhalten der Anlagentechnik unterordnen müssen. Ansonsten würden durch den zusätzlichen Luftwechsel die Einsparungen der Wärmerückgewinnung kompensiert werden. Im Extremfall könnten sich sogar Beeinträchtigungen in der Beheizbarkeit ergeben.

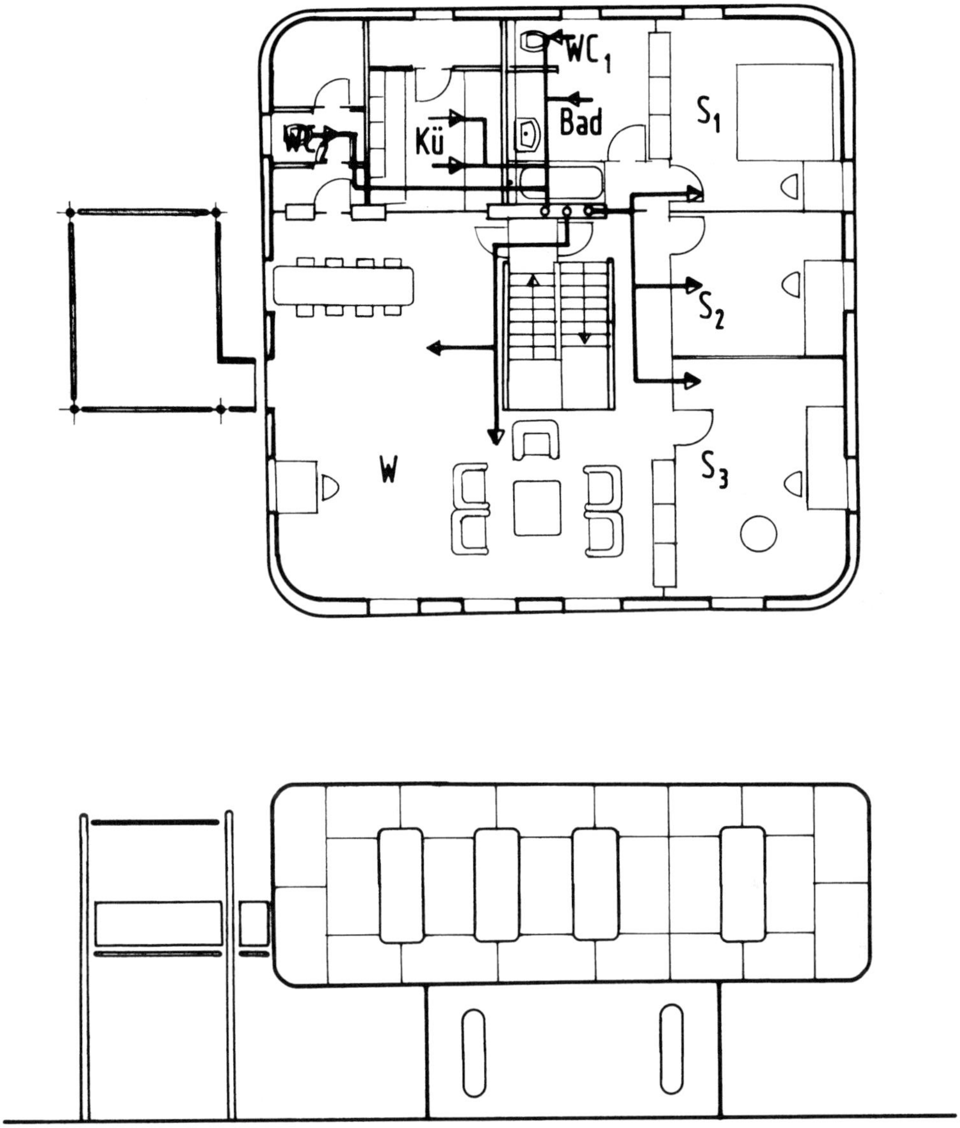

Bild 6.3: Vorschlag von Trümper für die Beheizung eines Passivhauses [113]

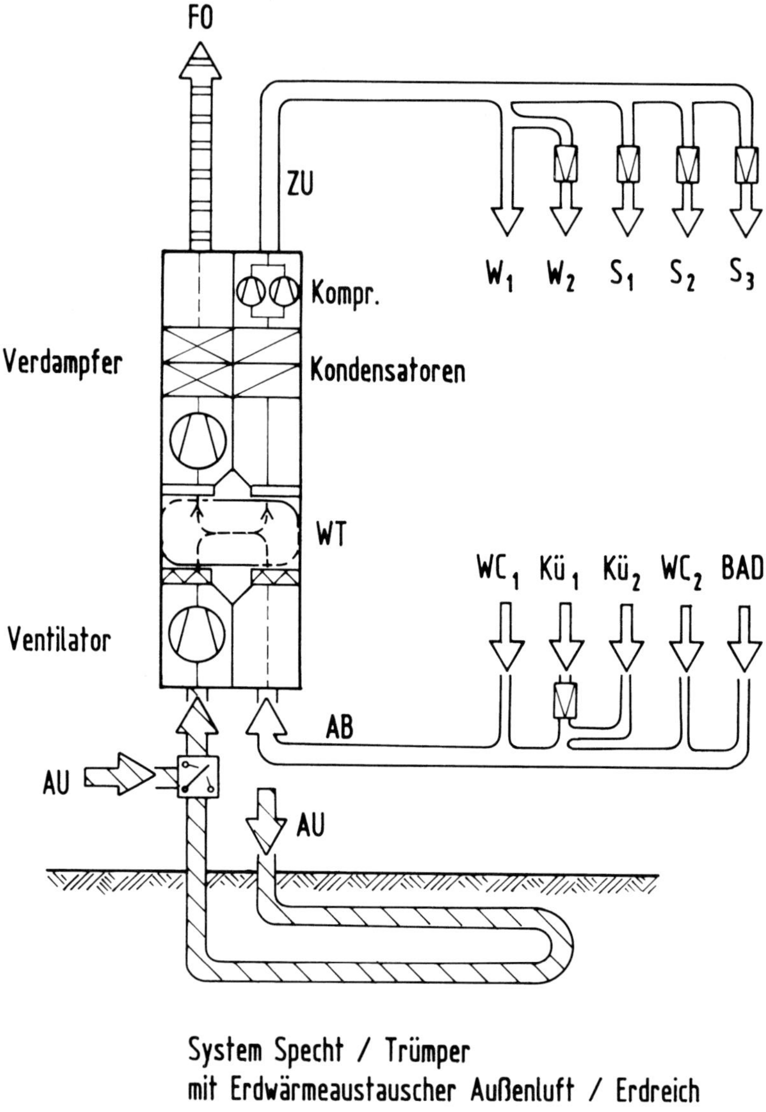

Bild 6.4: Zweistufige Wärmepumpe nach Specht [103]

Tabelle 6.2: Mechanische Be- und Entlüftung der Aufenthaltsräume, zentrale Nacherwärmung über Wärmepumpe und dezentrale Nacherwärmung der Zuluft

	Heizung	Lüftung
Erzeugung	• Elektrische Trinkwassererwärmung	• Zentrale Be- und Entlüftungsanlage mit Erdwärmeaustauscher • Wärmerückgewinnung durch einen Wärmeaustauscher • Dezentrale Nacherwärmung über eine elektrische Widerstandheizung
Verteilung	Keine	• Gemeinsame, zentrale Zuluft- und Abluftleitung
Nutzenübergabe	Elektro-Heizkörper in den untergeordneten Aufenthaltsräumen mit geringen Fremdwärmegewinnen (z. B. Kinderzimmer)	• Zuluftauslässe in den Fluren • Abluftdurchlässe in den Aufenthaltsräumen und den Räumen mit Luftverschlechterung (Bad, WC) • Mischgassensor im Wohnzimmer • Feuchtsensoren im Bad, WC und Küche • CO_2-Sensoren in den Schlafzimmern • Einzelraumregelung über Nacherwärmung

6.1.2.2 Reduzierter Anlagenluftwechsel

Wenn die Leistung der Lüftungsanlage nicht den hygienischen, sondern den bauphysikalischen Erfordernissen angepasst wird (siehe Tabelle 6.3 und Bild 6.5), dann ist eine Fensterlüftung möglich, ohne dass die Gesamtenergiebilanz negativ beeinflusst wird [55]. Durch eine entsprechende Volumenstromregelung in den Abluftdurchlässen kann ein Teil des zur Bedarfslüftung notwendigen Volumenstroms noch von der Lüftungsanlage erbracht werden. Hierdurch wird die Fensterlüftung auf die Zeiträume großer Stoff- und Kühllasten begrenzt (z. B. Ankoch-

Tabelle 6.3: Mechanische Be- und Entlüftung der Aufenthaltsräume in Kombination mit einer Warmwasserzentralheizung

	Heizung	**Lüftung**
Erzeugung	• Wärmepumpe (durchgehender Betrieb) • Brennwertkessel (intermittierender Betrieb) – Erdgas – Flüssiggas – Heizöl • Anordnung des Wärmeerzeugers innerhalb der Gebäudehülle	• Zentrale Be- und Entlüftungsanlage mit Erdwärmeaustauscher • Wärmerückgewinnung durch einen Wärmeaustauscher und Nacherwärmung der Zuluft auf Raumlufttemperatur
Verteilung	• Steigleitungen innerhalb der Gebäudehülle zu zentralen Stockwerksverteilern • Anschluss der Heizkörper als Zweirohrheizung	Gemeinsame, zentrale Zuluft- und Abluftleitung
Nutzenübergabe	• Ungeregelte Gebäudeheizung durch Bauteilaktivierung • Deckenstrahlungsheizung • Heizkörper	• Zuluftauslässe in den Fluren • Abluftdurchlässe in den Aufenthaltsräumen und den Räumen mit Luftverschlechterung (Bad, WC) • Mischgassensor im Wohnzimmer • Feuchtsensoren im Bad, WC und Küche • CO_2-Sensoren in den Schlafzimmern • Raumtemperaturregelung über elektrische Nacherwärmung bei ungeregelter Gebäudeheizung durch eine Bauteilaktivierung

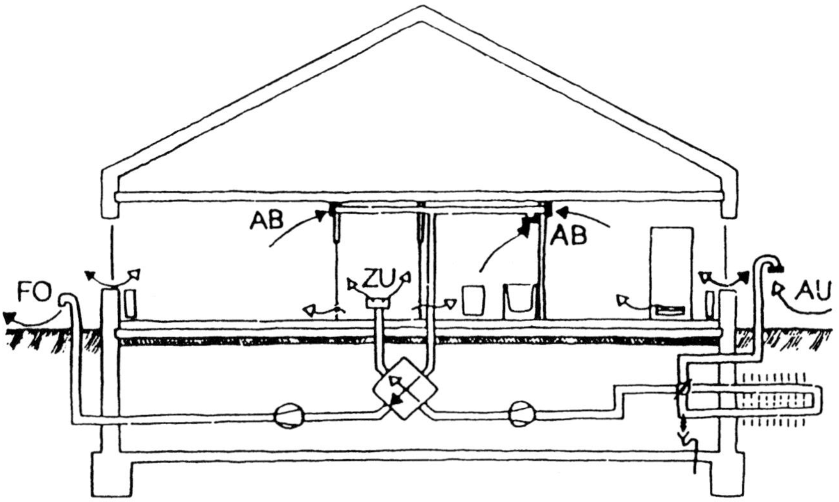

Bild 6.5: Modifizierte Nutzenübergabe für die mechanische Gebäudebe- und -entlüftung

phase in der Küche). Wegen der zusätzlichen Fensterlüftung muss ein weiterer Wärmeerzeuger vorgesehen werden. Hierfür kann eine Wärmepumpe, z. B. als Sole/Wasserwärmepumpe oder ein Heizkessel eingesetzt werden.

Die Raumheizeinrichtungen müssen zusätzlich zur Transmissionsheizlast auch noch die sich aufgrund der natürlichen Lüftung ergebende Lüftungsheizlast decken. Hierfür stehen die folgenden Maßnahmen zur Verfügung (Bild 6.6):

- Heizkörper
- Bauteilaktivierung

Beide Maßnahmen ermöglichen durch einen geringfügigen apparativen Mehraufwand eine Einzelraumregelung. Hierin besteht der Hauptvorteil gegenüber einer zentralen Nacherwärmung im Wohnungslüftungsgerät. Der weitere Vorteil der Kombination einer mechanischen Wohnungslüftungsanlage mit einer Warmwasser-Zentralheizung besteht in den Heizreserven für die Gebäudeerwärmung nach Heizpausen.

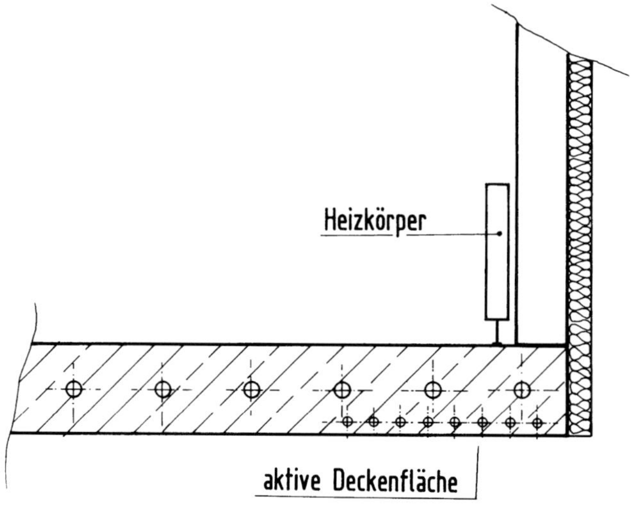

Bild 6.6: Einzelraumregelung über zusätzliche Heizflächen

6.2 Gebäudesanierung

6.2.1 Ausgangssituation

Im Regelfall sind im Gebäudebestand keine Belüftungsanlagen vorhanden (Bild 6.7). Die Bäder, WC's und Küchen werden entweder natürlich über Fenster oder Schächte (siehe Abschnitt 5.2) belüftet, oder es sind einfache Abluftanlagen installiert [114]. Die Medienver- und -entsorgung erfolgt in Gebäuden als Aufputzinstallation oder in Wandschlitzen. Schächte sind nur selten vorhanden. Aus Kostengründen geht die wärmetechnische Sanierung der Gebäudehülle meist einher mit einer Sanierung der Bäder und Toiletten.

Für eine bauphysikalische Ertüchtigung der Gebäudehülle stehen folgende Maßnahmen zur Verfügung [100]:

- Wärmedämmung des Daches
- Verringerung des Wärmedurchgangs der Außenwände durch ein Wärmedämmverbundsystem oder eine Innendämmung (letztere Maßnahme z. B. bei einer denkmalgeschützten Fassade)
- Austausch der vorhandenen Fenster gegen eine Wärmeschutzverglasung mit hochwärmegedämmtem Rahmen
- zusätzliche Wärmedämmung gegen das Erdreich oder unbeheizte Kellerräume

Neben dem verbesserten Wärmeschutz wird mit den vorstehenden Maßnahmen bei einer fachgerechten Ausführung auch die Winddichtheit erhöht. Insoweit be-

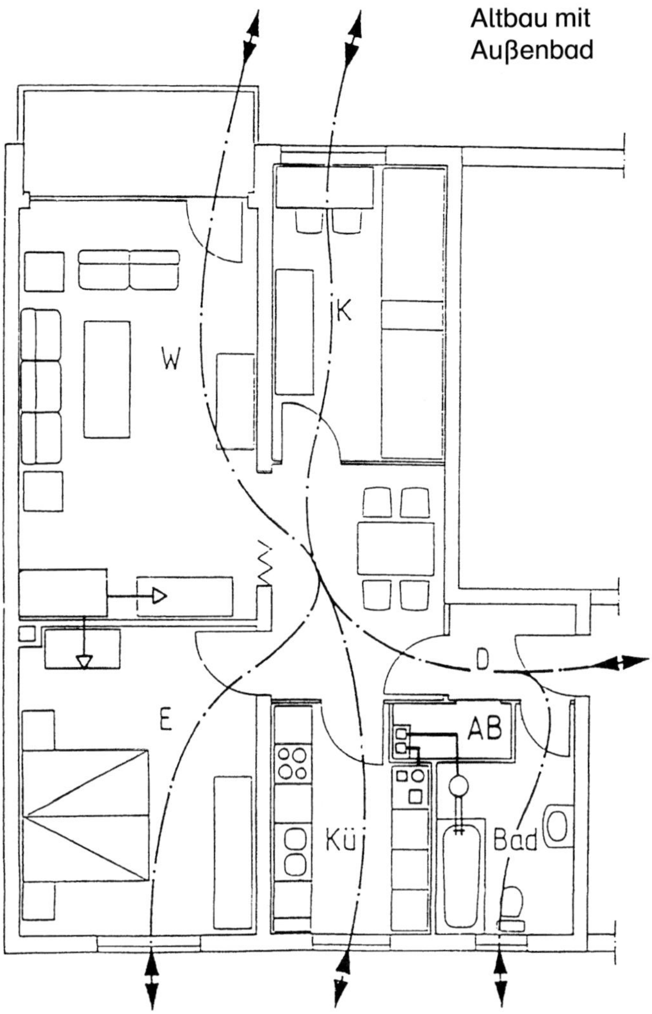

Bild 6.7: Gebäudebestand

stehen in einem wärmetechnisch sanierten Altbau dieselben Anforderungen an die gebäudetechnischen Systeme zur Belüftung und Beheizung wie in einem Neubau.

6.2.2 Sanierungsvorschlag

Die Sanierung der Bäder und Toiletten wird als Vorwandinstallation mit einer Medienver- und entsorgung über Installationsschächte ausgeführt. Bei der Belegung der Installationsschächte ist eine Abluftleitung zur Entlüftung der Sanitärräume zu

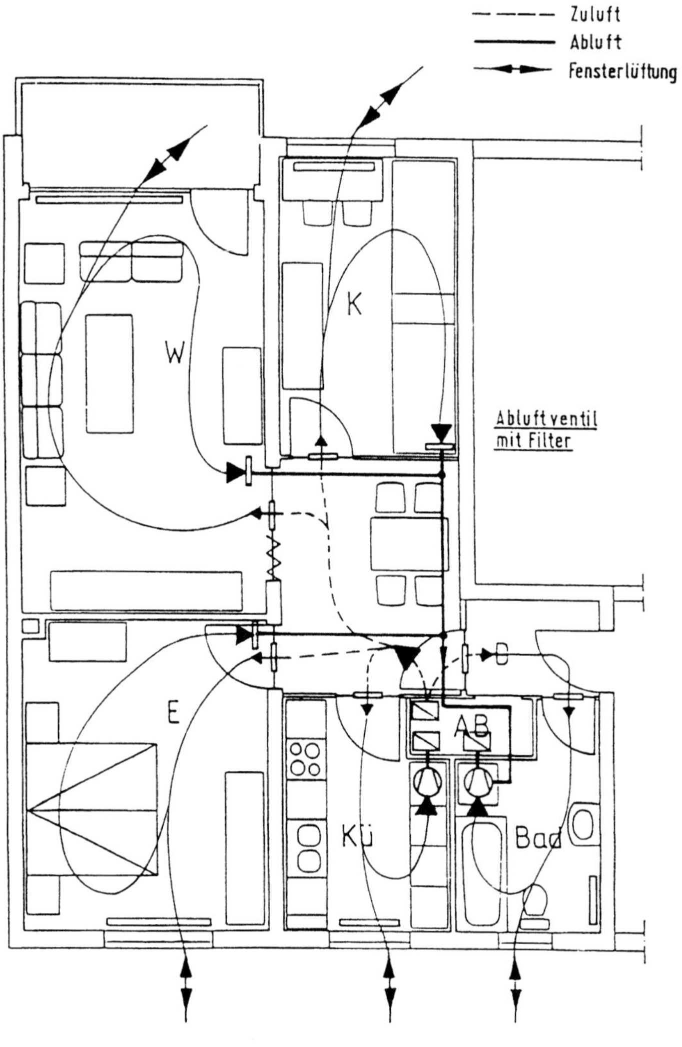

Bild 6.8: Gebäudesanierung

berücksichtigen (Bild 6.8). Wenn zusätzlich eine Belüftungsanlage vorgesehen wird, sind unterschiedliche Maßnahmen zur Wärmerückgewinnung möglich (Bild 6.9). Diese Vorgehensweise empfiehlt sich auch für außenliegende und natürlich belüftbare Sanitärräume, da durch die Abluftanlage eine Geruchsübertragung von den Sanitärräumen in die Aufenthaltsräume verhindert wird.

Die Beheizung kann durch Radiatoren oder Flächenheizungen erfolgen. Da im Rahmen einer Gebäudesanierung tragende Bauteile nur selten vollständig erneuert werden, ist eine Bauteilaktivierung durch in tragenden Bauteilen oder Bauteil-

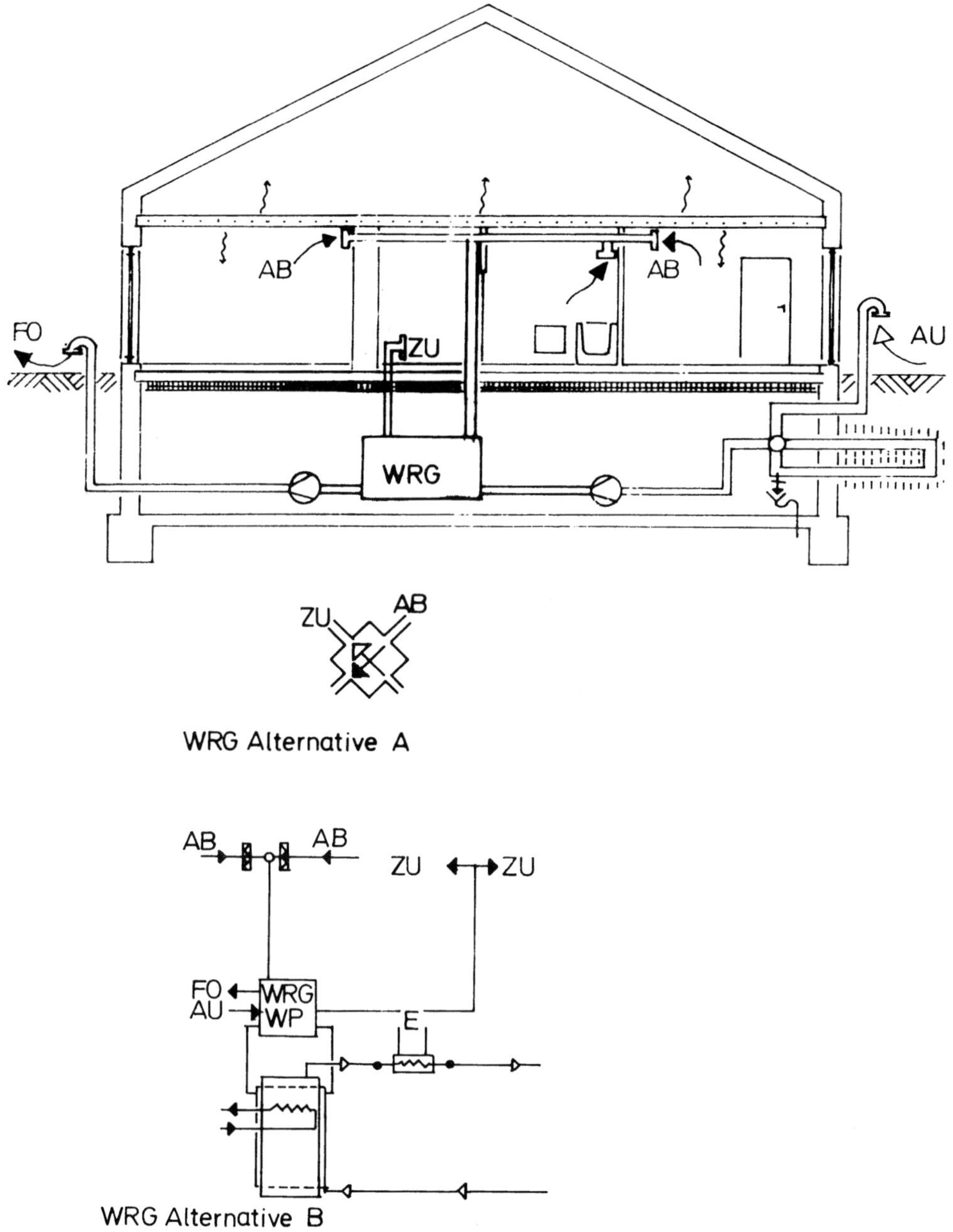

Bild 6.9: Unterschiedliche Maßnahmen zur Wärmerückgewinnung für die mechanische Be- und Entlüftung

schichten angeordnete Heizungsleitungen nicht möglich. Insoweit verbleiben nur noch folgende Varianten für die Ausführung einer Flächenheizung:

- Montage einer Deckenstrahlungsheizung im Deckenputz oder zwischen dem Deckenputz und der Decke
- Installation einer Fußbodenheizung mit niedrigem Systemaufbau
- Wandheizung

Bei den vorstehenden Raumheizeinrichtungen handelt es sich um schnell regelbare Systeme, welche die in Gebäuden mit niedrigem Heizwärmebedarf nach Heizpausen notwendigen Aufheizreserven rasch zur Verfügung stellen können. Denselben Effekt kann man mit Heizkörpern durch eine Anhebung der Vorlauftemperatur erzielen.

7 Zusammenfassung

Die Konzeption gebäudetechnischer Systeme zur Belüftung und Beheizung moderner Gebäude mit geringem Heizwärmebedarf beschränkt sich nicht nur auf die Auswahl eines Wärmeerzeugers mit günstigen ökonomischen und ökologischen Eigenschaften einschl. darauf abgestimmter Raumheizeinrichtungen. Vielmehr ist das gesamte Konzept auf die geänderten bauphysikalischen Randbedingungen abzustimmen:

- Durch die erhöhte Wärmedämmung erreicht der Transmissionswärmebedarf maximal noch die Größenordnung des Wärmebedarfs für eine natürliche Gebäudelüftung.
- Die Wärmeverluste während der täglichen Heizpausen, z. B. der Nachtabsenkung, sind so gering, dass hierdurch keine nennenswerte Einsparung mehr erzielt werden kann.
- Erst mit mehrtägigen Absenkphasen, z. B. der Wochenendabsenkung, ist eine merkbare Reduzierung des Heizwärmebedarfs verbunden.
- Der bisher in den Regeln der Technik bei der Auslegung von Wärmerzeugern gar nicht und von Raumheizeinrichtungen nur teilweise erfasste Einfluss der Wärmebrücken kann zwischen 7 und 13 % des Heizwärmebedarfs betragen.
- Durch die erhöhte Gebäudedichtheit kann in Extremfällen der aus hygienischen Gründen benötigte Luftaustausch nicht mehr sichergestellt werden (z. B. Schlafzimmer während der Nachtstunden bei geschlossenen Fenstern).
- Aufgrund der niedrigen Wärmedurchgangszahlen transparenter und opaker Außenbauteile wird deren raumseitige Oberflächentemperatur erhöht. Derselbe Effekt wird durch Flächenheizungen und bei transparenten Außenbauteilen auch durch die Sonneneinstrahlung bewirkt.
- In Passivhäusern wird durch eine entsprechende Gebäudekonstruktion der Deckungsgrad der Sonneneinstrahlung am Heizwärmebedarf optimiert.

7.1 Heizung

Die Dimensionierung der Komponenten der Heizungsanlage (Wärmeerzeuger, Rohrnetz und Raumheizeinrichtungen) richtet sich nach der beabsichtigten Betriebsweise. Für einen durchgehenden Betrieb ist eine Auslegung auf die Gebäude- oder Raumheizlast ausreichend. Beim Wärmeerzeuger muss erforderlichenfalls eine Zusatz-Wärmeleistung zur Sicherstellung einer ausreichenden Trinkwassererwärmung berücksichtigt werden. Außerdem muss der Inhalt des Trinkwassererwärmers ausreichend bemessen sein, da eine Aufladung nur dann möglich ist, wenn die Leistung des Wärmeerzeugers nicht vollständig zur Gebäudebeheizung benötigt wird. Diese Art der Dimensionierung bietet sich insbesondere für Wärmeerzeuger mit hohen investitionsgebundenen Kosten an. Hierzu gehören Wärmepumpen und BHKW's.

Wenn auf Grundlage der Gebäudenutzung Heizpausen zu erwarten sind, müssen Aufheizreserven vorgesehen werden. Für ein Einfamilienhaus ist in diesem Zusammenhang ein Wärmeerzeuger mit einer Wärmeleistung von 16 kW in Kombination mit einem Trinkwassererwärmer mit 150 l Inhalt ausreichend. Dagegen kann für die Auslegung des Wärmeerzeugers in Mehrfamilienhäusern und Bürogebäuden keine vergleichbare Faustformel angegeben werden. Da die Höhe der Aufheizreserven nicht nur von der Gebäudekonstruktion, sondern auch von den Nutzungsgewohnheiten abhängig ist, kann derzeit die Wärmeleistung des Wärmeerzeugers und der Raumheizeinrichtungen nur durch eine thermische Gebäudesimulation ermittelt werden. In den zum Zeitpunkt der Niederschrift dieser Arbeit gültigen Regeln der Technik werden Aufheizreserven nicht berücksichtigt.

Aus Kostengründen wird man die Aufheizreserven bei den Raumheizeinrichtungen durch eine Anhebung der Vorlauftemperatur nach den Heizpausen bewirken. Da sich die auf die Aufheizphasen zurückzuführenden Bedarfsspitzen nahezu unabhängig von den Außentemperaturen einstellen, muss die Heizungsanlage auch bei milden Außentemperaturen mit der Auslegungsvorlauftemperatur betrieben werden. In Einfamilienhäusern kann man durch die Aufschaltung der Raumtemperatur eines Führungsraumes die Zeiträume mit der erhöhten Vorlauftemperatur und den damit einhergehenden erhöhten Wärmeverlusten auf die Zeitabschnitte unmittelbar nach den Heizpausen begrenzen. In Mehrfamilienhäusern und in Bürogebäuden ist eine derartige Vorgehensweise nicht möglich, da in der Regel kein repräsentativer Führungsraum zur Verfügung steht.

Die Konstruktion der Heizungsanlage ist so zu optimieren, dass die unvermeidbaren Wärmeverluste bei der Erzeugung und Verteilung der Gebäudeheizung zu Gute kommen. Dies kann nur durch die Anordnung des Wärmeerzeugers und des Rohrnetzes innerhalb der gedämmten Gebäudehülle bewirkt werden. Aus demselben Grund ist auf Einrohrheizungen zu verzichten.

Die Verluste bei der Nutzenübergabe sind durch eine entsprechende Optimierung der Einzelraumregelungen zu verringern. Hierzu gehören auch Raumheizeinrichtungen, wie z. B. trägheitsarme Deckenstrahlungsheizungen, die ihre Wärmeabgabe nahezu unverzögert der Heizlast anpassen.

7.2 Lüftung

Wenn nutzungsunabhängig ein sowohl aus bauphysikalischer als auch aus hygienischer Sicht ausreichender Luftwechsel sichergestellt werden soll, ist zumindest eine Abluftanlage zwingend erforderlich. Wenn der mit einer Abluftanlage abgesaugte Volumenstrom zusätzlich noch in Abhängigkeit von der Raumluftbelastung mit Schadstoffen gesteuert wird, dann ist mit einer Abluftanlage eine, wenn auch in begrenztem Umfang, Bedarfslüftung möglich. Die Außenluftnachströmung erfolgt über Außenwand-Luftdurchlässe. Wegen der besonders günstigen thermodynamischen Eigenschaften, hierzu gehört die Vorwärmung der nachströmenden Außenluft, eignet sich hierfür besonders die Integration der Außenwand-Luftdurchlässe in die Fenster und Fenstertüren in Form eines Zuluftfensters.

Eine weitere Erhöhung des Komforts ist nur durch eine mechanische Belüftungsanlage mit Wärmerückgewinnung möglich. Wenn hierbei unabhängig von dem individuellen Lüftungsverhalten eine Reduzierung des Heizwärmebedarfs beabsichtigt ist, muss die Leistung des Lüftungsgerätes auf den Volumenstrom zur Deckung der Grundlüftung begrenzt werden. Um in den einzelnen Räumen immer noch eine ausreichende Lufterneuerung sicherzustellen, benötigt man Abluftdurchlässe mit regelbarem Abluftvolumenstrom. Die Anpassung des Volumenstroms an die Raumlasten erfolgt in dichten Gebäuden daher nicht über die Zuluft, sondern über die Abluft.

7.3 Kühlung

Mit der gezielten Nutzung der Sonneneinstrahlung zur Gebäudebeheizung im Winter können sich Probleme im Sommer mit zu hohen Raumtemperaturen ergeben, wenn die Gebäudekonstruktion nicht auf die Erfordernisse des sommerlichen Wärmeschutzes abgestimmt wird. Hierzu gehört eine Massivbauweise und ein außenliegender Sonnenschutz. Eine Nachtlüftung trägt auch zur Begrenzung des behaglichkeitsmindernden Einflusses der Sonneneinstrahlung bei. Die Voraussetzungen für eine intensive, natürliche Nachtlüftung liegen jedoch witterungs- und nutzungsabhängig nicht immer vor.

Durch die Umnutzung der Flächenheizungen und des Erdwärmeaustauschers während des Sommers zur Gebäudekühlung ist eine weitere Komfortverbesserung möglich. Hierdurch können bei gleichzeitig reduziertem Stromverbrauch Raumluftkonditionen erzielt werden, die mit einer geregelten Umluftkühlung vergleichbar sind.

8 Anhang: Über den Umgang mit dem *h,x*-Diagramm

8.1 Bedeutung

Das *h,x*-Digramm geht auf eine Veröffentlichung von Mollier zurück [83]. In der Lüftungs- und Klimatechnik wird das *h,x*-Diagramm zur anschaulichen Darstellung raumlufttechnischer Prozesse genutzt. Vor der weiten Verbreitung von Personalcomputern wurden lüftungstechnische Geräte und Anlagen ausschließlich mit dem *h,x*-Diagramm berechnet. Mittlerweile werden hierfür Computerprogramme angeboten. Wegen der umfangreichen Anwendungsmöglichkeiten und der anschaulichen Darstellung lüftungstechnischer Prozesse, insbesondere bei der Planung im Stadium des Vorentwurfs und Entwurfs, hat das *h,x*-Diagramm kaum an Bedeutung verloren.

8.2 Schiefwinkliges Koordinatensystem

Bei dem *h,x*-Diagramm (Bild A.1) handelt es sich um ein schiefwinkliges Koordinatensystem. Auf der Abszisse ist der absolute Wasserdampfgehalt der Luft bezogen auf das Gewicht der trockenen Luft aufgetragen. Die Ordinate wird von der Enthalpie der feuchten Luft gebildet. Der Nullpunkt der Ordinate ist willkürlich für die Enthalpie trockener Luft mit einer Temperatur von 0 °C festgelegt.

Das *h,x*-Diagramm ist in zwei Abschnitte unterteilt. Oberhalb der Sättigungskurve befindet sich der Bereich ungesättigter Luft und unterhalb der Sättigungskurve der Bereich gesättigter Luft. Die Sättigungskurve entspricht einer relativen Feuchte von 100 %.

8.3 Weitere in dem *h,x*-Diagramm enthaltene Größen

Neben der absoluten Feuchte und der Enthalpie sind in das *h,x*-Diagramm noch folgende weitere physikalische Größen eingetragen:

- Wasserdampfpartialdruck
- Temperatur
- Relative Feuchte
- Feuchtkugeltemperatur

Meistens ist in *h,x*-Diagrammen auch noch die Dichte der Luft eingetragen. Hierauf wurde in Bild A.1 der besseren Übersicht halber verzichtet.

Über den in Gleichung (A.1) dargestellten Zusammenhang aus [91] kann die absolute Feuchte x in den Wasserdampfgehalt Luft umgerechnet werden.

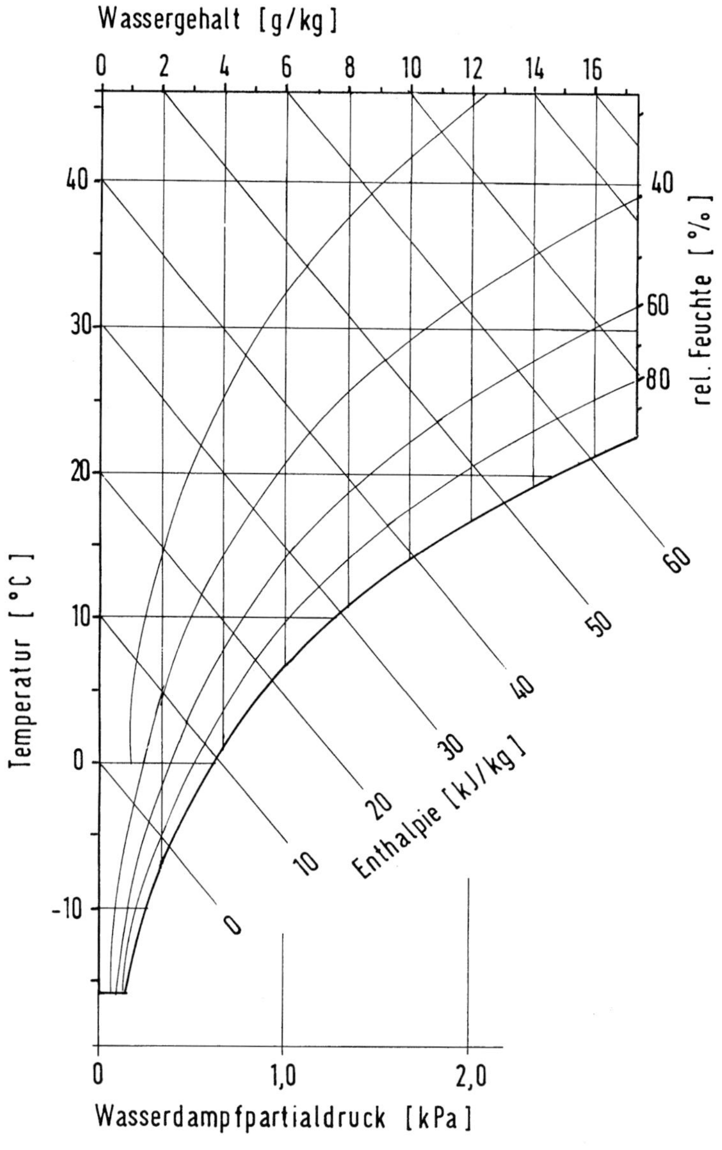

Bild A.1: *h,x*-Diagramm

Der Wasserdampfpartialdruck kann einer Skala, die entweder unterhalb der Abszisse oder über dem *h,x*-Diagramm angeordnet ist, entnommen werden.

$$p_D = \frac{x \cdot p}{x + 0{,}6222} \tag{A.1}$$

Hierin bedeuten:

p_D	[Pa]	Wasserdampfpartialdruck der feuchten Luft
p	[Pa]	Druck der feuchten Luft
x	[g/kg]	absolute Feuchte der Luft in g/kg

Zwischen der Enthalpie und der Temperatur der feuchten Luft bestehen die in den Gleichungen (A.2) bis (A.5) genannten formelmäßigen Zusammenhänge. Die Temperatur ist als eigene, senkrecht auf der Abszisse stehende Achse in das *h,x*-Diagramm eingezeichnet.

- Allgemein

$$h_{1+x} = h_L + x \cdot h_D \tag{A.2}$$

- Ungesättigte Luft

$$h_{1+x} = h_L + x \cdot h_D = c_{p,L} \cdot \vartheta + x \cdot (r_K + c_{p,D} \cdot \vartheta) \tag{A.3}$$

- Übersättigte Luft

$$\vartheta \geq 0\,°C \quad h_{1+x} = c_L \cdot \vartheta + x_s \cdot (r_K + c_D \cdot \vartheta) + (x - x_s) \cdot c_w \cdot \vartheta \tag{A.4}$$

$$\vartheta < 0\,°C \quad h_{1+x} = c_L \cdot \vartheta + x_s \cdot (r_K + c_D \cdot \vartheta) + (x - x_s) \cdot (-r_S + c_E \cdot \vartheta) \tag{A.5}$$

In den vorstehenden Gleichungen bedeuten:

h_{1+x}	[J/kgK]	Enthalpie der feuchten Luft
h_L	[J/kgK]	Enthalpie der trockenen Luft
h_D	[J/kgK]	Enthalpie des Wasserdampfs
x	[g/kg]	absolute Feuchtigkeit
x_s	[g/kg]	Absolute Feuchtigkeit im Sättigungszustand
c_L	[J/kgK]	spezifische Wärmekapazität der trockenen Luft
c_D	[J/kgK]	spezifische Wärmekapazität des Wasserdampfs
c_w	[J/kgK]	spezifische Wärme des Wassers
c_E	[J/kgK]	spezifische Wärme des Eises
ϑ	[°C]	Lufttemperatur
r_K	[J/kg]	Kondensationswärme
r_S	[J/kg]	Schmelzwärme

8.4 Darstellung lüftungstechnischer Prozesse und Zustandsänderungen

Bei der Erwärmung feuchter Luft ändert sich die absolute Feuchte nicht. Insoweit stellt die Erwärmung feuchter Luft eine Bewegung auf einer Linie x = konstant in Richtung höherer Temperaturen dar (Bild A.2). Für den umgekehrten Prozess, die Abkühlung feuchter Luft, muss zwischen einer Abkühlung auf Temperaturen oberhalb (Bild A.3) oder unterhalb des Taupunktes (Bild A.4) unterschieden werden. Die Abkühlung ohne Wasserausscheidung findet wie die Erwärmung auf einer Linie x = konstant statt. Dagegen wird bei der Abkühlung der Luft unterhalb des Taupunktes Wasserdampf ausgeschieden und die Luft damit entfeuchtet. Die Zustandsänderung erfolgt daher nicht mehr auf einer Geraden, sondern auf einer mit einer Hyperbel vergleichbaren Linie.

Von besonderer Bedeutung bei der Beurteilung lüftungstechnischer Prozesse ist der hiermit verbundene Wärmeverbrauch bzw. -gewinn. Wenn der Anfangs- und der Endpunkt einer Zustandsänderung bekannt sind, ist die für die Zustandsänderung benötigte bzw. freiwerdende Wärme aus der Differenz der Enthalpie des Endpunktes und der Enthalpie des Anfangspunktes berechenbar:

$$\dot{Q} = \dot{V} \cdot \rho \cdot (h_e - h_a) \qquad \text{(A.6)}$$

Hierin bedeuten:

$\dot{Q}$	[W]	für die Zustandsänderung benötigte Wärme
$\dot{V}$	[m^3/s]	Volumenstrom
ρ	[kg/m^3]	Dichte der Luft
h_e	[J/kg]	Enthalpie des Endzustandes
h_a	[J/kg]	Enthalpie des Anfangszustandes

Bei Prozessen, bei denen die Luft gleichzeitig entfeuchtet und abgekühlt wird, wie z. B. die Abluft im Wärmeaustauscher oder die Außenluft im EWT, kann sogar zwischen der freiwerdenden bzw. benötigten latenten und sensiblen Wärme unterschieden werden (Bild A.5).

Neben der Erwärmung, Abkühlung und Entfeuchtung nennt die DIN 1946-1 [8.1] als vierten thermodynamischen Prozess die Befeuchtung von Luft. Die in Teilklima- und Klimageräten stattfindende Befeuchtung der Zuluft ist für die Beheizung und Belüftung von Niedrigenergiehäusern nicht von Bedeutung. Insoweit wird diesbezüglich auf weiterführende Literatur verwiesen [91].

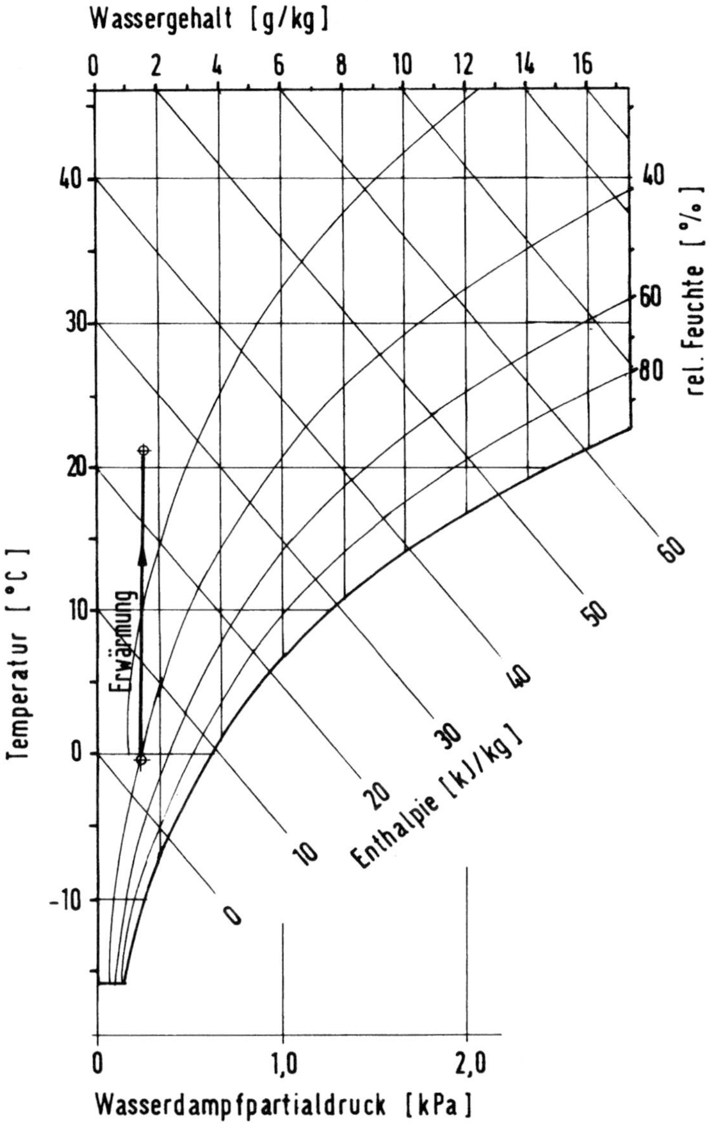

Bild A.2: Erwärmung von Luft

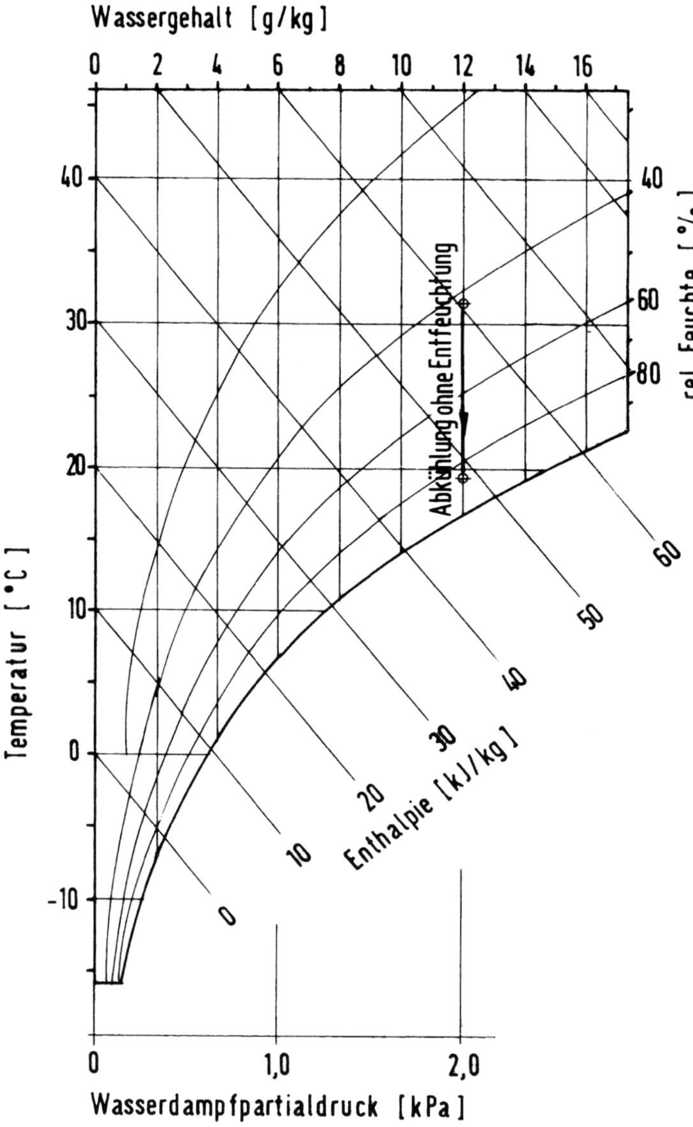

Bild A.3: Abkühlung von Luft ohne Taupunktunterschreitung

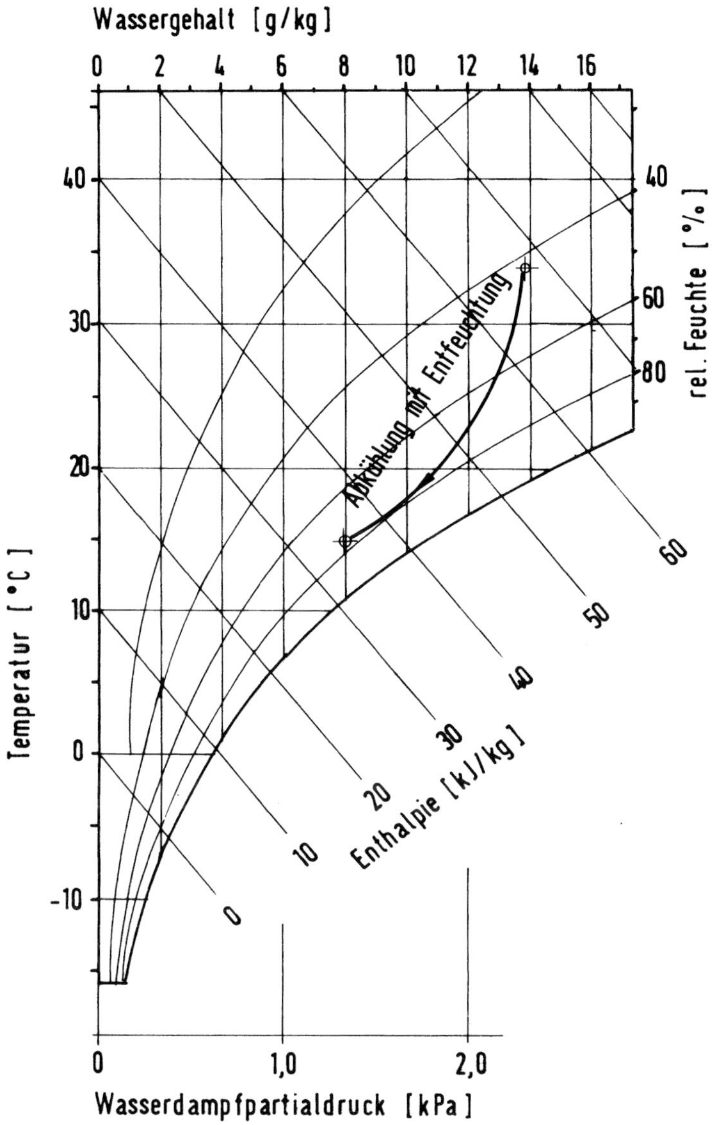

Bild A.4: Abkühlung von Luft mit Taupunktunterschreitung

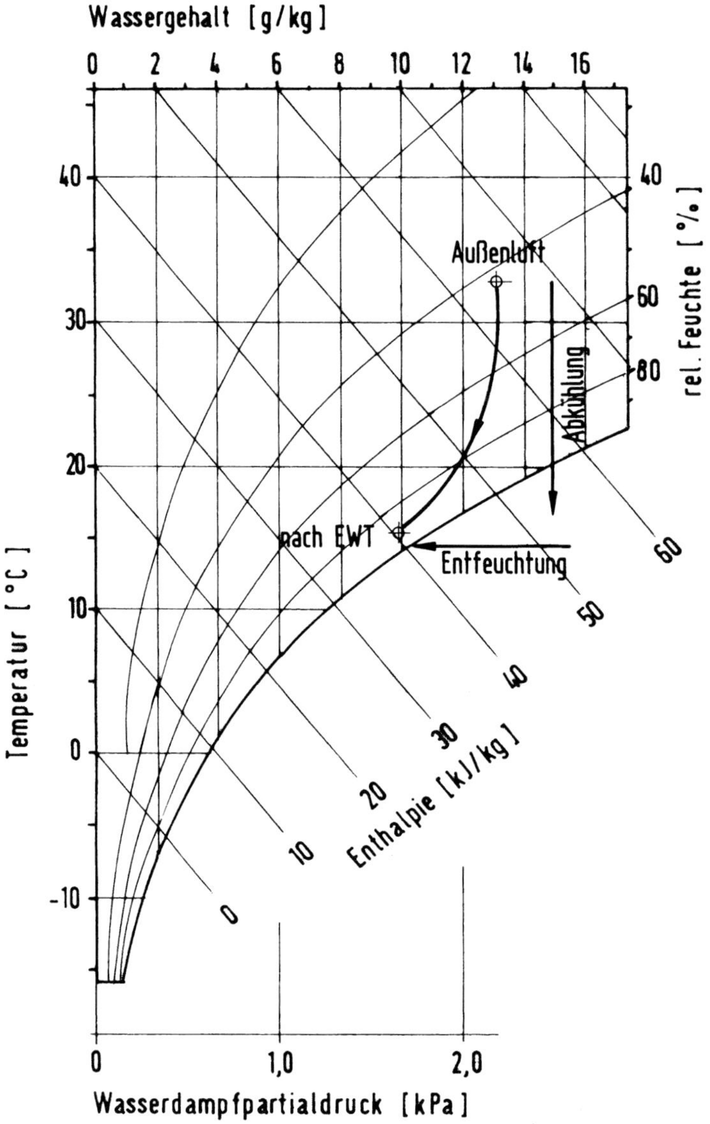

Bild A.5: Latente und sensible Wärme

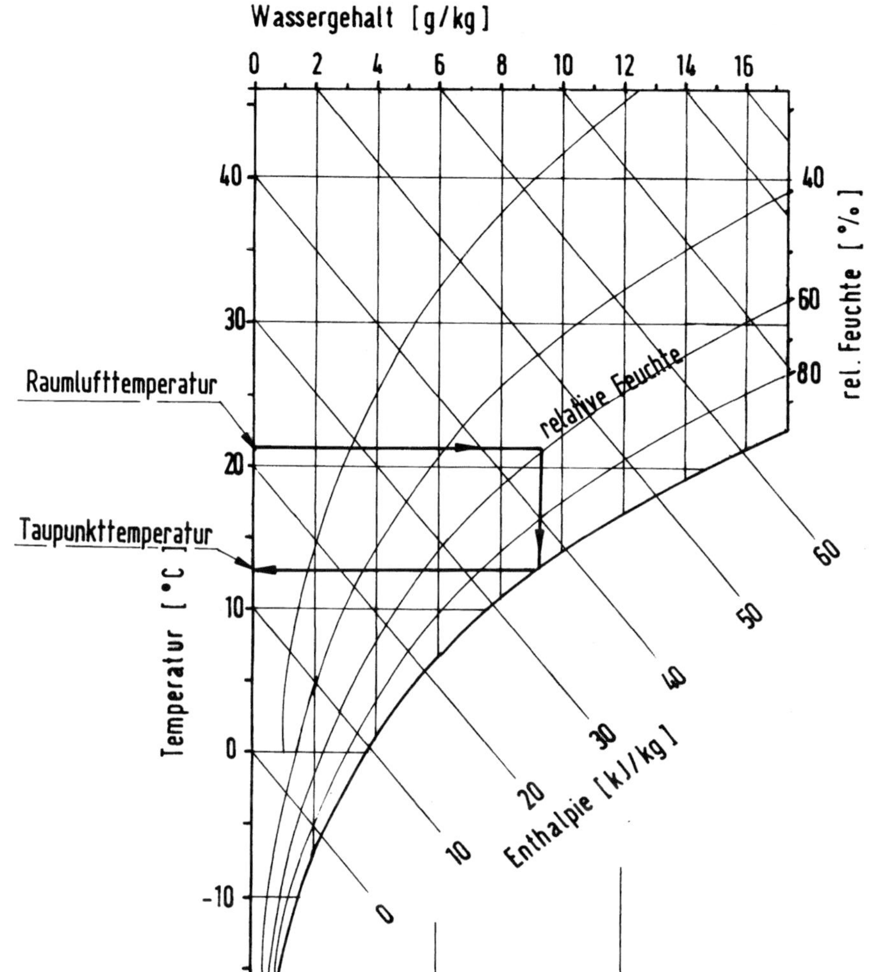

Bild A.6: Taupunkttemperatur

8.5 Sonstige Anwendungsmöglichkeiten

Neben der Darstellung lüftungstechnischer Prozesse kann das *h,x*-Diagramm auch für andere Zwecke genutzt werden. Eine weitere wichtige Anwendungsmöglichkeit des *h,x*-Diagrammes besteht darin, dass bei Kenntnis von zwei physikalischen Größen alle übrigen Größen abgelesen werden können.

Neben den direkt im *h,x*-Diagramm angegebenen, physikalischen Größen kann man auch indirekt die Taupunkttemperatur bestimmen. Der Taupunkt für einen gegebenen Raumluftzustand ist durch den Schnittpunkt einer Geraden x = konstant, die durch den gegebenen Raumluftzustand führt, mit der Sättigungslinie $\varphi = 100\ \%$ charakterisiert (Bild A.6). Ausgehend von diesem Schnittpunkt muss man sich längs einer Linie ϑ = konstant bis zur Temperaturachse bewegen, um die Taupunkttemperatur ablesen zu können.

Literatur

Verordnungen und Richtlinien

[1] Gesetz zur Einsparung von Energie in Gebäuden vom 22.07.1976 (Energieeinsparungsgesetz – EnEG).

[2] Verordnung über einen energiesparenden Wärmeschutz bei Gebäuden (Wärmeschutzverordnung – WärmeschutzV).

- [2.1] Fassung vom 11.08.1977.
- [2.2] Fassung vom 24.02.1982.
- [2.3] Fassung vom 16.08.1994.

[3] Verordnung über energiesparende Anforderungen an heizungstechnische Anlagen sowie Brauchwasseranlagen (Heizungsanlagen-Verordnung).

- [3.1] Fassung vom 01.11.1977.
- [3.2] Fassung vom 24.02.1982.
- [3.3] Fassung vom 20.01.1989.
- [3.4] Fassung vom 22.03.1994.

[4] Verordnung über Heizkostenabrechnung (HeizkostenV) vom 20.01.1989.

[5] Energiesparverordnung.

[6] Arbeitsstättenverordnung vom 20.03.1975, zuletzt geändert durch Verordnung vom 01.08.1983 (BGBl. I S. 1057).

[7] Technische Regeln für gefährliche Arbeitsstoffe. MAK-Werte der Deutschen Forschungsgemeinschaft. Carl-Heymanns Verlag.

Technische Regeln

[8] DIN 1946 Raumlufttechnik.

- [8.1] -1 (88-10) Terminologie und graphische Symbole.
- [8.2] -2 (94-01) Gesundheitstechnische Anforderungen.
- [8.3] -6 (94-09) Lüftung von Wohnungen.

[9] DIN 1986 Entwässerungsanlagen für Gebäude und Grundstücke.

- [9.1] -1 (88-06) Technische Bestimmungen für den Bau.
- [9.2] -3 (82-07) Regeln für den Betrieb und Wartung.

[10] DIN 4108, Wärmeschutz im Hochbau.

- [10.1] -1 (81-08) Größen und Einheiten.
- [10.2] -2 (81-08) Wärmedämmung und Wärmespeicherung; Anforderungen und Hinweise für Planung und Ausführung.
- [10.3] -6 Vornorm (00-11): Berechnung des Jahresheizwärme- und des Jahresheizenergiebedarfs und Begrenzung solarer Wärmeeinträge im Sommer.
- [10.4] -7 Vornorm (96-11) Luftdichtheit von Bauteilen und Anschlüssen; Planungs- und Ausführungsempfehlungen sowie -beispiele.
- [10.5] Beiblatt 2 (98-08) Wärmebrücken, Planungs- und Ausführungsbeispiele.

[11] DIN 4701 Regeln für die Berechnung des Wärmebedarfs von Gebäuden.

[11.1] -1 (83-03) Grundlagen der Berechnung.
[11.2] -2 (83-03) Tabellen, Bilder, Algorithmen.
[11.3] -3 (89-08) Auslegung der Raumheizeinrichtungen.
[11.4] -1 Entwurf (95-08) Grundlagen der Berechnung.
[11.5] -10 Vornorm (01-02): Energetische Bewertung heiz- und raumlufttechnischer Anlagen – Heizung, Trinkwassererwärmung, Lüftung.

[12] DIN 4703-1 (88-09): Raumheizkörper.

[13] DIN 4708 (94-04) Zentrale Brauchwassererwärmungsanlagen.
[13.1] -1 Begriffe und Berechnungsgrundlagen.
[13.2] -2 Regeln zur Ermittlung des Wärmebedarfs zur Erwärmung von Trinkwasser in Wohngebäuden.

[14] DIN 4710 (82-11) Meteorologische Daten zur Berechnung des Energieverbrauchs.

[15] DIN 18017-1 Lüftung von Bädern und Toilettenräumen ohne Außenfenster.
[15.1] -1 (87-02) Einzelschachtanlagen ohne Ventilatoren.
[15.2] -3 (90-08) Lüftung von Bädern und Toilettenräumen ohne Außenfenster mit Ventilatoren.

[16] DIN 18380 (98-05) Heizungsanlagen und zentrale Wassererwärmungsanlagen.

[17] DIN EN 442-2 (02-97) Radiatoren und Konvektoren – Prüfverfahren und Leistungsangabe.

[18] DIN EN 832 (98-12): Wärmetechnisches Verhalten von Gebäuden, Berechnung des Heizenergiebedarfs, Wohngebäude.

[19] DIN EN 1264 Fußboden-Heizung Systeme und Komponenten.
[19.1] DIN EN 1264-1 (97-11): Definitionen und Symbole.
[19.2] DIN EN 1264-2 (97-11): Bestimmung der Wärmeleistung.
[19.3] DIN EN 1264-3 (97-08): Auslegung.

[20] VDI-Richtlinie 2067-1 (83-12) Berechnung der Kosten von Wärmeversorgungsanlagen, betriebstechnische und wirtschaftliche Grundlagen.

[21] VDI 3815 (93-11) Bemessung der Leistung von Wärmeerzeugern.

[22] VDI 6022 (98-07): Hygienische Anforderungen an Raumlufttechnische Anlagen Büro- und Versammlungsräume.

Veröffentlichungen

[23] Albers, K.-J.: Untersuchungen zur Auslegung von Erdwärmeaustauschern für die Konditionierung der Zuluft von Wohngebäuden. Dissertation Universität Dortmund 1991.

[24] Bach, H.: Mit der Dämmung der Gebäude steigt die Anforderung an die Nutzenübergabe. HLH 48 (1997), S. 32–37.

[25] Banck, U.: Untersuchungen zum Wärmedurchgang an Fenstern unter besonderer Berücksichtigung der Rahmenkonstruktion. Diplomarbeit, Institut für Thermodynamik, Universität Dortmund 1993.

[26] Banck, U. Dissertation Universität Dortmund 1997.

[27] Böckenförde et al.: Musterbauordnung für die Länder der Bundesrepublik Deutschland. Werner-Verlag.

[28] Böhm G.: Leistung mangelhaft: Gerichtsurteil mit Konsequenzen für die Heizungsauslegung. sbz 4/98, S. 118–121.
[29] Buderus Handbuch für Heizungstechnik. Buderus Verlag, 33. Auflage 1993.
[30] Cziesielski, E. (Hrsg.): Bauphysik Kalender 2001. Ernst & Sohn Verlag, 2001.
[31] Cziesielski E. und Vogdt F. U.: Schäden an Wärmedämmverbundsystemen. Fraunhofer IRB Verlag.
[32] Daniels, K.: Technologie des ökologischen Bauens. Birkhäuser Verlag, 2. Auflage 1999.
[33] Degenhardt, C. und Richter W.: Inwieweit erhöht ein verstärkter Wärmeschutz für Niedrigenergiehäuser die sommerlichen Raumtemperaturen? GI 2/120 (1999), S. 7–63.
[34] Dipper, J.: Sommerliche Behaglichkeit im Niedrigenergiehaus. HLH 50, S. 49–58.
[35] Erhorn H.: Fördert oder schadet die europäische Normung der Niedrigenergiebauweise in Deutschland? GI 5/119, S. 236–239.
[36] Erhorn, H.; Reiß, J., Kluttig, H.; Hellwig, R.: Ultrahaus, Passivhaus oder Null-Heizenergiehaus? Eine Statusanalyse anhand praktisch realisierter Energiekonzepte. Bauphysik 1/22, S. 28–36.
[37] Esdorn, H.: Erfordern hochgedämmte Gebäude neue Auslegungsmethoden für Heizsysteme? HLH 48 (1997), S. 34–38.
[38] Fanger, O. P.: Thermal comfort. Robert E: Krieger Publishing Company 1982.
[39] Feist W.: Grundlagen der Gestaltung von Passivhäusern, Darmstadt. Verlag das Beispiel GmbH 1996.
[40] Feist, W.: Energieeffiziente Heizsysteme im Niedrigenergiehaus. Planer-Forum Wärmeschutz und Heiztechnik, Baucom Verlag.
[41] Fischer, V. et al.: Zur Bewertung von Heizungssystemen für Niedrigenergiehäuser. HLH 49 (1998), S. 38–44.
[42] Forschungsmaschine ZUB der UNI-GH Kassel. DBZ 8/2001, S. 46–51.
[43] Flückiger, B et al.: Mikrobielle Untersuchungen von Luftansaug-Erdregistern. Untersuchungsbericht ETH Zürich, Institut für Hygiene und Arbeitsphysiologie, IHA-UH-97-2.
[44] Gebäudetemperierung für knappe Baukostenbudgets. HLH 50, S. 47.
[45] Glück, B.: Sind Kühldecken als Heizdecken einsetzbar? HLH 45 (1994), S. 64–67.
[46] Glück, B.: Testreferenzjahr – ein Vorschlag zur Neudefinition und Ergänzung. GI 116, S. 258–263.
[47] Glück, B.: Wärmetechnisches Raummodell. C. F. Müller Verlag, 1997.
[48] Glück, B.: Thermische Bauteilaktivierung. C. F. Müller Verlag, 1999.
[49] Glück, B.: Thermische Bauteilaktivierung – Stand und Entwicklungsmöglichkeiten. KI 35, S. 120–127.
[50] Glück, B.: Wassertemperaturen und Aufheizzeiten von Fußbodenheizungen mit Estrichverlegung. HLH 6/51, S. 26–33.
[51] Gröber, H.: Grundlagen der Wärmeübertragung. Springer-Verlag 1963.
[52] Hain, K. et al.: Möglichkeiten und Grenzen von Kühllastberechnungen. CCI 8/1994, S. 26–27.
[53] Hain, K. et al.: Mechanische Wohnungslüftung. CCI 8/1999, S. 26–28.

[54] Hartmann, T. et al.: Energieeinsparung durch Wohnungslüftungsanlagen? KI 34, S. 562–568.
[55] Hartmann, T et al.: Bauphysikalische und hygienische Aspekte der Wohnungslüftung. HLH 51, S. 59–61.
[56] Hauser, G.: Thermische Behaglichkeit bei der Anordnung des Heizkörpers an einer Innenwand. Untersuchungsbericht für den Bundesverband Deutscher Fertighausbau (BDF), 1998.
[57] Hauser, G.: Wärmebrücken und Luftdichtheit – Herausforderungen des baulichen Wärmeschutzes. KI 5/2001, S. 218–223.
[58] Hauser, G.: Planungsinstrument für das sommerliche Wärmeverhalten von Gebäuden. Fraunhofer IRB Verlag F 2340/1.
[59] Hauser G. et. al.: Das SynergieHaus-Projekt der PreussenElektra, HLH 7/49, S. 26–31.
[60] Heinz, E.: Kontrollierte Wohnungslüftung. Verlag Bauwesen 2000.
[61] Höß, A.: Beitrag der Wohnungslüftung zur Energieeinsparverordnung. HLH 52 (6/2001), S. 63–67.
[62] Humm, O.: Das Passivhaus funktioniert. HLH 51 (2000), S. 52–54.
[63] ISH-Report: Rund um die Lüftungstechnik. SBZ 13/56 (2001), S. 92 ff.
[64] Ihle C.: Lüftung und Luftheizung. Werner-Verlag, 5. Auflage 1991.
[65] Jansen, W.: Statistische Untersuchungen über Abhängigkeiten von Temperatur, Feuchte und Energieverbrauch in Wohnungen mit verschiedenen Lüftungssystemen. Dissertation Universität Dortmund 1989.
[66] Knabe, G.; Wolff, D.: Anlagenhydraulik gewinnt an Bedeutung. HLH 50 (1999), S. 32–35.
[67] Kochendörfer, C.: Wärme direkt aus der Wand, eine Alternative nicht nur für Ökos. HLH 50 (2/2000), S. 34–38, (3/2000), S. 70–73.
[68] Kollmar, A.: Theorie und Technik der Flächenheizung. GI 70, S. 22–28 und 113–119.
[69] Kollmar, A.: Welche Deckentemperatur ist bei der Strahlungsheizung zulässig? GI 75, S. 22–29.
[70] Kollmar, A.: Zur Theorie der Einstrahlzahlen. GI 75, S. 309 und 310.
[71] Kollmar, A.: Die konvektive Wärmeübergangszahl und der Einfluss der H_2O- sowie CO_2-Strahlung auf die Wärmeübergabe der Deckenheizfläche. HLH 6 (1955), S. 125-132.
[72] Kollmar, A.; Liese, W.: Hygienische und technische Gesichtspunkte zur Infrarotheizung. GI 76 (1955), S. 1–15.
[73] Kollmar, A.: Das Behaglichkeitsfeld im beheizten Raum. GI 76, S. 101 bis 103.
[74] Kollmar, A.; Liese, W.: Die Strahlungsheizung. Oldenbourg Verlag 1957.
[75] Kollmar, A.: Die Wärmeabgabe der Rohrdeckenheizung. GI 80, S. 1 bis 11.
[76] Kremonke, A.; Richter, W.: Raumwärmeabgabe von konventionellen Warmwasserheizungen. HLH 49 (1998), S. 32–38.
[77] Kring, H. G.: Wie klein dürfen Heizkessel sein? sbz 20/96, S. 70–78.
[78] Kühldecken als Heizflächen, Möglichkeiten und Grenzen. Informationsschrift des Fachinstitutes Gebäude-Klima e. V.
[79] Loose, P.: Auslegung von Heizflächen bei geringer Heizlast. HLH 51 (8/2000), S. 25–228.

[80] Maas, A. et al.: Der Heizenergieverbrauch von Synergie-Häusern. HLH 6/51, S. 46–52.
[81] Maiß, M.: Von der Querlüftung zur Quelllüftung – Lüftung im Wohnungsbau. Dissertation Universität ´Dortmund 1991.
[82] Min, T. C.: Natural Convection an Radiation in a Panel heated Room. Ashrae Trans. 76 (1970).
[83] Mollier, R.: Das i,x-Diagramm für Dampfluftgemische. Z. d. VDI 1923 (67), S. 869 und 1929 (73), S. 1009.
[84] Moriske, H.-J.: Innenraumluftqualität von Wohn- und Bürogebäuden: Erfordernisse aus Sicht der Lufthygiene. Der Sachverständige 28 (2001), S. 228–233.
[85] Olgay, V.: Design with Climate. Princeton University Press 1963.
[86] Olesen, B. W.: Möglichkeiten und Begrenzungen der Fußbodenkühlung. DKV-Tagung Ulm 1995.
[87] Petzold, H.: Niedrigenergiehäuser mit Wärmerückgewinnungs-Systemen. VDI-Kolloquium Luftverunreinigung in Innenräumen 1994.
[88] Plate, J.; Sperling, L.: Energieeinsparverordnung 2000. HLH 50 (1999), S. 22–25 und 83–88.
[89] Petzold, K.; Martin, R.: Raumklima bei freier Klimatisierung. KI 1998, S. 417–423.
[90] Postenrieder E. und Schlee, G.: Abgasanlagen, Abgasführung von Feuerstätten und Brennwertgeräten. Gentner Verlag 1992.
[91] Recknagel, H.; Sprenger, E.; Schramek, E.-R. (Hrsg.): Taschenbuch für Heizung- und Klimatechnik. R. Oldenbourg Verlag, 70. Auflage, 2001.
[92] Reinmuth, K.-F.: Die Energiebilanz belüfteter Fenster. Dissertation, Universität Stuttgart 1983.
[93] Reiß, J. und Erhorn, H.: Effizienz von Solar-, Lüftungs- und Heizsystemen im Mietwohnungsbau. GI 5/116 (1995), S. 233–249.
[94] Reiß, J. et al.: Klassifizierung des Nutzerverhaltens bei Fensterlüftung. HLH 52, S. 22–26.
[95] Richter W.: Zu den Konsequenzen der Niedrighausbauweise auf die Wärmeübergabe im Raum. HLH 51 (1999), S. 16–22.
[96] Trogisch, A.: Zur Vorbemessung des sommerlichen Wärmeschutzes. KI 1999, S. 401–403.
[97] Schlichting, H.: Grenzschichttheorie. Verlag G. Braun, 5. Auflage 1969.
[98] Schmitz, H.: Alles in Bewegung – quo vadis Zentralheizungstechnik? HLH 51, S. 50–55.
[99] Schneiders, T.: Zur hygienischen Luftqualität in Wohngebäuden bei der Konditionierung der Zuluft mittels Erdwärmeaustauscher. Dissertation Universität Aachen 1994.
[100] Schnieders, J. und Feist, W.: Energiesparmaßnahmen bei Wohnungswirtschaftsobjekten/Liegenschaften. Viessmann Forum Chancen und Perspektiven der Energieeinsparverordnung.
[101] Siegel, R.: Radiation Heat Transfer. Springer-Verlag 1975.
[102] Seyda, B.: Wohnungslüftung mit Wärmerückgewinnung – Energetische Betrachtung verschiedener Lüftungssysteme in Kombination mit unterschiedlichen Heizsystemen.

[103] Specht, O.: Lüftungswärmepumpe für Wohngebäude. eta 51, S. A47–A51.
[104] Trümper H. et al.: Einfluss unterschiedlicher Außenwandkonstruktionen auf den Wärmebedarf und das thermische Raumklima, 9. Bauklimatisches Symposium, Dresden, 1994.
[105] Trümper H. et al.: The lnfluence of the Buried Heat Exchanger on Thermal Comfort in Residential Premises in Summer, lndoor Air '93, Helsinki.
[106] Trümper, H. et al.: Möglichkeiten der freien Kühlung für Wohngebäude in Fertigbauweise. DKV-Tagung 1998.
[107] Trümper, H. et al.: Nutzung der Sonnenenergie durch eine Speicherwand. DKV-Tagung 1995.
[108] Trümper H. et al.: Anforderungen an Heizungs- und Lüftungsanlagen infolge bauphysikalischer und konstruktiver Maßnahmen zur Energieeinsparung, DKV Tagung Hamburg, 1997.
[109] Trümper H.: Rückgewinnung der Wärme aus der Abluft eines Wohnbereiches mit Zuluftnachströmung. 9. Bauklimatisches Symposium Dresden, 1994.
[110] Trümper H. et al.: Untersuchungen zur Bauteilaktivierung in Wohngebäuden. DKV-Tagung, Bremen 2000.
[111] Trümper, H.: Wohnungslüftung. eta 51 S. A8–A14.
[112] Trümper, H. et al.: Mechanische Entlüftung von Wohnungen mit natürlicher Außenluftnachströmung über ein Zuluftfenster – Erste Messergebnisse. eta 52, S. A121–A124.
[113] Trümper, H. und Knoche, F.-K.: Mechanische Wohnungslüftung als Grundeinheit. CCI 8/87.
[114] Trümper H. und Wirth S.: Sanierung von Heizungs- Lüftungs- und Sanitärinstallationen im Gebäudebestand. Tegernseer Baufachtage 1998.
[115] VEW Energie: Zweites Bulletin.
[116] Werner, J.: Gebäudedichtheit nach prEN 0089005 Abhängigkeiten und Zusammenhänge. Fachtagung Wohnungslüftung mit Wärmerückgewinnung Dortmund 1999.
[117] Wiechert: Die Zukunft der Wärme. GRE inform 27/2001, S. 20–22.
[118] Wirth H., Wirth S.: Dimensionierung von Heizkesseln: Fehlender Zuschlag für die Brauchwasserbereitung. Bauschäden Sammlung, Band 12, IRB Fraunhofer Verlag Stuttgart.
[119] Wirth, S.: Einfluss der Sonneneinstrahlung auf den Wärmebedarf und die Raumlufttemperaturen beheizter Räume. Forschungsbericht des Deutschen Kälte- und Klimatechnischen Vereins Nr. 49.
[120] Wirth H. und Wirth, S.: Schäden an Installationsanlagen. Fraunhofer IRB-Verlag 2001.
[121] Wolff, D.; Budde, J.; Sproten, H.-P.: Vereinfachte Heizlastberechnung für hochwärmegedämmte Gebäude. HLH 45 (1994), S. 421–425.
[122] Wolff, D.: Heizungstechnik für das Niedrigenergiehaus. HLH 48 (1997), S. 12–16.
[123] Zimmermann, M: Handbuch der passiven Kühlung. EMPA 1999.
[124] Bundesbürger finden Gefallen an klimatisierten Räumen. sbz 15/2001, S. 8–9.

Stichwortverzeichnis